民国学术经典丛书

蔡元培 ⊙ 著

中国社会科学出版社

图书在版编目（CIP）数据

中国伦理学史/蔡元培著．—北京：中国社会科学出版社，2008.8
（民国学术经典丛书）
ISBN 978-7-5004-7158-5

Ⅰ．中… Ⅱ．蔡… Ⅲ．伦理学—思想史—中国 Ⅳ．B82-092

中国版本图书馆 CIP 数据核字（2008）第 126644 号

出版策划	任　明　乔继堂
特邀编辑	李　鸣　沈　静
责任校对	李　莉
封面设计	弓禾碧
技术编辑	李　建

出版发行	中国社会科学出版社		
社　　址	北京鼓楼西大街甲 158 号	邮　编	100720
电　　话	010—84029450		
网　　址	http://www.csspw.cn		
经　　销	新华书店		
印　　刷	北京奥隆印刷厂	装　订	广增装订厂
版　　次	2008 年 8 月第 1 版	印　次	2008 年 8 月第 1 次印刷
开　　本	787×1092　1/16		
印　　张	25		
字　　数	480 千字	插　页	2
定　　价	38.00 元		

凡购买中国社会科学出版社图书，如有质量问题请与本社发行部联系调换
版权所有　侵权必究

第二章	淮南子	61
第三章	董仲舒	67
第四章	扬雄	70
第五章	王充	73
第六章	清谈家之人生观	76
第七章	韩愈	82
第八章	李翱	85
第二期结论		87

第三期　宋明理学时代 ………88

第一章	总说	88
第二章	王荆公	91
第三章	邵康节	94
第四章	周濂溪	97
第五章	张横渠	100
第六章	程明道	103
第七章	程伊川	107
第八章	程门大弟子	110
第九章	朱晦庵	112
第十章	陆象山	116
第十一章	杨慈湖	120
第十二章	王阳明	121
第三期结论		125

附录

戴东原学说	126
黄梨洲学说	130
俞理初学说	132

中国伦理学史／目　录

目录

甲辑 中国伦理学史

序例……………………………………………3
绪论……………………………………………5
第一期 先秦创始时代…………………………7
  第一章 总论…………………………………7
  第二章 唐虞三代伦理思想之萌芽……………8
  （一）儒家……………………………………13
    第三章 孔子………………………………13
    第四章 子思………………………………17
    第五章 孟子………………………………19
    第六章 荀子………………………………23
  （二）道家……………………………………27
    第七章 老子………………………………27
    第八章 庄子………………………………32
  （三）农家……………………………………38
    第九章 许行………………………………38
  （四）墨家……………………………………40
    第十章 墨子………………………………40
  （五）法家……………………………………45
    第十一章 管子……………………………45
    第十二章 商君……………………………48
    第十三章 韩非子…………………………51
  第一期结论……………………………………56

第二期 汉唐继承时代…………………………59
  第一章 总说…………………………………59

目录

乙辑 中学修身教科书

例言···137

上篇

第一章　修己·······································139
 第一节　总论···································139
 第二节　体育···································140
 第三节　习惯···································144
 第四节　勤勉···································145
 第五节　自制···································145
 第六节　勇敢···································149
 第七节　修学···································152
 第八节　修德···································155
 第九节　交友···································157
 第十节　从师···································159

第二章　家族·······································161
 第一节　总论···································161
 第二节　子女···································163
 第三节　父母···································168
 第四节　夫妇···································170
 第五节　兄弟姊妹·····························172
 第六节　族戚及主仆···························174

第三章　社会·······································176
 第一节　总论···································176
 第二节　生命···································179
 第三节　财产···································181
 第四节　名誉···································184
 第五节　博爱及公益···························186
 第六节　礼让及威仪···························190

第四章　国家·······································193

目 录

中国伦理学史／目 录

  第一节 总论……193
  第二节 法律……194
  第三节 租税……195
  第四节 兵役……196
  第五节 教育……197
  第六节 爱国……198
  第七节 国际及人类……200
 第五章 职业……202
  第一节 总论……202
  第二节 佣者及被佣者……204
  第三节 官吏……206
  第四节 医生……208
  第五节 教员……209
  第六节 商贾……210

下篇
 第一章 绪论……211
 第二章 良心论……213
  第一节 行为……213
  第二节 动机……214
  第三节 良心之体用……214
  第四节 良心之起源……216
 第三章 理想论……218
  第一节 总论……218
  第二节 快乐说……219
  第三节 克己说……221
  第四节 实现说……221
 第四章 本务论……223
  第一节 本务之性质及缘起……223
  第二节 本务之区别……224
  第三节 本务之责任……225

目录

中国伦理学史

第五章　德论……………………………………226
　第一节　德之本质………………………………226
　第二节　德之种类………………………………226
　第三节　修德……………………………………227
第六章　结论………………………………………229

丙辑　伦理学原理

伦理学原理序………………………………………233
序论…………………………………………………235
　一　伦理学之概念………………………………235
　二　科学统系中伦理学之位置…………………235
　三　伦理学之职分………………………………237
　四　伦理学之研究法……………………………237
　五　道德律与自然律之比较……………………241
　六　具足之概念…………………………………243
　七　伦理学之普通形式…………………………244
　八　伦理学之所以为实践科学…………………247
本论…………………………………………………250
　导言关乎纯理学及心理学者……………………250
第一章　善恶正鹄论与形式论之见解……………252
　一　善恶之见解之别……………………………252
　二　正鹄论见解之意义及权利…………………253
　三　主观形式之判断与客观质料之判断………255
　四　正鹄与作用之关系…………………………259
　五　论各种行为之重要…………………………262
　六　略论利己主义………………………………264
　七　结论…………………………………………267
第二章　至善快乐论与势力论之见解……………269
　一　评功利主义快乐非行为之鹄………………269
　二　论人之冲动有以苦痛之动作为鹄者………274

5

目录

中国伦理学史／目 录

  三 以生物学之公例正快乐论之见解……………276
  四 论快乐不足以定行为之价值………………278
  五 至善之积极义……………………………………280
  六 历史之论据………………………………………282
  七 详论至善之积极义……………………………284
第三章 **厌世主义**……………………………………………290
  一 厌世主义之理论…………………………………290
  二 感觉界厌世观之证明…………………………291
  三 道德界厌世观之证明…………………………295
  四 历史哲学界厌世观之证明……………………301
  五 道德界历史之厌世观…………………………305
第四章 **害及恶**………………………………………………309
  一 物理界之害………………………………………309
  二 道德界之害………………………………………311
  三 余之见解非寂静主义…………………………314
  四 论生死……………………………………………315
第五章 **义务及良心**……………………………………………319
  一 义务感情之起源…………………………………319
  二 义务与性癖之关系………………………………322
  三 评康德之见解……………………………………325
  四 论先天直觉论道德哲学之谬误……………327
  五 良心………………………………………………331
  六 良心之分化………………………………………334
  七 道德界之虚无论…………………………………337
  八 义务语意之范围…………………………………339
第六章 **利己主义及利他主义**……………………………340
  一 利己主义与利他主义非截然相冲突者………340
  二 以行为之效果核之……………………………342
  三 以行为之动机核之……………………………344
  四 道德之判断………………………………………347
  五 进化论伦理学说与利己利他两主义之关系……349

第七章	道德及幸福	352
一	论道德之影响于幸福者	352
二	论幸福之影响于性格者	356
第八章	道德与宗教之关系	360
一	道德宗教历史之关系及其因果	360
二	论其内界必然之关系	363
三	论宗教与科学之关系	366
四	不信仰之原因	370
五	灵魂不灭之信仰与道德之关系	371
第九章	意志之自由	375
一	意志自由问题之历史	375
二	以事实评意志自由问题	378
三	论对于行为之责任	380
四	人类自由之定义	384
西洋伦理学家小传		387

甲 辑

中国伦理学史

序　例

学无涯也，而人之知有涯。积无量数之有涯者，以与彼无涯者相逐，而后此有涯者亦庶几与之为无涯，此即学术界不能不有学术史之原理也。苟无学术史，则凡前人之知，无以为后学之凭借，以益求进步。而后学所穷力尽气以求得之者，或即前人之所得焉，或即前人之前已得而复舍者焉。不惟此也，前人求知之法，亦无以资后学之考鉴，以益求精密。而后学所穷力尽气以相求者，犹是前人粗简之法焉，或转即前人业已嬗蜕之法焉。故学术史甚重要。一切现象，无不随时代而有迁流，有孳乳。而精神界之现象，迁流之速，孳乳之繁，尤不知若干倍蓰于自然界。而吾人所凭借以为知者，又不能有外于此迁流、孳乳之系统。故精神科学史尤重要。吾国夙重伦理学，而至今顾尚无伦理学史。迩际伦理界怀疑时代之托始，异方学说之分道而输入者，如櫱如烛，几有互相冲突之势。苟不得吾族固有之思想系统以相为衡准，则益将彷徨于歧路。盖此事之亟如此。而当世宏达，似皆未遑暇及。用不自量，于学课之隙，缀述是编，以为大辂之椎轮。涉学既浅，参考之书又寡，疏漏抵牾，不知凡几，幸读者有以正之。又是编辑述之旨，略具于绪论及各结论。尚有三例，不可不为读者预告。

（一）是编所以资学堂中伦理科之参考，故至约至简。凡于伦理学界非重要之流派及有特别之学说者，均未及叙述。

（二）读古人之书，不可不知其人，论其世。我国伦理学者，多实践家，尤当观其行事。顾是编限于篇幅，各家小传，所叙至略。读者可于诸史或学案中，检其本传参观之。

（三）史例以称名为正。顾先秦学者之称子，宋明诸儒之称号，已成惯例。故是编亦仍之而不改，决非有抑扬之义寓乎其间。

庚戌三月十六日　编者识

绪 论

伦理学与修身书之别 修身书，示人以实行道德之规范者也。民族之道德，本于其特具之性质、固有之条教，而成为习惯。虽有时亦为新学殊俗所转移，而非得主持风化者之承认，或多数人之信用，则不能骤入于修身书之中，此修身书之范围也。伦理学则不然，以研究学理为的。各民族之特性及条教，皆为研究之资料，参伍而贯通之，以归纳于最高之观念，乃复由是而演绎之，以为种种之科条。其于一时之利害，多数人之向背，皆不必顾。盖伦理学者，知识之径途；而修身书者，则行为之标准也。持修身书之见解以治伦理学，常足为学识进步之障碍。故不可不区别之。

蔡元培像

伦理学史与伦理学根本观念之别 伦理学以伦理之科条为纲，伦理学史以伦理学家之派别为叙。其体例之不同，不待言矣。而其根本观念，亦有主观、客观之别。伦理学者，主观也，所以发明一家之主义者也。各家学说，有与其主义不合者，或驳诘之，或弃置之。伦理学史者，客观也。在抉发各家学说之要点，而推暨其源流，证明其迭相乘除之迹象。各家学说，与作者主义有违合之点，虽可参以评判，而不可以意取去，湮没其真相。此则伦理学史根本观念之异于伦理学者也。

我国之伦理学 我国以儒家为伦理学之大宗。而儒家，则一切精神界科学，悉以伦理为范围。哲学、心理学，本与伦理有密切之关系。我国学者仅以是为伦理学之前提。其他曰为政以德，曰孝治天下，是政治学范围于伦理也；曰国民修其孝弟忠信，可使制梃以挞坚甲利兵，是军学范围于伦理也；攻击异教，恒以无父无君为辞，是宗教学范围于伦理也；评定诗古文辞，恒以载道述德眷怀君父为优点，是美学亦范围于伦理也。我国伦

蔡元培手迹

木村鹰太郎（生平不详），日本学者。"日本主义"学说的提倡者之一。著有《日本主义国教论》、《东西洋伦理学史》等，译有《柏拉图全集》等。

久保得二（1875~1937），日本近代汉学家、诗人。号天随、默龙等。著有《东洋通史》、《汉诗评释》、《近代儒学史》、《支那文学史》、《秋碧吟庐诗草》等。

理学之范围，其广如此，则伦理学宜若为我国惟一发达之学术矣。然以范围太广，而我国伦理学者之著述，多杂糅他科学说。其尤甚者为哲学及政治学。欲得一纯粹伦理学之著作，殆不可得。此为述伦理学史者之第一畏途矣。

我国伦理学说之沿革 我国伦理学说，发轫于周季。其时儒墨道法，众家并兴。及汉武帝罢黜百家，独尊儒术，而儒家言始为我国惟一之伦理学。魏晋以还，佛教输入，哲学界颇受其影响，而不足以震撼伦理学。近二十年间，斯宾塞尔之进化功利论，卢骚之天赋人权论，尼采之主人道德论，输入我国学界。青年社会，以新奇之嗜好欢迎之，颇若有新旧学说互相冲突之状态。然此等学说，不特深研而发挥之者尚无其人，即斯、卢诸氏之著作，亦尚未有完全移译者。所谓新旧冲突云云，仅为伦理界至小之变象，而于伦理学说无与也。

我国之伦理学史 我国既未有纯粹之伦理学，因而无纯粹之伦理学史。各史所载之《儒林传》、《道学传》，及孤行之《宋元学案》、《明儒学案》等，皆哲学史，而非伦理学史也。日本**木村鹰太郎**氏，述东洋伦理学史（其全书名《东西洋伦理学史》，兹仅就其东洋一部分言之），始以西洋学术史之规则，整理吾国伦理学说，创通大义，甚裨学子。而其间颇有依据伪书之失，其批评亦间失之武断。其后又有**久保得二**氏，述东洋伦理史要，则考证较详，评断较慎。而其间尚有蹈木村氏之覆辙者。木村氏之言曰："西洋伦理学史，西洋学者名著甚多，因而为之，其事不难；东洋伦理学史，则昔所未有。若博读东洋学说而未谙西洋哲学科学之律贯，或仅治西洋伦理学而未通东方学派者，皆不足以胜创始之任。"谅哉言也。鄙人于东西伦理学，所涉均浅，而勉承兹乏，则以木村、久保二氏之作为本。而于所不安，则以记忆所及，参考所得，删补而订正之。正恐疏略谬误，所在多有。幸读者注意焉。

甲辑　中国伦理学史

第一期　先秦创始时代

第一章　总论

伦理学说之起源　伦理界之通例，非先有学说以为实行道德之标准，实伦理之现象，早流行于社会，而后有学者观察之、研究之、组织之，以成为学说也。在我国**唐虞三代**间，实践之道德，渐归纳为理想。虽未成学理之体制，而后世种种学说，滥觞于是矣。其时理想，吾人得于《易》、《书》、《诗》三经求之。《书》为政事史，由意志方面，陈述道德之理想者也；《易》为宇宙论，由知识方面，本天道以定人事之范围；《诗》为抒情体，由感情方面，揭教训之趣旨者也。三者皆考察伦理之资也。

虞舜像
传说中父系氏族社会后期的部落联盟首领。姚姓，有虞氏，名重华，史称虞舜。

唐虞三代，指自尧、舜至夏、商、周三代。唐、虞都是国号，指尧、舜。

我国古代文化，至周而极盛。往昔积渐萌生之理想，及是时则由浑而画，由暧昧而辨晰。循此时代之趋势，而集其理想之大成以为学说者，孔子也。是为儒家言，足以代表吾民族之根本理想者也。其他学者，各因其地理之影响，历史之感化，而有得于古昔积渐萌生各理想之一方面，则亦发挥之而成种种之学说。

各家学说之消长　种种学说并兴，皆以其有为不可加，而思以易天下，相竞相攻，而思想界遂演为空前绝后之伟观。盖其时自儒家以外，成一家言者有八。而其中墨、道、名、法，皆以伦理学说占其重要之部分者也。秦并天下，尚法家；汉兴，颇尚道家；及武帝从董仲舒之说，循民族固有之理想而尊儒术，而诸家之说熄矣。

第二章 唐虞三代伦理思想之萌芽

圜丘坛 俗称祭天台，为北京天坛五大建筑物之一，明清两代，皇帝在此祭天。

西来说，19世纪末出现的一种中华文化源于西方（埃及、巴比伦等）的学说。

两仪，我国古代哲学名词，指天地或阴阳。语出《周易·系辞上》。

四象，我国古代哲学名词，指太阳、太阴、少阴、少阳。语出《周易·系辞上》。

伦理思想之基本 我国人文之根据于心理者，为祭天之故习。而伦理思想，则由家长制度而发展，一以贯之。而敬天畏命之观念，由是立焉。

天之观念 五千年前，吾族由**西方来**，居黄河之滨，筑室力田，与冷酷之气候相竞，日不暇给。沐雨露之惠，懔水旱之灾，则求其源于苍苍之天。而以为是即至高无上之神灵，监吾民而赏罚之者也。及演进而为抽象之观念，则不视为具有人格之神灵，而竟认为溥博自然之公理。于是揭其起伏有常之诸现象，以为人类行为之标准。以为苟知天理，则一切人事，皆可由是而类推。此则由崇拜自然之宗教心，而推演为宇宙论者也。

天之公理 古人之宇宙论有二：一以动力说明之，而为阴阳二气说；一以物质说明之，而为五行说。二说以渐变迁，而皆以宇宙之进动为对象：前者由**两仪**而演为**四象**，由四象而演为八卦，假定八者为原始之物象，以一切现象，皆为彼等互动之结果。因以确立现象变化之大法，而应用于人事。后者以五行为成立世界之原质，有相生相克之性质。而世界各种现象，即于其性质同异间，有因果相关之作用，故可以由此推彼。而未来之现象，亦得而预察之。两者立论之基本，虽有径庭，而于天理人事同一法则之根本义，则若合符节。盖于天之主体，初未尝极深研究，而即以假定之观念推演之，以应用于实际之事象。此吾国古人之言天，所以不同于西方宗教家，而特为伦理学最高观念之代表也。

天之信仰 天有显道，故人类有法天之义务，是为不容辨证之信仰，即所谓顺帝之则者也。此等信仰，经历世遗传，而浸浸成为天性。如《尚书》中君臣交警之辞，动必及天，非徒辞令之习惯，实亦于无意识中表露其先天之观念也。

天之权威 古人之观天也，以为有何等权威乎。《易》曰："刚柔相摩，鼓之以雷霆，润之以风雨。日月运行，一寒一暑。乾道成男，坤道成女。乾知大始，坤作成物。"谓天之于万物，发之收之，整理之，调摄之，皆非无意识之动作，而密合于道德，观其利益人类之厚而可知也。人类利用厚生之道，悉本于天，故不可不畏天命，而顺天道。畏之顺之，则天赐之福。如风雨以时，年谷顺成，而余庆且及于子孙；其有侮天而违天者，天则现种种灾异，如日月告凶、陵谷变迁之类，以警戒之；犹不悔，则罚之。此皆天之性质之一斑见于诗书者也。

天道之秩序 天之本质为道德。而其见于事物也，为秩序。故天神之下有地祇，又有日月星辰山川林泽之神，降而至于猫、虎之属，皆统摄于上帝。是为人间秩序之模范。《易》曰："天尊地卑，乾坤定矣。卑高以陈，贵贱位矣。"此其义也。以天道之秩序，而应用于人类之社会，则凡不合秩序者，皆不得为道德。《易》又曰："有天地然后有万物，有万物然后有男女，有男女然后有夫妇，有夫妇然后有父子，有父子然后有君臣，有君臣然后有上下，有上下然后礼义有所错。"言循自然发展之迹而知秩序之当重也。重秩序，故道德界唯一之作用为中。中者，随时地之关系，而适处于无过不及之地者也。是为道德之根本。而所以助成此主义者，家长制度也。

家长制度 吾族于建国以前，实先以家长制度组织社会，渐发展而为三代之**封建**。而所谓宗法者，周之世犹盛行之。其后虽又变封建而为郡县，而家长制度之精神，则终古不变。家长制度者，实行尊重秩序之道，自家庭始，而推暨之以及于一切社会也。一家之中，父为家长，而兄弟姊

玉皇大帝
也称"天帝"，我国民间信仰中的最高神。

封建，也称分封。古代帝王把疆域土地划分给诸侯的政治制度。

第二章 唐虞三代伦理思想之萌芽

《周易》书影

伏羲八卦方位图

相传八卦是伏羲最早画出的,八卦及其方位具有丰富的代表、象征意义。

妹又以长幼之序别之。以是而推之于宗族,若乡党,以及国家。君为民之父,臣民为君之子,诸臣之间,大小相维,犹兄弟也。名位不同,而各有适于其时地之道德,是谓中。

古先圣王之言动 三代以前,圣者辈出,为后人模范。其时虽未谙科学规则,且亦鲜有抽象之思想,未足以成立学说,而要不能不视为学说之萌芽。太古之事邈矣,伏羲作《易》,黄帝以道家之祖名。而考其事实,自发明利用厚生诸述外,可信据者盖寡。后世言道德者多道尧舜,其次则禹汤文武周公,其言动颇著于《尚书》,可得而研讨焉。

尧 《书》曰:"尧克明峻德,以亲九族,平章百姓,协和万邦。黎民于变时雍。"先修其身而以渐推之于九族,而百姓,而万邦,而黎民。其重秩位如此。而其修身之道,则为中。其禅舜也,诫之曰:"允执其中"是也。是盖由种种经验而归纳以得者。实为当日道德界之一大发明。而其所取法者则在天。故孔子曰:"巍巍乎惟天为大,惟尧则之,荡荡乎民无能名也。"

舜 至于舜,则又以中之抽象名称,适用于心性之状态,而更求其切实。其命夔教胄子曰:"直而温,宽而栗,刚而无虐,简而无傲。"言涵养心性之法不外乎中也。其于社会道德,则明著爱有差等之义。命契曰:"百姓不亲,五品不逊,汝为司徒,敬敷五教在宽。"五品、五教,皆谓于社会间,因其伦理关系之类别,而有特别之道德也。是谓五伦之教,所谓父子有亲,君臣有义,夫妇有别,长幼有序,朋友有信,是也。其实不外乎执中。惟各因其关系之不同,而别著其德之名耳。由是而知中之为德,有内外两方面之作用,内以修己,外以及人,为社会道德至当之标准。盖至舜而吾民族固有之伦理思想,已有基础矣。

大禹治水
禹之前的人治水，大多采用塞堵之法，均以失败告终；禹则采用疏浚之法，得以使九州安澜。图为开封禹王台治水石刻画。

禹 禹治水有大功，克勤克俭，而又能敬天。孔子所谓"禹，吾无间然"，"菲饮食而致孝乎鬼神，恶衣服而致美乎黻冕，卑宫室而尽力乎沟洫"，是也。其伦理观念，见于箕子所述之《洪范》。虽所言天锡畴范，迹近迂怪，然承尧舜之后，而发展伦理思想，如《洪范》所云，殆无可疑也。《洪范》所言九畴，论道德及政治之关系，进而及于天人之交涉。其有关于人类道德者，五事、三德、五福、六极诸畴也。分人类之普通行动为貌、言、视、听、思五事，以规则制限之：貌恭为肃，言从为义，视明为哲，听聪为谋，思睿为圣。一本执中之义，而科别较详。其言三德：曰正直，曰刚克，曰柔克。而五福：曰寿，曰富，曰康宁，曰攸好德，曰考终命。六极：曰凶短折，曰疾，曰忧，曰贫，曰恶，曰弱。盖谓神人有感应之理，则天之赏罚，所不得免，而因以确定人类未来之理想也。

皋陶 皋陶教禹以九德之目，曰：宽而栗，柔而立，愿而恭，乱而敬，扰而毅，直而温，简而廉，刚而塞，强而义。与舜之所以命夔者相类，而条目较详。其言"天聪明自我民聪明，天明威自我民明威"，则天人交感，民意所向，即天理所在，亦足以证明《洪范》之说也。

商周之革命 夏、殷、周之间，伦理界之变象，莫大于汤武之革命。其事虽与尊崇秩序之习惯，若不甚合，然古人号君曰天子，本有以天统君之义，而天之聪明明威，皆托于民，即武王所谓"天视自我民视，天听自我民听"者也，故获罪于民者，即获罪于天。汤武之革命，谓之顺乎天而

《**洪范**》，《尚书》篇名。相传为商末箕子所作的治国大典，内容分五行、五事、八政、五纪、皇极、三德、稽疑、庶征、五福、六极九大类，故曰"九畴"。

皋陶，一作咎繇，舜时的司法长官，古代东夷族首领，偃姓。相传他铁面无私，并有一只獬豸（独角羊）帮助断案。皋陶在后世被奉为狱神。

周公像

周公为西周初年政治家。姓姬名旦，周文王之子，武王之弟。亦称叔旦。因采邑在周（今陕西岐山北），故称。

伊尹（？～前1713），商初重臣。名伊（一说挚），尹为官名。

《周礼》书影

甲辑　中国伦理学史

应乎民，与古昔伦理，君臣有义之教，不相悖也。

三代之教育　商、周二代，圣君贤相辈出。然其言论之有关于伦理学者，殊不概见。其间如**伊尹**者，孟子称其非义非道一介不取与，且自任以天下之重。周公制礼作乐，为周代文化之元勋，然其言论之几于学理者，亦未有闻焉。大抵商人之道德，可以墨家代表之；周人之道德，可以儒家代表之。而三代伦理之主义，于当时教育之制，可以推见。孟子称夏有校，殷有序，周有庠，而学则三代共之。《管子》有《弟子职》篇，记洒扫应对进退之教。《周官·司徒》称以乡三物教万民，一曰六德：知、仁、圣、义、中、和；二曰六行：孝、友、睦、姻、任、恤；三曰六艺：礼、乐、射、御、书、数。是为普通教育。其高等教育之主义，则见于《礼记》之《大学》篇。其言曰："大学之道，在明明德，在亲民，在止于至善。古之欲明明德于天下者，必先治其国；欲治其国者，先齐其家；欲齐其家者，先修其身；欲修其身者，先正其心；欲正其心者，先诚其意；欲诚其意者，先致其知。致知在格物。自天子以至于庶人，壹是皆以修身为本。"循天下国家疏近之序，而归本于修身。又以正心、诚意、致知、格物为修身之方法，固已见学理之端绪矣。盖自唐虞以来，积无量数之经验，以至周代，而主义始以确立，儒家言由是启焉。

（一）儒家

第三章 孔子

孔子像

小传 孔子名丘，字仲尼，以周灵王二十一年生于鲁昌平乡陬邑。孔氏系出于殷，而鲁为周公之后，礼文最富。故孔子具殷人质实豪健之性质，而又集历代礼乐文章之大成。孔子尝以其道遍干列国诸侯而不见用。晚年，乃删《诗》、《书》，定礼乐，赞《易·象》，修《春秋》，以授弟子。弟子凡三千人，其中身通六艺者七十人。孔子年七十三而卒，为儒家之祖。

孔子之道德 孔子禀上智之资，而又好学不厌。无常师，集唐虞三代积渐进化之思想，而陶铸之，以为新理想。尧舜者，孔子所假以代表其理想而为模范之人物者也。其实行道德之勇，亦非常人之所及。一言一动，无不准于礼法。乐天知命，虽屡际困厄，不怨天，不尤人。其教育弟子也，循循然善诱人。**曾点**言志曰：与冠者、童子"浴乎沂，风乎舞雩，咏而归"，则喟然与之。盖标举中庸之主义，约以身作则者也。其学说虽未成立统系之组织，而散见于言论者得寻绎而条举之。

性 孔子劝学而不尊性。故曰："性相近也，习相远也。""唯上知与下愚不移。"又曰："生而知之者，上也；学而知之者，次也；困而学之，又其次也；困而不学，民斯为下。"言普通之人，皆可以学而知之也。其于性之为善为恶，未及质言。而尝曰："人之生也直，罔之生也幸而免。"又读《诗》至"天生烝民，有物有则，民之秉彝，好是懿德"，则叹为知道。是已有偏于性善说之倾向矣。

仁 孔子理想中之完人，谓之圣人。圣人之道德，自其德之方面言之曰仁，自其行之方面言之曰孝，自其方法之方面言之曰忠恕。孔子尝曰：

曾点，孔子弟子。字子晳，亦称曾晳。春秋末期鲁国人。

"仁者爱人，知者知人。"又曰："知者不惑，仁者不忧，勇者不惧。"此分心意为知识、感情、意志三方面，而以知、仁、勇名其德者。而平日所言之仁，则即以为统摄诸德完成人格之名。故其为诸弟子言者，因人而异。又或对同一之人，而因时而异，或言修己，或言治人，或纠其所短，要不外乎引之于全德而已。孔子尝曰："仁远乎哉？我欲仁，斯仁至矣。"又称颜回"三月不违仁，其余日月至焉"。则固以仁为最高之人格，而又人人时时有可以到达之机缘矣。

孝 人之令德为仁，仁之基本为爱。爱之源泉，在亲子之间，而尤以爱亲之情之发于孩提者为最早。故孔子以孝统摄诸行。言其常，曰养、曰敬、曰谕父母于道；于其没也，曰善继志述事。言其变，曰几谏；于其没也，曰干蛊。夫至以继志述事为孝，则一切修身、齐家、治国、平天下之事，皆得统摄于其中矣。故曰，孝者，"始于事亲，中于事君，终于立身"。是亦由家长制度而演成伦理学说之一证也。

忠恕 孔子谓曾子曰："吾道一以贯之。"曾子释之曰："夫子之道，忠恕而已矣。"此非曾子一人之私言也。子贡问："有一言而可以终身行之者乎？"孔子曰："其恕乎。"《礼记·中庸》篇引孔子之言曰："忠恕违道不远。"皆其证也。孔子之言忠恕，有消极、积极两方面，施诸己而不愿，亦勿施于人。此消极之忠恕，揭以严格之命令者也。仁者，己欲立

颜回（前521~前481），孔子弟子。名回，字子渊，一作颜渊。春秋末期鲁国人，以德行著称。

孔门撰述图

孔子与弟子编修、整理《春秋》及《诗》、《书》等文献。

孔子讲学图

而立人，己欲达而达人。此积极之忠恕，行以自由之理想者也。

学问 忠恕者，以己之好恶律人者也。而人人好恶之节度，不必尽同，于是知识尚矣。孔子曰："学而不思，则罔；思而不学，则殆。"又曰："好仁不好学，其蔽也愚；好知不好学，其蔽也荡；好信不好学，其蔽也贼；好直不好学，其蔽也绞；好勇不好学，其蔽也乱；好刚不好学，其蔽也狂。"言学问之亟也。

涵养 人常有知及之，而行之则过或不及，不能适得其中者，其毗刚毗柔之气质为之也。孔子于是以诗与礼乐为涵养心性之学。尝曰："兴于诗，立于礼，成于乐。"曰："诗可以兴，可以观，可以群，可以怨。"曰："若**臧武仲**之知，**公绰**之不欲，卞庄子之勇，**冉求**之艺，文之以礼乐，可以为成人矣。"其于礼乐也，在领其精神，而非必拘其仪式。故曰："礼云礼云，玉帛云乎哉？乐云乐云，钟鼓云乎哉？"

君子 孔子所举，以为实行种种道德之模范者，恒谓之君子，或谓之士。曰："君子有三畏：畏天命，畏大人，畏圣人之言。"曰："君子有

臧武仲（生卒不详），春秋时鲁国大夫。臧孙氏，名纥。短小多智，号称"圣人"。
公绰，指孟公绰，生平不详，春秋时鲁国大夫。相传其人廉正寡欲，很受孔子尊敬。
冉求（前522~？），孔子弟子。字子有，亦称冉有。春秋末年鲁国人。

宋代《论语》刻本书影

三戒：少之时，血气未定，戒之在色；及其壮也，血气方刚，戒之在斗；及其老也，血气既衰，戒之在得。"曰："君子有九思：视思明，听思聪，色思温，貌思恭，言思忠，事思敬，疑思问，忿思难，见得思义。"曰："文质彬彬，然后君子。"曰："君子讷于言而敏于行。"曰："君子疾没世而名不称。"曰："士，行己有耻，使于四方，不辱君命；其次，宗族称孝，乡党称弟；其次，言必信，行必果。"曰："志士仁人，无求生以害仁，有杀身以成仁。"其所言多与舜、禹、皋陶之言相出入，而条理较详。要其标准，则不外古昔相传执中之义焉。

政治与道德　孔子之言政治，亦以道德为根本。曰："为政以德。"曰："道之以德，齐之以礼，民有耻且格。"季康子问政，孔子曰："政者，正也。子率以正，孰敢不正？"亦唐、虞以来相传之古义也。

甲辑　中国伦理学史

第四章 子思

小传 自孔子没后，**儒分为八**。而其最大者，为曾子、子夏两派。曾子尊德性，其后有子思及孟子；子夏治文学，其后有荀子。子思，名汲，孔子之孙也，学于曾子。尝游历诸国，困于宋。作《中庸》。晚年，为鲁缪公之师。

中庸 《汉书》称子思二十三篇，而传于世者惟《中庸》。中庸者，即唐虞以来执中之主义。庸者，用也，盖兼其作用而言之。其语亦本于孔子，所谓"君子中庸，小人反中庸"者也。《中庸》一篇，大抵本孔子实行道德之训，而以哲理疏解之，以求道德之起源。盖儒家言，至是而渐趋于研究学理之倾向矣。

率性 子思以道德为原于性，曰："天命之为性，率性之为道，修道之为教。"言人类之性，本于天命，具有道德之法则。循性而行之，是为道德。是已有性善说之倾向，为孟子所自出也。率性之效，是谓中庸。而实行中庸之道，甚非易易，贤者过之，不肖者不及也。子思本孔子之训，而以忠恕为致力之法，曰："忠恕违道不远，施诸己而不愿，亦勿施于人。"曰："所求乎子，以事父；所求乎臣，以事君；所求乎弟，以事兄；所求乎朋友，先施之。"此其以学理示中庸之范畴者也。

诚 子思以率性为道，而以诚为性之实体。曰："自诚明谓之性，自明诚谓之教。"又以诚为宇宙之主动力，故曰："诚者，自成也；道者，自道也。诚者，物之终始，不诚无物。诚者，非自成己而已也，所以成物

子思像

八儒，相传孔子死后，儒家分为八派，故称。始见于《韩非子·显学》："自孔子之死也，有子张之儒，有子思之儒，有颜氏之儒，有孟氏之儒，有漆雕氏之儒，有仲良氏之儒，有孙氏之儒，有乐正氏之儒。"

《中庸》书影

弗能弗措……虽柔必强，《中庸》原文作"行之弗笃弗措也。人一能之，己百之；人十能之，己千之。果能此道矣，虽愚必明，虽柔必强。"

也。成己，仁也；成物，智也。性之德也，合内外之道也，故时措之宜也。"是子思之所谓诚，即孔子之所谓仁。惟欲并仁之作用而著之，故名之以诚。又扩充其义，以为宇宙问题之解释，至诚则能尽性，合内外之道，调和物我，而达于天人契合之圣境，历劫不灭，而与天地参，虽渺然一人，而得有宇宙之价值也。于是宇宙间因果相循之迹，可以预计。故曰："至诚之道，可以前知。国家将兴，必有祯祥；国家将亡，必有妖孽。见乎蓍龟，动乎四体。祸福将至，善，必先知之；不善，必先知之。故至诚如神。"言诚者，含有神秘之智力也。然此惟生知之圣人能之，而非人人所可及也。然则人之求达于至诚也，将奈何？子思勉之以学，曰："诚者，天之道也；诚之者，人之道也。诚者，不勉而中，不思而得，从容中道，圣人也。诚之者，择善而固执之者也。博学之，审问之，慎思之，明辨之，笃行之……**弗能弗措。人一能之，己百之；人十能之，己千之。虽愚必明，虽柔必强。**"言以学问之力，认识何者为诚，而又以确固之步趋几及之，固非以无意识之任性而行为率性矣。

结论 子思以诚为宇宙之本，而人性亦不外乎此。又极论由明而诚之道，盖扩张往昔之思想，而为宇宙论，且有秩然之统系矣。惟于善恶之何以差别，及恶之起源，未遑研究。斯则有待于后贤者也。

甲辑　中国伦理学史

第五章 孟子

孔子没百余年，周室愈衰，诸侯互相并吞，尚权谋，儒术尽失其传。是时崛起邹鲁，排众论而延周孔之绪者，为孟子。

小传 孟子名轲，幼受贤母之教。及长，受业于子思之门人。学成，欲以王道干诸侯，历游齐、梁、宋、滕诸国。晚年，知道不行，乃与弟子乐正克、公孙丑、万章等，记其游说诸侯及与诸弟子问答之语，为《孟子》七篇。以周赧王三十三年卒。

创见 孟子者，承孔子之后，而能为北方思想之继承者也。其于先圣学说益推阐之，以应世用。而亦有几许创见：（一）承子思性说而确言性善；（二）循仁之本义而配之以义，以为实行道德之作用；（三）以养气之说论究仁义之极致及效力，发前人所未发；（四）本仁义而言王道，以明经国之大法。

性善说 性善之说，为孟子伦理思想之精髓。盖子思既以诚为性之本体，而孟子更进而确定之，谓之善。以为诚则未有不善也。其辨证有消极、积极二种。消极之辨证，多对告子而发。告子之意，性惟有可善之能力，而本体无所谓善不善，故曰："**生了为性**。"曰："以人性为仁义，犹以杞柳为桮棬。"曰："人性之无分于善不善也，犹水之无分于东西也。"孟子对于其第一说，则诘之曰："然则犬之性犹牛之性，牛之性犹人之性与？"盖谓犬牛之性不必善，而人性独善也。对于其第二说，则曰："戕贼杞柳而后可以为桮棬，然则亦将戕贼人以为仁义与？"言人性不待矫揉而为仁义也。对于第三说，则曰："水信无分于东西，无分于上下乎？今夫水，搏而跃之，可使过颡；激而行之，可使在山。是岂水之性也哉？"

孟子像

生了为性，《孟子》原文作"生之谓性"。

亚圣庙

告子，春秋战国时人，生平事迹不详，曾学于孟子。

四端，指孟子所称的"恻隐、羞恶、辞让、是非"四种情感。

人之为不善，亦犹是也。水无有不下，人无有不善，则兼明人性虽善而可以使为不善之义，较前二说为备。虽然，是皆对于**告子**之说，而以论理之形式，强攻其设喻之不当；于性善之证据，未之及也。孟子则别有积以经验之心理，归纳而得之，曰："人皆有不忍人之心。今人乍见孺子将入于井，皆有怵惕恻隐之心，非所以内交于孺子之父母也，非所以要誉于乡党朋友也，非恶其声而然也。恻隐之心，人皆有之，仁之端也；羞恶之心，人皆有之，义之端也；辞让之心，人皆有之，礼之端也；是非之心，人皆有之，智之端也。"言仁义礼智之端，皆具于性，故性无不善也。虽然，孟子之所谓经验者如此而已。然则循其例而求之，即诸恶之端，亦未必无起源于性之证据也。

欲 孟子既立性善说，则于人类所以有恶之故，不可不有以解之。孟子则谓恶者非人性自然之作用，而实不尽其性之结果。山径不用，则茅塞之；山木常伐，则濯濯然。人性之障蔽而梏亡也，亦若是。是皆欲之咎也。故曰："养心莫善于寡欲。其为人也寡欲，虽有不存焉者寡矣；其为人也多欲，虽有存焉者寡矣。"孟子之意，殆以欲为善之消极，而初非有独立之价值。然于其起源，一无所论究，亦其学说之缺点也。

义 性善，故以仁为本质，而道德之法则，即具于其中。所以，知其法则而使人行之各得其宜者，是为义。无义则不能行仁。即偶行之，而亦为意识之动作。故曰："仁，人心也；义，人路也。"于是吾人之修身，亦有积极、消极两作用：积极者，发挥其性所固有之善也；消极者，求其放心也。

浩然之气 发挥其性所固有之善将奈何？孟子曰："在养浩然之气。"浩然之气者，形容其意志中笃信健行之状态也。其潜而为势力也甚静稳，其动而作用也又甚活泼。盖即中庸之所谓诚，而自其动作方面形容之。一言以蔽之，则仁义之功用而已。

求放心 人性既善，则常有动而之善之机，惟为欲所引，则往往放其良心而不顾。故曰："人岂无仁义之心哉？其所以放其良心者，亦犹斧斤之于木也，旦旦而伐之。虽然，已放之良心，非不可以复得也，人自不求之耳。"故又曰："学问之道无他，求其放心而已矣。"

孝弟 孟子之伦理说，注重于普遍之观念，而略于实行之方法。其言德行，以孝弟为本。曰："孩提之童，无不知爱其亲也。及其长也，无不知敬其兄也。亲亲，仁也；敬长，义也。无他，达之天下也。"又曰："尧、舜之道，孝弟而已矣。"

大丈夫 孔子以君子代表实行道德之人格，孟子则又别以大丈夫代表之。其所谓大丈夫者，以浩然之气为本，严取与出处之界，仰不愧于天，俯不怍于人，不为外界非道非义之势力所左右；即遇困厄，亦且引以为磨炼身心之药石，而不以挫其志。盖应时势之需要，而论及义勇之价值及效用者也。其言曰："说大人，则藐之，勿视其巍巍然，在彼者皆我所不为也，在我者皆古之制也，吾何畏彼哉？"又曰："居天下之广居，立天下之正位，行天下之大道。得志，与民由之；不得志，独行其道。富贵不能淫，贫贱不能移，威武不能屈。此之谓大丈夫。"又曰："天之将降大任于**是人**也，必先苦其心志，劳其筋骨，饿其体肤，空乏其身，行拂乱其所为，然后动心忍性，增益其所不能。"此足以观孟子之胸襟矣。

自暴自弃 人之性善，故能学则皆可以为尧、舜。其或为恶不已，而其究且如桀纣者，非其性之不善，而自放其良心之咎也，是为自暴自弃。故曰："自暴者不可与有言也，自弃者不可与有为也。言非礼义，谓之自

是人，《孟子》原文作"斯人"。

《孟子》书影

第五章 孟子

暴。吾身不能居仁由义，谓之自弃也。"

政治论 孟子之伦理说，亦推扩而为政治论。所谓"有不忍人之心，斯有不忍人之政"者也。其理想之政治，以尧舜代表之。尝极论道德与生计之关系，劝农桑，重教育。其因齐宣王好货、好色、好乐之语，而劝以与百姓同之。又尝言国君进贤退不肖，杀有罪，皆托始于国民之同意。以舜、禹之受禅，实迫于民视民听。桀纣残贼，谓之一夫，而不可谓之君。提倡民权，为孔子所未及焉。

结论 孟子承孔子、子思之学说而推阐之，其精深虽不及子思，而博大翔实则过之，其品格又足以相副，信不愧为儒家巨子。惟既立性善说，而又立欲以对待之，于无意识之间，由一元论而嬗变为二元论，致无以确立其论旨之基础。盖孟子为雄伟之辩论家，而非沉静之研究家，故其立说，不能无遗憾焉。

孟母断机处碑
　　位于山东邹县的孟庙。

甲辑　中国伦理学史

第六章 荀子

小传 荀子名况，赵人。后孟子五十余年生。尝游齐楚。疾举世溷浊，国乱相继，大道蔽壅，礼义不起，营巫祝，信机祥，邪说盛行，紊俗坏风，爰述仲尼之论，礼乐之治，著书数万言，即今所传之《荀子》是也。

学说 汉儒述《毛诗》传授系统，自子夏至荀子，而荀子书中尝并称仲尼、子弓。子弓者，馯臂子弓也。尝受《易》于**商瞿**，而实为子夏之门人。荀子为子夏学派，殆无疑义。子夏治文学，发明章句。故荀子著书，多根据经训，粹然存学者之态度焉。

荀子像

人道之原 荀子以前言伦理者，以宇宙论为基本，故信仰天人感应之理，而立性善说。至荀子，则划绝天人之关系，以人事为无与于天道，而特为各人之关系。于是有性恶说。

性恶说 荀子祖述儒家，欲行其道于天下，重利用厚生，重实践伦理，以研究宇宙为不急之务。自昔相承理想，皆以祯祥灾孽，彰天人交感之故。及荀子，则虽亦承认自然界之确有理法，而特谓其无关于道德，无关于人类之行为。凡治乱祸福，一切社会现象，悉起伏于人类之势力，而于天无与也。惟荀子既以人类势力为社会成立之原因，而见其间有自然冲突之势力存焉，是为欲。遂推进而以欲为天性之实体，而谓人性皆恶。是亦犹孟子以人皆有不忍之心，而谓人性皆善也。

荀子以人类为同性，与孟子同也。故既持性恶之说，则谓人人具有恶性。桀纣为率性之极，而尧舜则拂性之功。故曰："人之性恶，其善者伪也（伪与为同）。"于是孟、荀二子之言，相背而驰。孟子持性善说，而于

商瞿，孔子弟子，春秋末鲁国人。字子木，后世称为先贤商子。

《荀子》书影

恶之所由起，不能自圆其说；荀子持性恶说，则于善之所由起，亦不免为困难之点。荀子乃以心理之状态解释之，曰："夫薄则愿厚，恶则愿善，狭则愿广，贫则愿富，贱则愿贵，无于中则求于外。"然则善也者，不过恶之反射作用。而人之欲善，则犹是欲之动作而已。然其所谓善，要与意识之善有别。故其说尚不足以自立，而其依据学理之倾向，则已胜于孟子矣。

性论之矛盾 荀子虽持性恶说，而间有矛盾之说。彼既以人皆有欲为性恶之由，然又以欲为一种势力。欲之多寡，初与善恶无关。善恶之标准为理，视其欲之合理与否，而善恶由是判焉。曰："天下之所谓善者，正理平治也；所谓恶者，偏险悖乱也。"是善恶之分也。又曰："心之所可，苟中理，欲虽多，奚伤治？心之所可，苟失理，欲虽寡，奚止乱？"是其欲与善恶无关之说也。又曰："心虚一而静。心未尝不臧，然而谓之虚；心未尝不满，然而谓之静。人生而有知，有知而后有志，有志者谓之臧。"又曰："圣人知心术之患、蔽塞之祸，故无欲无恶，无始无终，无近无远，无博无浅，无古无今，兼陈万物而悬衡于中。"是说也，与后世淮南子之说相似，均与其性恶说自相矛盾者也。

修为之方法 持性善说者，谓人性之善，如水之就下，循其性而存之、养之、扩充之，则自达于圣人之域。荀子既持性恶之说，则谓人之为善，如木之必待隐括矫揉而后直，苟非以人为矫其天性，则无以达于圣域。是其修为之方法，为消极主义，与性善论者之积极主义相反者也。

礼 何以矫性？曰礼。礼者不出于天性而全出于人为。故曰："积伪

甲辑　中国伦理学史

而化谓之圣。圣人者，伪之极也。"又曰："性伪合，然后有圣人之名。盖天性虽复常存，而积伪之极，则性与伪化。"故圣凡之别，即视其性伪化合程度如何耳。积伪在于知礼，而知礼必由于学。故曰："学不可以已。其数，始于诵经，终于读礼。其义，始于士，终于圣人。学数有终，若其义则须臾不可舍。为之人也，舍之禽兽也。书者，政治之纪也。诗者，中声之止也。礼者，法之大分，群类之纲纪也。"故学至礼而止。

礼之本始 礼者，圣人所制。然圣人亦人耳，其性亦恶耳，何以能萌蘖至善之意识，而据之以为礼？荀子尝推本自然以解释之，曰："天地者，生之始也。礼义者，治之始也。君子者，礼义之始也。故天地生君子，君子理天地。君子者，天地之尽也，万物之总也，民之父母也。无君子则天地不理，礼义无统，上无君师，下无父子。"然则君子者，天地所特畀以创造礼义之人格，宁非与其天人无关之说相违与？荀子又尝推本人情以解说之，曰："三年之丧，称情而立文，所以为至痛之极也。"如其言，则不能不预想人类之本有善性，是又不合于人性皆恶之说矣。

礼之用 荀子之所谓礼，包法家之所谓法而言之，故由一身而推之于政治。故曰："隆礼贵义者，其国治；简礼贱义者，其国乱。"又曰："礼者，治辨之极也，强国之本也，威行之道也，功名之总也。王公由之，所以得天下；不由之，所以陨社稷。故坚甲利兵，不足以为胜；高城深

孔子杏坛传礼乐
杏坛，相传为孔子讲学之所，后人附会在山东曲阜孔庙大成殿前。

第六章 荀子

池，不足以为固；严令繁刑，不足以为威。由其道则行，不由其道则废。"礼之用可谓大矣。

礼乐相济 有礼则不可无乐。礼者，以人定之法，节制其身心，消极者也。乐者，以自然之美，化感其性灵，积极者也。礼之德方而智，乐之德圆而神。无礼之乐，或流于纵恣而无纪；无乐之礼，又涉于枯寂而无趣。是以荀子曰："夫音乐，入人也深，而化人也速，故先王谨为之文，乐中平则民和而不流，乐肃庄则民齐而不乱，民和齐则兵劲而城固。"

刑罚 礼以齐之，乐以化之，而尚有顽冥不灵之民，不帅教化，则不得不继之以刑罚。刑罚者，非徒惩已著之恶，亦所以憹余人之胆而遏恶于未然者也。故不可不强其力，而轻刑不如重刑。故曰："凡刑人者，所以禁暴恶恶，且惩其末也。故刑重则世治，而刑轻则世乱。"

理想之君道 荀子知世界之进化，后胜于前，故其理想之太平世，不在太古而在后世。曰："天地之始，今日是也。百王之道，后王是也。"故礼乐刑政，不可不与时变革；而为社会立法之圣人，不可不先后辈出。圣人者，知君人之大道者也。故曰："道者何耶？曰君道。君道者何耶？曰能群。能群者何耶？曰善生养人者也，善**班治**人者也，善显役人者也，善藩饰人者也。"

结论 荀子学说，虽不免有矛盾之迹，然其思想多得之于经验，故其说较为切实。重形式之教育，揭法律之效力，超越三代以来之德政主义，而近接于法治主义之范围。故荀子之门，有韩非、李斯诸人，持激烈之法治论，此正其学说之倾向，而非如苏轼所谓由于人格之感化者也。荀子之性恶论，虽为常识所震骇，然其思想之自由，论断之勇敢，不愧为学者云。

班治，《荀子》
原文作"班治"。

(二)道家

第七章 老子

小传 老子姓李氏，名耳，字曰聃，苦县人也。不详其生年，盖长于孔子。苦县本陈地，及春秋时而为楚领，老子盖亡国之遗民也。故不仕于楚，而为周柱下史。晚年，厌世，将隐遁，西行，至函关，关令尹喜要之，老子遂著书五千余言，论道德之要，后人称为《道德经》云。

学说之渊源 《老子》二卷，上卷多说道，下卷多说德，前者为世界观，后者为人生观。其学说所自出，或曰本于黄帝，或曰本于**史官**。综观老子学说，诚深有鉴于历史成败之因果，而绎以得之者，而其间又有人种地理之影响。盖我国南北二方，风气迥异。当春秋时，楚尚为齐、晋诸国之公敌，而被摈于蛮夷之列。其冲突之迹，不惟在政治家，即学者维持社会之观念，亦复相背而驰。老子之思想，足以代表北方文化之反动力矣。

学说之趋向 老子以降，南方之思想，多好为形而上学之探究。盖其时北方儒者，以经验世界为其世界观之基础，繁其礼法，缛其仪文，而忽于养心之本旨，故南方学者反对之。北方学者之于宇宙，仅究现象变化之规则；而南方学者，则进而阐明宇宙之实在。故如伦理学者，几非南方学者所注意，而且以道德为消极者也。

道 北方学者之所谓道，宇宙之法则也。老子则以宇宙之本体为道，即宇宙全体抽象之记号也。故曰："致虚则极，守静则笃，

史官，我国古代设置的专门记录和编撰历史的官职。各朝对史官的称谓与分类虽多不相同，但主要分记录和编纂两类。

老子像

老子授经图

什伯，我国古代兵制，十人为什，百人为伯。后以什伯泛指军队的基层队伍。

甲辑　中国伦理学史

万物并作，吾以观其复。夫物芸芸然，各归其根曰静，静曰复命，复命曰常；知常曰明。"言道本虚静，故万物之本体亦虚静，要当纯任自然，而复归于静虚之境。此则老子厌世主义之根本也。

德　老子所谓道，既非儒者之所道，因而其所谓德，亦非儒者之所德。彼以为太古之人，不识不知，无为无欲，如婴儿然，是为能体道者。其后智慧渐长，惑于物欲，而大道渐已澌灭。其时圣人又不揣其本而齐其末，说仁义，作礼乐，欲恃繁文缛节以拘梏之。于是人人益趋于私利，而社会之秩序，益以紊乱。及今而救正之，惟循自然之势，复归于虚静，复归于婴儿而已。故曰："小国寡民，有**什伯**之器而不用，使民重死而不远徙。虽有舟舆，无所乘之；虽有兵甲，无所陈之。使人复结绳而用之，甘其食，美其服，安其居，乐其俗，邻国相望，鸡犬之声相闻，民至老死不相往来。"老子所理想之社会如此。其后庄子之《胠箧篇》，又述之。至陶渊明，又益以具体之观念，而为《桃花源记》。足以见南方思想家之理想，常为遁世者所服膺焉。

老子所见，道德本不足重，且正因道德之崇尚，而足征世界之浇漓，苟循其本，未有不爽然自失者。何则？道德者，由相对之不道德而发生。仁义忠孝，发生于不仁不义不忠不孝。如人有疾病，始需医药焉。故曰："大道废，有仁义。智慧出，有大伪。六亲不和，有孝慈。国家昏乱，有忠臣。"又曰："上德不德，是以有德；下德不失德，是以无德。上德无为而无以为，下德为之而有以为，上仁为之而无以为，上义为之而有以

孔子问礼老子

史载，孔子曾到周都向老子请教礼制。

为，上礼为之而无应之，则攘臂而争之。故失道而后德，失德而后仁，失仁而后义，失义而后礼。夫礼者，忠信之薄，乱之首也。前识者，道之华，愚之始也。是以大丈夫处厚而不居薄，处实而不居华，故去彼取此。"

道德论之缺点 老子以消极之价值论道德，其说诚然。盖世界之进化，人事日益复杂，而害恶之条目日益繁殖，于是禁止之预备之作用，亦随之而繁殖。此即道德界特别名义发生之所由，征之历史而无惑者也。然大道何由而废？六亲何由而不和？国家何由而昏乱？老子未尝言之，则其说犹未备焉。

因果之倒置 世有不道德而后以道德救之，犹人有疾病而以医药疗之，其理诚然。然因是而遂谓道德为不道德之原因，则犹以医药为疾病之原因，倒因而为果矣。老子之论道德也，盖如此。曰："古之善为道者，非以明民，将以愚之。民之难治，以其智多。以智治国，国之贼；不以智治国，国之福。"又曰："绝圣弃智，民利百倍；绝仁弃义，民复孝慈；绝巧弃利，盗贼无有。""天下多忌讳而民弥贫；民利益多，国家滋昏；人多伎巧，奇物滋起；法令滋彰，盗贼多有。"盖世之所谓道德法令，诚有纠扰苛苦，转足为不道德之媒介者，如庸医之不能疗病而转以益之。老子有激于此，遂谓废弃道德，即可臻于至治，则不得不谓之谬误矣。

第七章 老子

齐善恶 老子又进而以无差别界之见，应用于差别界，则为善恶无别之说。曰："道者，万物之奥，善人之宝，不善人之〔所〕保。"是合善恶而悉谓之道也。又曰："天下皆知美之为美，斯恶矣；皆知善之为善，斯不善矣。"言丑恶之名，缘美善而出；苟无美善，则亦无所谓丑恶也。是皆绝对界之见，以形而上学之理绳之，固不能谓之谬误；然使应用其说于伦理界，则直无伦理之可言。盖人类既处于相对之世界，固不能以绝对界之理相绳也。老子又为辜较之言曰："唯之与阿，相去几何？善之与恶，相去奚若？"则言善恶虽有差别，而其别甚微，无足措意。然既有差别，则虽至极微之界，岂得比而同之乎？

无为之政治 老子既以道德为长物，则其视政治也亦然。其视政治为统治者之责任，与儒家同。惟儒家之所谓政治家，在道民齐民，使之进步；而老子之说，则反之，惟循民心之所向而无忤之而已。故曰："圣人无常心，以百姓之心为心。善者吾善之，不善者吾亦善之，德善也。信者吾信之，不信者吾亦信之，德信也。圣人之在天下，歙歙然不为天下浑其心，百姓皆注耳目也，圣人皆孩之。"

法术之起源 老子既主无为之治，是以斥礼乐，排刑政，恶甲兵，甚且绝学而弃智。虽然，彼亦应时势而立政策。虽于其所说之真理，稍若矛盾，而要仍本于其齐同善恶之概念。故曰："将欲噏之，必固张之。将欲弱之，必固强之。将欲废之，必固兴之。将欲夺之，必固与之。"又曰："以正治国，以奇用兵。"又曰："用兵有言，吾不为主而为客。"又曰："天之道，其犹张弓乎，高者抑之，下者举之，有余者损之，不足者补之。天道损有余而补不足，人之道不然，损不足以奉有余，孰能以有余奉天下？惟有道者而已。是以圣人为而不恃，功成而不处，不欲见其贤。"由是观之，老子固精于处世之法者。彼自立于齐同美恶之地位，而以至巧之策处理世界。彼虽斥智慧为废物，而于相对界，不得不巧施其智慧。此其所以为权谋术数所自出，而后世法术家皆奉为先河也。

结论 老子之学说，多偏激，故能刺冲思想界，而开后世思想家之先导。然其说与进化之理相背驰，故不能久行于普通健全之社会，其盛行之者，惟在不健全之时代，如魏、晋以降六朝之间是已。

老子出关图
明·仇英绘

第八章 庄子

庄子像

许由（生卒不详），尧舜时代的贤人。品德高尚，才智过人，被奉为隐士的鼻祖。

连叔，人名，旧时认为是有道之人，实际上是庄子为表达的需要而虚构的人物。

长沮，春秋时楚国的隐士。

桀溺，春秋时隐者。后亦泛指隐士。

甲辑 中国伦理学史

老子之徒，自昔庄、列并称。然今所传列子之书，为魏、晋间人所伪作，先贤已有定论，仅足借以见魏、晋人之思潮而已，故不序于此，而专论庄子。

小传 庄子，名周，宋蒙县人也。尝为漆园吏。楚威王聘之，却而不往。盖愤世而隐者也。（案：庄子盖稍先于孟子，故书中虽诋儒家而不及孟。而孟子之所谓杨朱，实即庄周。古音庄与杨、周与朱俱相近，如荀卿之亦作孙卿也。孟子曰："杨氏为我，拔一毛而利天下不为也。"又曰："杨朱、墨翟之言盈天下，杨氏为我，是无君也。"《吕氏春秋》曰："阳子贵己。"《淮南子·泛论训》曰："全性保真，不以物累形，杨子之所立也。而孟子非之。"贵己保真，即为我之正旨。庄周书中，随在可指。如**许由**曰："余无所用天下为。"**连叔**曰："之人也，之德也，将磅礴万物以为一世也。蕲乎乱，孰弊弊焉以天下为事？是其尘垢秕糠，犹将陶铸尧、舜者也，孰肯以物为事？"其他类是者，不可以更仆数，正孟子所谓拔一毛而利天下不为者也。子路之诋**长沮**、**桀溺**也，曰："废君臣之义。"曰："欲洁其身而乱大伦。"正与孟子所谓杨氏无君相同。至《列子·杨朱篇》，则因误会孟子之言而附会之者。如其所言，则纯然下等之自利主义，不特无以风动天下，而且与儒家言之道德，截然相反。孟子所以斥之者，岂仅曰无君而已。余别有详考，附著其略于此云。）

学派 韩愈曰："子夏之学，其后有**田子方**；子方之后，流而为庄子。"其说不知所本。要之，老子既出，其说盛行于南方。庄子生楚、魏之间，受其影响，而以其闳眇之思想扩大之。不特老子权谋术数之见，一无所染，而其形而上界之见地，亦大有进步，已浸浸接近于佛说。庄子者，超绝政治界，而纯然研求哲理之大思想家也。汉初盛言黄老，魏、晋以降，盛言老庄，此亦可以观庄子与老佛异同之朕兆矣。

庄子之书，存者凡三十三篇：内篇七，外篇十五，杂篇十一。内篇义旨闳深，先后互相贯注，为其学说之中坚。外篇、杂篇，则所以反复推明之者也。杂篇之《天下篇》，历叙各家道术而批判之，且自陈其宗旨之所在，与老子有同异焉，是即庄子之自叙也。

世界观及人生观 庄子以世界为由相对之现象而成立，其本体则未始有对也，无为也，无始无终而永存者也，是为道。故曰："彼是无得其偶谓之道。"曰："道未始有对。"由是而其人生观，亦以反本复始为主义。盖超越相对界而认识绝对无终之本体，以宅其心意之谓也。而所以达此主义者，则在虚静恬淡，屏绝一切矫揉造作之为，而悉委之自然，忘善恶，脱苦厄，而以无为处世。故曰："大块载我以形，劳我以生，佚我以老，息我以死。故善吾生者，乃所以善吾死者也。"夫生死且不以婴心，更何有于善恶耶！

理想之人格 能达此反本复始之主义者，庄子谓之真人，亦曰神人、圣人，而称其才为全才。尝于其《大宗师篇》详说之，曰："古之真人，不逆寡，不雄成，不谟士。若然者，过而弗悔，当而不自得也。登高不栗，入水不濡，入火不热，其觉无忧，其息深深。"又曰："不知说生，不知恶死。其出不䜣，其入不距。翛然往来，不忘其所始，不求其所终。

老庄写意
清任熊绘老庄像，表现"庄生游逍遥，老子守元默"的情形。

田子方，战国贤人。孔子弟子子贡的学生，魏文侯的老师。

第八章 庄子

《庄子》书影

南郭子綦，楚人，出自《庄子·齐物论》。住城郭南端，因以为名。旧说其人为楚庄王司马，疑为庄子虚构的高士，而非历史人物。

颜成子游，南郭子綦的学生。姓颜成，名偃，字子游。《庄子·徐无鬼》篇中作"颜成子"。

受而喜之，忘而复之，是之谓不以心捐道，不以人助天，是之谓真人。"其他散见各篇者多类此。

修为之法 凡人欲超越相对界而达于极对界，不可不有修为之法。庄子言其卑近者，则曰："徹志之勃，解心之谬，去德之累，达道之塞。贵、富、显、严、名、利，六者，勃志也。容、动、色、理、气、意，六者，谬心也。恶、欲、喜、怒、哀、乐，六者，累德也。去、就、取、与、知、能，六者，塞道也。此四六者不荡胸中，则正。正则静，静则明，明则虚，虚则无为而无不为也。"是其消极之修为法也。又曰："夫道，覆载万物者也。洋洋乎大哉，君子不可以不刳心焉。无为为之之谓天，无为言之之谓德，爱人利物之谓仁，不同同之之谓大，行不崖异之谓宽，有万不同之谓富，故执德之谓纪，德成之谓立，循于道之谓备，不以物挫志之谓完。君子明于此十者，则韬乎其事心之大也，沛乎其为万物逝也。"是其积极之修为法也。合而言之，则先去物欲，进而任自然之谓也。

内省 去四"六害"，明"十事"，皆对于外界之修为也。庄子更进而揭其内省之极工，是谓心斋。于《人间世篇》言之曰：颜回问心斋，仲尼曰："一若志，无听之以耳而听之以心，无听之以心而听之以气。听止于耳，心止于符。气也者，虚而待物者也。惟道集虚。虚者，心斋也。心斋者，绝妄想而见性真也。"彼尝形容其状曰："**南郭子綦**隐几而坐，仰天而嘘，嗒然似丧其耦。**颜成子游**曰：'何居乎？形固可使如槁木，而心固可使如死灰乎？'""孔子见老子，老子新沐，方被发而干之，慹然似非人者。孔子进见曰：'向者，先生之形体，掘若槁木，似遗世离人而立于独。'老子曰：'吾方游于物之始'。"游于物之始，即心斋之作用也。其言修为之方，则曰："吾守之三日而后能外天下，又守之七日而后能外物，又守之九日而后能外生，外生而后能朝彻，朝彻而后能见独，见独而后能无古今，无古今而后入不死不生。"又曰："一年而野，二年而从，

甲辑　中国伦理学史

三年而通，四年而物，五年而来，六年而鬼入，七年而天成，八年而不知生不知死，九年而大妙。"盖相对世界，自物质及空间、时间两形式以外，本无所有。庄子所谓外物及无古今，即超绝物质及空间、时间，纯然绝对世界之观念。或言自三日以至九日，或言自一年以至九年，皆不过假设渐进之程度。惟前者述其工夫，后者述其效验而已。庄子所谓心斋，与佛家之禅相似。盖至是而南方思想，已与印度思想契合矣。

北方思想之驳论 庄子之思想如此，则其与北方思想，专以人为之礼教为调摄心性之作用者，固如冰炭之不相入矣。故于儒家所崇拜之帝王，多非难之。曰："三皇五帝之治天下也，名曰治之，乱莫甚焉，使人不得安其性命之情，而犹谓之圣人，不可耻乎！"又曰："昔者黄帝始以仁义撄人之心，尧舜于是乎股无胈，胫无毛，以养天下之形。愁其五藏，以为仁义，矜其血气，以规法度，然犹有不胜也。尧于是放**讙兜**，投**三苗**，流**共工**，此不胜天下也。夫施及三王而天下大骇矣。下有**桀跖**，上有**曾史**，而儒墨毕起。于是乎喜怒相疑，愚知相欺，善否相非，诞信相讥，而天下衰矣。大德不同而性命烂漫矣，天下好知而百姓求竭矣。于是乎斤锯制焉，绳墨杀焉，椎凿决焉，天下脊脊大乱，罪在撄人心。"其他全书中类此者至多。其意不外乎圣人尚智慧，设差别，以为争乱之媒而已。

排仁义 儒家所揭以为道德之标帜者，曰仁义。故庄子排之最力。曰："骈拇枝指，出乎性哉？而侈于德。附赘悬疣，出乎形哉？而侈于性。多方乎仁义而用之者，列乎五藏哉？而非道德之正也。性长非所断，

放讙兜，投三苗，流共工

讙兜，又作驩兜、欢兜或讙头，我国古代传说中的三苗族首领，相传因与共工、鲧一起作乱，而被尧流放至崇山（在今湖南张家界）。

三苗，古族名，亦称有苗、苗民。即柯约、柯挪、柯乌，为传说中蚩尤氏的先祖。

共工，古代传说人物。善治水，又一说为尧的大臣，与讙兜、三苗、鲧并称"四凶"，被尧流放于幽州。

桀跖，夏桀和柳下跖（春秋末著名奴隶起义领袖，被历代统治者骂作盗跖）的并称。泛指凶恶残暴的人。

曾史，曾参和史䲡（春秋末期卫国史官，字子鱼，也称"史鱼"，以正直著称）的并称。古代视为仁与义的典型人物。

性短非所续，无所去忧也。意仁义其非人情乎？彼仁人何其多忧也。且夫待钩墨规矩而正者，是削其性也；待绳约胶漆而固者，是侵其德也。屈折礼乐，呴俞仁义，以慰天下之心者，此失其常然也。常然者，天下诱然皆生而不知其所以生，同焉皆得而不知其所得。故古今不二，不可亏也。则仁义又奚连连如胶漆缠索而游乎道德之间为哉！"盖儒家之仁义，本所以止乱。而自庄子观之，则因仁义而更以致乱，以其不顺乎人性也。

道德之推移 庄子之意，世所谓道德者，非有定实，常因时地而迁移。故曰："水行无若用舟，陆行无若用车。以舟之可行于水也，而推之于陆，则没世而不行寻常。古今非水陆耶？周鲁非舟车耶？今蕲行周于鲁，犹推舟于陆，劳而无功，必及于殃。夫礼义法度，应时而变者也。今取**猨狙**而衣以周公之服，彼必龁啮挽裂，尽去之而后慊。古今之异，犹猨狙之于周公也。"庄子此论，虽若失之过激，然儒家末流，以道德为一定不易，不研究时地之异同，而强欲纳人性于一冶之中者，不可不以庄子此言为药石也。

道德之价值 庄子见道德之随时地而迁移者，则以为其事本无一定之标准，徒由社会先觉者，借其临民之势力，而以意创定。凡民率而行之，沿袭既久，乃成习惯。苟循其本，则足知道德之本无价值，而率循之者，皆媚世之流也。故曰："孝子不谀其亲，忠臣不谀其君。君亲之所言而然，所行而善，世俗所谓不肖之臣子也。世俗之所谓然而然之，世俗之所谓善而善之，不谓之道谀之人耶！"

道德之利害 道德既为凡民之事，则于凡民之上，必不能保其同一之威严。故不惟大圣，即大盗亦得而利用之。故曰："将为胠箧探囊发匮之盗而为守备，则必摄缄縢，固扃鐍，此世俗之所谓知也。然而大盗至，则负匮揭箧探囊而趋，惟恐缄縢扃鐍之不固也。然则乡之所谓知者，不乃为大盗积者也。故尝试论之，世俗所谓知者，有不为大盗积者乎？所谓圣者，有不为大盗守者乎？何以知其然耶？昔者齐国所以立宗庙社稷，治邑屋州闾乡曲者，曷尝不法圣人哉？然而**田成子**一旦杀齐君而盗其国，所盗者岂独其国耶？并与其圣知之法而盗之。小国不敢非，大国不敢诛，十二世有齐国，则是不乃窃齐国并与其圣知之法，以守其盗贼之身乎？跖之徒问于跖曰：'盗亦有道乎？'跖曰：'何适而无有道耶！夫妄意室中之藏圣也；入先，勇也；出后，义也；知可否，知也；分均，仁也。五者不备

猨狙，亦作"猿狙"，指猕猴，后泛指猿猴。

田成子，即"陈成子"，春秋时齐国大臣。名恒，或作常。杀齐景公而立平公，得以专政齐国。

而能成大盗者，未之有也。'由是观之，善人不得圣人之道不立，跖不得圣人之道不行。天下之善人少而不善人多，则圣人之利天下也少，而害天下也多。圣人已死，则大盗不起。"庄子此论，盖鉴于周季拘牵名义之弊。所谓道德仁义者，徒为大盗之所利用。故欲去大盗，则必并其所利用者而去之，始为正本清源之道也。

结论 自尧舜时，始言礼教，历夏及商，至周而大备。其要旨在辨上下，自家庭以至朝庙，皆能少不凌长，贱不凌贵，则相安而无事矣。及其弊也，形式虽存，精神渐灭。强有力者，如**田常**、盗跖之属，决非礼教所能制，而彼乃转恃礼教以为钳制弱小之具。儒家欲救其弊，务修明礼教，使贵贱同纳于轨范。而道家反对之，以为当时礼法，自束缚人民自由以外，无他效力，不可不决而去之。在老子已有"圣人不仁"、"刍狗万物"之说，庄子更大廓其义，举唐、虞以来之政治，诋斥备至，津津于许由北人无择薄天下而不为之流。盖其消极之观察，在悉去政治风俗间种种赏罚毁誉之属，使人人不失其自由，则人各事其所事，各得其所得，而无事乎损人以利己，抑亦无事乎损己以利人，而相忘于善恶之差别矣。其积极之观察，则在世界之无常，人生之如梦，人能向实体世界之观念而进行，则不为此世界生死祸福之所动，而一切忮求恐怖之念皆去，更无所恃于礼教矣。其说在社会方面，近于今日最新之社会主义。在学理方面，近于最新之神道学。其理论多轶出伦理学界，而属于纯粹哲学。兹刺取其有关伦理者，而撮记其概略如上云。

梦蝶图
元人绘，取自"庄周梦蝶"的典故。

田常，即上文的田成子。

第八章 庄子

（三）农家

第九章 许行

陈相，战国时农家学者，原从学于儒家，后接受农家许行的思想，弃儒家而从农家。

周季农家之言，传者甚鲜。其有关于伦理学说者，惟许行之道。惟既为新进之徒**陈相**所传述，而又见于反对派孟子之书，其不尽真相，所不待言。然即此见于孟子之数语而寻绎之，亦有可以窥其学说之梗略者，故推论焉。

小传 许行，盖楚人。当滕文公时，率其徒数十人至焉。皆衣褐，绷屦织席以为食。

义务权利之平等 商鞅称神农之世，公耕而食，妇织而衣，刑政不用而治。《吕氏春秋》称神农之教曰："士有当年而不耕者，天下或受其饥；女有当年而不织者，天下或受其寒。"盖当农业初兴之时，其事实如此。许行本其事实而演绎以为学说，则为人人各尽其所能，毋或过俭；各取其所需，毋或过丰。故曰："贤者与民并耕而食，饔飧而治。今也滕有仓廪府库，则是厉民而以自养也。"彼与其徒以绷屦织席为业，未尝不明于通功易事之义。至孟子所谓劳心，所谓忧天下，则自许行观之，宁不如无为而治之为愈也。

齐物价 陈相曰："从许子之道，则市价不二。布帛长短同，麻缕丝絮轻重同，五谷多寡同，屦大小同，则贾皆相若。"

神农教稼图

魏晋画像砖

上为《耕耙图》，下为《扬场图》

盖其意以劳力为物价之根本，而资料则为公有，又专求实用而无取乎纷华靡丽之观，以辨上下而别等夷，故物价以数量相准，而不必问其精粗也。近世社会主义家，慨于工商业之盛兴，野人之麇集城市，为贫富悬绝之原因，则有反对物质文明，而持尚农返璞之说者，亦许行之流也。

结论 许行对于政治界之观念，与庄子同。其称神农，则亦犹道家之称黄帝，不屑齿及于尧舜以后之名教也。其为南方思想之一支甚明。孟子之攻陈相也，曰："陈良，楚产也。悦周公、仲尼之道，北学于中国，北方之学者，未能或之先也。"又曰："今也南蛮鴃舌之人，非先王之道，子倍子之师而学之。"是即南北思想不相容之现象也。然其时，南方思潮业已侵入北方，如齐之**陈仲子**，其主义甚类许行。仲子，齐之世家也。兄戴，盖禄万钟。仲子以兄之禄为不义之禄而不食之，以兄之室为不义之室而不居之，避兄离母，居于於陵，身织屦，妻辟𬬹，以易粟。孟子曰："仲子不义，与之齐国而弗受。"又曰："亡亲戚君臣上下。"其为粹然南方之思想无疑矣。

陈仲子，战国时齐国贤士。名定，也称陈仲、田仲、于陵中子等，齐国田氏贵族的后裔。

第九章 许行

（四）墨家

第十章 墨子

墨子像

公孟子，即公明高，又称公明子，孔子的再传弟子。

夷之，又称夷子，信奉墨家学说，曾与孟子辩论儒墨同异。

宋钘，先秦诸子之一，思想近于墨家，具体事迹不详。宋人。《孟子》中写作宋牼，《庄子》、《韩非子》又写作宋荣子。

孔、老二氏，既代表南北思想，而其时又有北方思想之别派崛起，而与儒家言相抗者，是为墨子。韩非子曰："今之显学，儒墨也。"可以观墨学之势力矣。

小传 墨子，名翟，《史记》称为宋大夫。善守御，节用。其年次不详，盖稍后于孔子。庄子称其"以绳墨自矫而备世之急"，孟子称其"摩顶放踵利天下为之"，盖持兼爱之说而实行之者也。

学说之渊源 宋者，殷之后也。孔子之评殷人曰："殷人尊神，率民而事神，先鬼而后礼，先罚而后赏。"墨子之明鬼尊天，皆殷人因袭之思想。《汉书·艺文志》谓墨学出于清庙之守，亦其义也。孔子虽殷后，而生长于鲁，专明周礼。墨子仕宋，则依据殷道。是为儒、墨差别之大原因。至墨子节用、节葬诸义，则又兼采夏道。其书尝称道禹之功业，而谓**公孟子**曰："子法周而未法夏，子之古非古也。"亦其证也。

弟子 墨子之弟子甚多，其著者，有禽滑厘、随巢、胡非之属。与孟子论争者曰**夷之**，亦其一也。**宋钘**非攻，盖亦墨子之支别与？

有神论 墨子学说，以有神论为基础。《明鬼》一篇，所以述鬼神之种类及性质者至备。其言鬼之不可不明也，曰："三代圣王既没，天下失义，诸侯力正。夫君臣之不惠忠也，父子弟兄之不慈孝弟长贞良也，正长之不强于听治，贱人之不强于从事也。民之为淫暴寇乱盗贼，以兵刃、毒药、水火，退无罪人乎道路率径，夺人车马、衣裘以自利者，并作。由此始，是以天下乱。此其故何以然也？则皆以疑惑鬼神之有与无之别，不明乎鬼神之能赏贤而罚暴也。今若使天下之人，偕若信鬼神之能赏贤而罚暴也，则夫天下岂乱哉？今执无鬼者曰：'鬼神者固无有。'旦暮以为教诲乎天下之人，疑天下之众，使皆疑惑乎鬼神有无之别，是以天下乱。"然则墨子以罪恶之所由生为无神论，而因以明有神论之必要。是其说不本于宗教之信仰及哲学之思索，而仅为政治若社会应用而设。其说似太浅近，以其《法仪》诸篇推之，墨子盖有见于万物皆神，而天即为其统一者，因自昔崇拜自然之宗教而说之以学理者也。

法天 儒家之尊天也，直以天道为社会之法则，而于天之所以当尊，天道之所以可法，未遑详也。及墨子而始阐明其故，于《法仪》篇详之曰："天下从事者不可以无法仪，无法仪而其事能成者，无有也。虽至士之为将相者皆有法，虽至百工从事者亦皆有法。百工为方以矩，为圆以规，直以绳，正以县，无巧工不巧工，皆以此五者为法。巧者能中之；不巧者虽不能中，放依以从事，犹逾己。故百工从事皆有法所度。今大者治天下，其次治大国，而无法所度，此不若百工辩也。"然则吾人之所可以为法者何在？墨子曰："当皆法其父母奚若？天下之为父母者众，而仁者寡，若皆法其父母，此法不仁也。当皆法其学奚若？天下之为学者众，而仁者寡，若皆法其学，此法不仁也。当皆法其君奚若？天下之为君者众，而仁者寡。若皆法其君，此法不仁也。法不仁不可以为法。"夫父母者，**彝伦**之基本；学者，知识之源泉；君者，于现实界有绝对之威力。然而均不免于不仁，而不可以为法。盖既在此相对世界中，势不能有保其绝对之尊严者也。而吾人所法，要非有全知全能永保其绝对之尊严，而不与时地为推移者，不足以当之，然则非天而谁？故曰："莫若法天。天之行广而无私，其施厚而不德，其明久而不衰，故圣王法之。既以天为法，动作有为，必度于天。天之所欲则为之，天所不欲则止。"由是观之，墨子之于

《墨子》书影

彝伦，指伦常或常理、常道。

第十章 墨子

天，直以神灵视之，而不仅如儒家之视为理法矣。

天之爱人利人 人以天为法，则天意之好恶，即以决吾人之行止。夫天意果何在乎？墨子则承前文而言之曰："天何欲何恶？天必欲人之相爱相利，而不欲人之相恶相贼也。奚以知之？以其兼而爱之、兼而利之也。奚以知其兼爱之而兼利之？以其兼而有之、兼而食之也。今天下无大小国，皆天之邑也；人无幼长贵贱，皆天之臣也。此以莫不刍牛羊、豢犬猪，絜为酒醴粢盛以敬事天，此不为兼而有之、兼而食之耶？天苟兼而有之食之，夫奚说以不欲人之相爱相利也？故曰：爱人利人者，天必福之；恶人贼人者，天必祸之。曰杀不辜者，得不祥焉，夫奚说人为其相杀而天与祸乎？是以知天欲人相爱相利，而不欲人相恶相贼也。"

道德之法则 天之意在爱与利，则道德之法则，亦不得不然。墨子者，以爱与利为结合而不可离者也。故爱之本原，在近世伦理学家，谓其起于自爱，即起于自保其生之观念。而墨子之所见则不然。

兼爱 自爱之爱，与憎相对。充其量，不免至于屈人以伸己。于是互相冲突，而社会之纷乱由是起焉。故以济世为的者，不可不扩充为绝对之爱。绝对之爱，兼爱也，天意也。故曰："盗爱其室，不爱异室，故窃异室以利其室。贼爱其身，不爱人，故贼人以利其身。此何也？皆由不相爱。虽至大夫之相乱家，诸侯之相攻国者，亦然。大夫各爱其家，不爱异家，故乱异家以利其家。诸侯各爱其国，不爱异国，故攻异国以利其国。天下之乱物，具此而已矣。察此何自起，皆起不相爱。若使天下兼相爱，则国与国不相攻，家与家不相乱，盗贼无有，君臣父子皆能孝慈。若此则天下治。"

兼爱与别爱之利害 墨子既揭兼爱之原理，则又举兼爱、别爱之利害以证成之。曰："交别者，生天下之大害；交兼者，生天下之

墨子雕像
此像在山东滕州的墨子故里。

大利。是故别非也，兼是也。"又曰："有二士于此，其一执别，其一执兼。别士之言曰：'吾岂能为吾友之身若为吾身，为吾友之亲若为吾亲。'是故退睹其友，饥则不食，寒则不衣，疾病不侍养，死丧不葬埋。别士之言若此，行若此。兼士之言不然，行亦不然。曰：'吾闻为高士于天下者，必为其友之身若为其身，为其友之亲若为其亲。'是故退睹其友，饥则食之，寒则衣之，疾病侍养之，死丧葬埋之。兼士之言若此，行若此。"墨子又推之而为别君、兼君之事，其义略同。

行兼爱之道 兼爱之道，何由而能实行乎？墨子之所揭与儒家所言之忠恕同。曰："视人之国如其国，视人之家如其家，视人之身如其身。"

利与爱 爱者，道德之精神也，行为之动机也，而吾人之行为，不可不预期其效果。墨子则以利为道德之本质，于是其兼爱主义，同时为功利主义。其言曰："天者，兼爱之而兼利之。天之利人也，大于人之自利者。"又曰："天之爱人也，视圣人之爱人也薄；而其利人也，视圣人之利人也厚。大人之爱人也，视小人之爱人也薄；而其利人也，视小人之利人也厚。"其意以为道德者，必以利达其爱，若厚爱而薄利，则与薄于爱无异焉。此墨子之功利论也。

兼爱之调摄 兼爱者，社会固结之本质。然社会间人与人之关系，尝于不知不觉间，生亲疏之别。故孟子至以墨子之爱无差别为无父，以为兼爱之义，与亲疏之等不相容也。然如墨子之义，则两者并无所谓矛盾。其言曰："孝子之为亲度者，亦欲人之爱利其亲与？意欲人之恶贼其亲与？既欲人之爱利其亲也，则吾恶先从事，即得此，即必我先从事乎爱利人之亲，然后人报我以爱利吾亲也。诗曰：'无言而不仇，无德而不报，投我以桃，报之以李。'即此言爱人者必见爱，而恶人者必见恶也。"然则爱人

云　梯

相传云梯为鲁班所造。图为宋代《武经总要》中的云梯图。

第十章　墨子

之亲，正所以爱己之亲，岂得谓之无父耶？且墨子之对**公输**子也，曰："我钩之以爱，揣之以恭，弗钩以爱则不亲，弗揣以恭而速狎，狎而不亲，则速离。故交相爱，交相恭，犹若相利也。"然则墨子之兼爱，固自有其调摄之道矣。

勤俭 墨子欲达其兼爱之主义，则不可不务去争夺之原。争夺之原，恒在匮乏。匮乏之原，在于奢惰。故为《节用篇》以纠奢，而为"非命说"以明人事之当尽。又以厚葬久丧，与勤俭相违，特设《节葬篇》以纠之。而墨子及其弟子，则洵能实行其主义者也。

非攻 言兼爱则必非攻。然墨子非攻而不非守，故有《备城门》、《备高临》诸篇，非如孟子所谓修其孝弟忠信，则可制梃而挞甲兵者也。

结论 墨子兼爱而法天，颇近于西方之基督教。其明鬼而节葬，亦含有尊灵魂、贱体魄之意。墨家巨子，有杀身以殉学者，亦颇类基督。然墨子，科学家也，实利家也。其所言名数、质力诸理，多合于近世科学。其论证，则多用归纳法。按切人事，依据历史，其《尚同》、《尚贤》诸篇，则在得明天子及诸贤士大夫以统一各国之政俗，而泯其争。此皆其异于宗教家者也。墨子偏尚质实，而不知美术有陶养性情之作用，故非乐，是其蔽也。其兼爱主义，则无可非者。孟子斥为无父，则门户之见而已。

> **公输子**，即鲁班。姓公输名班，春秋战国时鲁国人，被奉为建筑业的鼻祖。

（五）法家

第十一章 管子

周之季世，北有孔孟，南有老庄，截然两方思潮循时势而发展。而墨家毗于北，农家毗于南，如骖之靳焉。然此两方思潮，虽簧鼓一世，而当时君相，方力征经营，以富强其国为鹄的，则于此两派，皆以为迂阔不切事情，而摈斥之。是时有折中南北学派，而洋洋然流演其中部之思潮，以应世用者，法家也。法家之言，以道为体，以儒为用。韩非子实集其大成，而其源则滥觞于孔老学说未立以前之政治家，是为管子。

小传 管子，名夷吾，字仲，齐之颍上人。相齐桓公，通货积财，与俗同好恶，齐以富强，遂霸诸侯焉。

著书 管子所著书，汉世尚存八十六篇，今又亡其十篇。其书多杂以后学之所述，不尽出于管氏也。多言政治及理财，其关于伦理学原则者如下。

学说之起源 管子学说，所以不同于儒家者，历史地理，皆与有其影响。周之兴也，武王有乱臣十人，而以周公旦、太公望为首选。周公守圣贤之态度，好古尚文，以道德为政治之本。太公挟豪杰作用，长法兵，用权谋。故周公封鲁，太公封齐，而齐、鲁两国之政俗，大有径庭。《史记》曰："太公之就国也，道宿行迟，逆旅人曰：'吾闻之时难得而易失，客寝甚安，殆非就国者也。'太公闻之，夜衣而行，黎明至国。**莱侯**来伐，争营邱。太公至国，修政，因其俗，简其礼，通工商之业，便鱼盐之利。人民多归之，五月而报政。周公曰：'何疾也？'曰：'吾简君臣之

莱侯，古国名，在今山东莱州境内。

管仲像

礼，而从其俗之为也。'鲁公**伯禽**，受封之鲁，三年而后报政。周公曰：'何迟也？'伯禽曰：'变其俗，革其礼，丧三年而除之，故迟。'周公叹曰：'呜呼！鲁其北面事齐矣。'"鲁以亲亲上恩为施政之主义，齐以尊贤上功为立法之精神。历史传演，学者不能不受其影响。是以鲁国学者持道德说，而齐国学者持功利说。而齐为东方鱼盐之国，是时吴、楚二国，尚被摈为蛮夷；中国富源，齐而已。管子学说之行于齐，岂偶然耶！

理想之国家 有维持社会之观念者，必设一理想之国家以为鹄。如孔子以尧舜为至治之主，老庄则神游于黄帝以前之神话时代是也。而管子之所谓至治，则曰："人人相和睦，少相居，长相游，祭祀相福，死哀相恤，居处相乐，入则务本疾作以满仓廪，出则尽节死敌以安社稷，坟然如一父之儿，一家之实。"盖纯然以固结其人民使不愧为国家之分子者也。

道德与生计之关系 欲固结其人民奈何？曰养其道德。然管子之意，以为人民之所以不道德，非徒失教之故，而物质之匮乏，实为其大原因。欲教之，必先富之。故曰："仓廪实而知礼节，衣食足而知荣辱。"又曰："治国之道，必先富民。民富易治，民贫难治。何以知其然也？民富则安乡重家，而敬上畏罪，故易治。民贫则反之，故难治。故治国常富，而乱国常贫。"

上下之义务 管子以人民实行道德之难易，视其生计之丰歉。故言为政者务富其民，而为民者务勤其职。曰："农有常业，女有常事，一夫不耕，或受之饥；一妇不织，或受之寒。"此其所揭之第一义务也。由是而进以道德。其所谓重要之道德，曰礼义廉耻，谓为国之四维。管子盖注意于人心就恶之趋势，故所揭者，皆消极之道德也。

结论 管子之书，于道德起源及其实行之方法，均未遑及。然其所抉道德与生计之关系，则于伦理学界有重大之价值者也。

齐桓公与管仲（汉画拓片）

伯禽，西周初年人。姓姬，字伯禽，亦称禽父。周公旦长子，周代鲁国的第一任国君。

甲辑　中国伦理学史

管子以后之中部思潮 管子之说，以生计为先河，以法治为保障，而后有以杜人民不道德之习惯，而不致贻害于国家，纯然功利主义也。其后又分为数派，亦颇受影响于地理云。

（一）为儒家之政治论所援引，而与北方思想结合者，如孟子虽鄙夷管子，而袭其道德生计相关之说。荀子之法治主义，亦宗之。其最著者为**尸佼**，其言曰："义必利，虽桀纣犹知义之必利也。"尸子，鲁人，尝为商鞅师。

（二）纯然中部思潮，循管子之主义，随时势而发展，**李悝**之于魏，商鞅之于秦，是也。李悝尽地力，商鞅励农战，皆以富强为的，破周代好古右文之习惯者也，而商君以法律为全能，法家之名，由是立。且其思想历三晋而衍于西方。

（三）与南方思想接触，而化合于道家之说者，**申不害**之徒也。其主义君无为而臣务功利，是为术家。申子，郑之遗臣，而仕于韩。郑与楚邻也。

当是时也，既以中部之思想为调人，而一合于北、一合于南矣。及战国之末，韩非子遂合三部之思潮而统一之。而周季思想家之运动，遂以是为归宿也。

尸子、申子，其书既佚；惟商君、韩非子之书具存，虽多言政治，而颇有伦理学说可以推阐，故具论之。

《管子》书影

尸佼（约前390~约前330），战国时思想家。人称尸子，魏国人（亦有鲁人、楚人之说）。曾参与商鞅变法。著有《尸子》，已佚。

李悝（前455~前395），战国政治家、法学家。魏国人。也作李克、里克。曾任魏文侯相，实行变法。

申不害（约前385~前337）战国时法家政治家。郑国人，曾在韩国为相。著作《申子》，已佚。

第十一章 管子

第十二章 商君

小传 商君氏公孙,名鞅,受封于商,故号曰商君。君本卫庶公子,少好刑名之学。闻秦孝公求贤,西行,以强国之术说之,大得信任。定变法之令,重农战,抑亲贵,秦以富强。孝公卒,有谮君者,君被磔以死。秦袭君政策,卒并六国。君所著书凡二十五篇。

革新主义 管子,持通变主义者也。其于周制虽不屑屑因袭,而未尝大有所摧廓。其时周室虽衰,民志犹未漓也。及战国时代,时局大变,新说迭出。商君承管子之学说,遂一进而为革新主义。其言曰:"前世不同教,何古是法?帝王不相复,何礼是循?伏羲神农,不教而诛。黄帝尧舜,诛而不怨。至于文武,各当时而立法,因事而制礼,礼法以时定,制令顺其宜,兵甲器备,各供其用。"故曰:"治世者不二道,便国者不必古。汤武之王也,不循古而兴。商夏之亡也,不易礼而亡。"然则反古者未必非,而循礼者未足多,是也。又其驳**甘龙**之言曰:"常人安于故俗,学者溺于所闻,两者以之居官守法可也,非所与论于法之外也。三代不同礼而王,五霸不同法而霸。智者作法,愚者制焉。贤者定法,不肖者拘焉。"商君之果断如此,实为当日思想革命之巨子。固不为时势所驱迫,而要之非有超人之特性者,不足以语此也。

甘龙,秦国世族名臣,反对商鞅变法。

商鞅像

旧道德之排斥 周末文胜，凡古人所标揭为道德者，类皆名存实亡，为干禄舞文之具，如庄子所谓"儒以诗礼破家"者是也。商君之革新主义，以国家为主体，即以人民对于国家之公德为无上之道德。而凡袭私德之名号，以间接致害于国家者，皆竭力排斥之。故曰："有礼，有乐，有诗，有书，有善，有修，有孝，有悌，有廉，有辨，有是十者，其国必削而至亡。"其言虽若过激，然当日虚诬吊诡之道德，非摧陷而廓清之，诚不足以有为也。

商鞅变法
商鞅变法伊始，为取信于民，采用徙木立信的办法，树立了法令的威信，使变法得以顺利实施。

重刑 商君者，以人类为惟有营私背公之性质，非以国家无上之威权，逆其性而迫压之，则不能一其心力以集合为国家。故务在以刑齐民，而以赏为刑之附庸。曰："刑者，所以禁夺也。赏者，所以助禁也。故重罚轻赏，则上爱民而下为君死。反之，重赏而轻罚，则上不爱民，而下不为君死。故王者刑九而赏一，强国刑七而赏三，削国刑五而赏亦五。"商君之理想既如此，而假手于秦以实行之，不稍宽假。临渭而论刑，水为之赤。司马迁评为天资刻薄，谅哉。

尚信 商君言国家之治，在法、信、权三者。而其言普通社会之制裁，则惟信。秉政之始，尝悬赏徙木以示信，亦其见端也。盖彼既不认私人有自由行动之余地，而惟以服从于团体之制裁为义务，则舍信以外，无所谓根本之道德矣。

结论 商君，政治家也，其主义在以国家之威权裁制各人。故其言道德也，专尚公德，以为法律之补助，而持之已甚，几不留各人自由之余地。又其观察人性，专以趋恶之一方面为断，故尚刑而非乐，与管子

商鞅方量铭

商鞅变法内容之一是统一度量衡。图为商鞅方量铭文拓片及释文。

之所谓令顺民心者相反。此则其天资刻薄之结果，而所以不免为道德界之罪人也。

第十三章 韩非子

小传 韩非，韩之庶公子也。喜刑名法术之学。尝与李斯同学于荀卿，斯自以为不如也。韩非子见韩之削弱，屡上书韩王，不见用。使于秦，遂以策干始皇。始皇欲大用之，为李斯所谗，下狱，遂自杀。其所著书凡五十五篇，曰《韩子》。自宋以后，始加"非"字，以别于韩愈云。方始皇未见韩非子时，尝读其书而慕之。李斯为其同学而相秦，故非虽死，而其学说实大行于秦焉。

学说之大纲 韩非子者，集周季学者三大思潮之大成者也。其学说，以中部思潮之法治主义为中坚，严刑必罚，本于商君；其言君主尚无为，而不使臣下得窥其端倪，则本于南方思潮；其言君主自制法律，登进贤能，以治国家，则又受北方思潮之影响者。自孟、荀、尸、申后，三部思潮，已有互相吸引之势。韩非子生于韩，闻申不害之风，而又学于荀卿，其刻核之性质，又与商君相近。遂以中部思潮为根据，又甄择南北两派，取其足以应时势之急，为法治主义之助，而无相矛盾，陶铸辟灌，成一家言。盖根于性癖，演于师承，而又受历史地理之影响者也。呜呼，岂偶然者！

性恶论 荀子言性恶，而商君之观察人性也，亦然。韩非子承荀、商之说，而以历史之事实证明之。曰："人主之患在信人。信人者，被制于人。人臣之于其君也，非有骨肉之亲也，缚于势而不得不事之耳。故人臣者，窥觇其君之心，无须臾之休，而人主乃怠傲以处其上，此世之所以有

韩非子像

《韩非子》书影

李兑，战国时赵国大臣。赵武灵王让位少子何，引起内乱。李兑和公子成发动沙丘之变（沙丘宫位于今河北广宗县，商代纣王在此建有离宫，战国时属赵国，后秦始皇亦死于此地），杀太子章，逼死赵武灵王，独专国政，号奉阳君。

优施，又名优绯，春秋时晋献公夫人骊姬的弄臣，曾帮助骊姬定计诬陷晋国王子申生和重耳，导致晋国宫廷的权力之争。

王良，春秋末期晋国人，赵简子车夫，以善于驾车著名，爱马。

劫君弑主也。人主太信其子，则奸臣得乘子以成其私，故**李兑**傅赵王，而饿主父。人主太信其妻，则奸臣得乘妻以成其利，故**优施**傅骊姬而杀申生，立奚齐。夫以妻之近，子之亲，犹不可信，则其余尚可信乎？如是，则信者，祸之基也。其故何哉？曰：**王良**爱马，为其驰也。越王勾践爱人，为其战也。医者善吮人之伤，含人之血，非骨肉之亲也，驱于利也。故舆人成舆，欲人之富贵；匠人成棺，欲人之夭死；非舆人仁而匠人贼也。人不贵则舆不售，人不死则棺不买，情非憎人也，利在人之死也。故后妃夫人太子之党成，而欲君之死，君不死则势不重。情非憎君也，利在君之死也。故人君不可不加心于利己之死者。"

威势 人之自利也，循物竞争存之运会而发展，其势力之盛，无与敌者。同情诚道德之根本，而人群进化，未臻至善，欲恃道德以为成立社会之要素，辄不免为自利之风潮所摧荡。韩非子有见于此，故公言道德之无效，而以威势代之。故曰："母之爱子也，倍于父，而父令之行于子也十于母。吏之于民也无爱，而其令之行于民也万于父母。父母积爱而令穷，吏用威严而民听，严爱之策可决矣。"又曰："我以此知威势之足以禁暴，而德行之不足以止乱也。"又举事例以证之，曰："流涕而不欲刑者，仁也。然而不可不刑者，法也。先王屈于法而不听其泣，则仁之不足以为治明也。且民服势而不服义。仲尼，圣人也，以天下之大，而服从之者仅七十人。鲁哀公，下主也，南面为君，而境内之民无不敢不臣者。今为说者，不知乘势，而务行仁义，而欲使人主为仲尼也。"

法律 虽然，威势者，非人主官吏滥用其强权之谓，而根本于法律者也。韩非子之所谓法,即荀卿之礼而加以偏重刑罚之义,其制定之权在人主。而法律既定,则虽人主亦不能以意出入之。故曰:"绳直则枉木斫,准平则高科削,权衡悬则轻重平。释法术而心治,虽尧不能正一国;去规矩而度以妄意,则**奚仲**不能成一轮。"又曰:"明主一于法而不求智。"

> **奚仲**,相传为黄帝之后,夏禹之臣。姓任,因善造车,受封于薛,成为古薛国的始祖。

变通主义 荀卿之言礼也,曰法后王。(法后王即立新法,非如杨氏旧注以后王为文武也。)商君亦力言变法。韩非子承之,故曰:"上古之世,民不能作家,有圣人教之造巢,以避群害,民喜而以为王。其后有圣人,教民火食。降至中古,天下大水,而鲧禹决渎。桀纣暴乱,而汤武征伐。今有构木钻燧于夏后氏之世者,必为鲧禹笑。有决渎于殷商之世者,必为汤武笑矣。"又曰:"宋人耕田,田中有株,兔走而触株,折颈而死。其人遂舍耕而守株,期复得兔。兔不可复得,而身为宋国笑。"然则韩非子之所谓法,在明主循时势之需要而制定之,不可以泥古也。

重刑罚 商君、荀子皆主重刑,韩非子承之。曰:"人不恃其身为善,而用其不得为非。待人之自为善,境内不什数;使之不得为非,则一国可齐而治。夫必待自直之箭,则百世无箭。必待自圆之木,则千岁无轮。而世皆乘车射禽者,何耶? 用隐括之道也。虽有不待隐括而自直之箭,自圆之木,良工不贵也。何则? 乘者非一人,射者非一发也。不待赏罚而恃自善之民,明君不贵也。有术之君,不随适然之善,而行必然之道。罚者,必然之道也。"且韩非子不特尚刑罚而已,而又尚重刑。其言曰:"殷法刑弃灰于道者,断其手。子贡以为酷,问之仲尼,仲尼曰:'是知治道者也。夫弃灰于街,必掩人,掩人则人必怒,怒则必斗,斗则三族相灭,是残三族之道也,虽刑之可也。'且夫重罚者,人之所恶;而无弃灰,人之所易。使行其易者而无离于恶,治道也。"彼又言重刑一人,而得使众人无陷于恶,不失为仁。故曰:"与之刑者,非所以恶民,而爱之本也。刑者,爱之首也。刑重则民静,然愚人不知,而以为暴。愚者固欲治,而恶其所以治者;皆恶危,而贵其所以危者。"

《韩非子集解》书影

君主以外无自由 韩非子以君主为有绝对之自由，故曰："君不能禁下而自禁者曰劫，君不能节下而自节者曰乱。"至于君主以下，则一切人民，凡不范于法令之自由，皆严禁之。故伯夷、叔齐，世颂其高义者也，而韩非子则曰："如此臣者，不畏重诛，不利重赏，无益之臣也。"恬淡者，世之所引重也，而韩非子则以为可杀，曰："彼不事天子，不友诸侯，不求人，亦不从人之求，是不可以赏罚劝禁者也。如无益之马，驱之不前，却之不止，左之不左，右之不右，如此者，不令之民也。"

以法律统一名誉 韩非子既不认人民于法律以外有自由之余地，于是自服从法律以外，亦无名誉之余地。故曰："世之不治者，非下之罪，而上失其道也。贵其所以乱，而贱其所以治。是故下之所欲，常相诡于上之所以为治。夫上令而纯信，谓为媭；守法而不变，谓之愚。畏罪者谓之怯；听吏者谓之陋。寡闻从令，完法之民也，世少之，谓之朴陋之民。力作而食，生利之民也，世少之，谓之寡能之民。重令畏事，尊上之民也，世少之，谓之怯慑之民。此贱守法而为善者也。反之而令有不听从，谓之勇。重厚自尊，谓之长者。行乖于世，谓之大人。贱爵禄不挠于上者，谓之杰士。是以乱法为高也。"又曰："父盗而子诉之官，官以其忠君曲父而杀之。由是观之，君之直臣者，父之暴子也。"又曰："汤武者，反君臣之义，乱后世之教者也。汤武，人臣也，弑其父而天下誉之。"然则韩非子之意，君主者，必举臣民之思想自由、言论自由而一切摧绝之者也。

排慈惠 韩非子本其重农尚战之政策，信赏必罚之作用，而演绎之，则慈善事业，不得不排斥。故曰："施与贫困者，此世之所谓仁义也。哀怜百姓不忍诛罚者，此世之所谓惠爱也。夫施与贫困，则功将何赏？不忍诛罚，则暴将何止？故天灾饥馑，不敢救之。何则？

韩非为李斯所谮而自杀

有功与无功同赏，夺力俭而与无功无能，不正义也。"

结论 韩非子袭商君之主义，而益详明其条理。其于儒家、道家之思想，虽稍稍有所采撷，然皆得其粗而遗其精。故韩非子者，虽有总揽三大思潮之观，而实商君之嫡系也。法律实以道德为根源，而彼乃以法律统摄道德，不复留有余地；且于人类所以集合社会，所以发生道理法律之理，漠不加察，乃以君主为法律道德之创造者。故其揭明公德，虽足以救儒家之弊，而自君主以外，无所谓自由。且为君主者以术驭吏，以刑齐民，日以心斗，以为社会谋旦夕之平和。然外界之平和，虽若可以强制，而内界之俶扰益甚。秦用其说，而民不聊生，所谓万能之君主，亦卒无以自全其身家，非偶然也。故韩非子之说，虽有可取，而其根本主义，则直不容于伦理界者也。

第十三章　韩非子

第一期结论

　　吾族之始建国也,以家族为模型。又以其一族之文明,同化异族,故一国犹一家也。一家之中,父兄更事多,常能以其所经验者指导子弟。一国之中,政府任事专,故亦能以其所经验者指导人民。父兄之责,在躬行道德以范子弟,而著其条目于家教,子弟有不帅教者责之。政府之责,在躬行道德,以范人民,而著其条目于礼,人民有不帅教者罚之。(孔子所谓"道之以德、齐之以礼"是也。古者未有道德、法律之界说,凡条举件系者皆以礼名之。至《礼记》所谓礼不下庶人,则别一义也。)故政府犹父兄也,(惟父兄不德,子弟惟怨慕而已,如舜之号泣于旻天是也。政府不德,则人民得别有所拥戴以代之,如汤武之革命是也。然此皆变例。)人民常抱有禀承道德于政府之观念。而政府之所谓道德,虽推本自然教,近于动机论之理想;而所谓天命有礼,天讨有罪,则实毗于功利论也。当虞夏之世,天灾流行,实业未兴,政府不得不偏重功利。其时所揭者,曰正德、利用、厚生。利用、厚生者,勤俭之德;正德者,中庸之德也(如皋陶所言之九德是也)。洎乎周代,家给人足,人类公性,不能以体魄之快乐自餍,恒欲进而求精神之幸福。周公承之,制礼作乐。礼之用方以

周公辅成王
　　周武王建立周朝后不久病逝,13岁的成王即位,由武王的弟弟周公旦辅政。此图为描绘此事的画像石。

智,乐之用圆而神。右文增美,尚礼让,斥奔竞。其建都于洛也,曰:"使有德者易以兴,无德者易以亡",其尚公如此。盖于不知不识间,循时势之推移,偏毗于动机论,而排斥功利论矣。然此皆历史中递嬗之事实,而未立为学说也。管子鉴周治之弊而矫之,始立功利论。然其所谓下令如流水之源,令顺民心,则参以动机论者也。老子苦礼法之拘,而言大道,始立动机论。而其所持柔弱胜刚强之见,则犹未能脱功利论之范围也。商君、韩非子承管子之说,而立纯粹之功利论;庄子承老子之说,而立纯粹之动机论,是为周代伦理学界之大革命家。惟商、韩之功利论,偏重刑罚,仅有消极之作用。而政府万能,压束人民,不近人情,尤不合于我族历史所孳生之心理。故其说不能久行,而惟野心之政治家阴利用之。庄子之动机论,几超绝物质世界,而专求精神之幸福。非举当日一切家族、社会、国家之组织而悉改造之,不足以普及其学说,尤与吾族父兄政府之观念相冲突。故其说不特恒为政治家所排斥,而亦无以得普通人之信仰,惟遁世之士颇寻味之。(汉之政治家言黄老,不言老庄,以此。)其时学说,循历史之流委而组织之者,惟儒、墨二家。惟墨子绍述夏商,以挽周弊,其兼爱主义,虽可以质之百世而不惑;而其理论,则专以果效为言,纯然功利论之范围;又以鬼神之祸福胁诱之,于人类所以互相爱利之故,未之详也。而维循当日社会之组织,使人之克勤克俭,互相协助,以各保其生命,而亦不必有陶淑性情之作用。此必非文化已进之民族所能堪,故其说惟平凡之慈善家颇宗尚之。(如汉之《太上感应篇》,虽托于神仙家,而实为墨学。明人所传之《阴骘篇》、《功过格》等,皆其流也。)惟儒家之言,本周公遗意,而兼采唐虞夏商之古义以调燮之。理论实践,无在而不用折中主义:推本性道,以励志士,先制恒产,乃教凡民,此折中于动机论与功利

《阴骘篇》,明代的一种劝善书,教导人们行善积德。

《功过格》,道士自记善恶功过的一种簿册。善言善行为"功",记"功格";恶言恶行为"过",记"过格"。

《太上感应篇》书影

道教劝善书之一,简称《感应篇》,出现于北宋,作者不详。共一千余字,主要借"太上"之名,阐述"天人感应"和"因果报应"。

第一期结论

论之间者也。以礼节奢，以乐易俗，此折中于文质之间者也。子为父隐，而吏不挠法（如孟子言舜为天子，而瞽瞍杀人，则皋陶执之，舜亦不得而禁之），此折中于公德、私德之间者也。人民之道德，禀承于政府，而政府之变置，则又标准于民心，此折中于政府、人民之间者也。敬恭祭祀而不言神怪，此折中于人鬼之间者也。虽其哲学之闳深，不及道家；法理之精核，不及法家；人类平等之观念，不及墨家。又其所谓折中主义者，不以至精之名学为基本，时不免有依违背施之迹，故不免为近世学者所攻击。然周之季世，吾族承唐虞以来二千年之进化，而凝结以为社会心理者，实以此种观念为大多数。此其学说所以虽小挫于秦，而自汉以后，卒为吾族伦理界不祧之宗，以至于今日也。

瞽瞍，上古帝王虞舜之父，曾与少子象数次谋害虞舜。

第二期 汉唐继承时代

第一章 总说

汉唐间之学风 周季，处士横议，百家并兴；焚于秦，罢黜于汉，诸子之学说熸矣。儒术为汉所尊，而治经者收拾烬余，治故训不暇给。魏晋以降，又遭乱离，学者偷生其间，无远志，循时势所趋，为经儒，为文苑；或浅尝印度新思想，为清谈。唐兴，以科举之招，尤群趋于文苑。以伦理学言之，在此时期，学风最为颓靡。其能立一家言、占价值于伦理学界者无几焉。

儒教之托始 儒家言，纯然哲学家、政治家也。自汉武帝表章之，其后郡国立孔子庙，岁时致祭。学说有悖孔子者，得以非圣无法罪之。于是儒家具有宗教之形式。汉儒以灾异之说，**符谶**之文，糅入经义。于是儒家言亦含有宗教之性质。是为后世儒教之名所自起。

道教之托始 道家言，纯然哲学家也。自周季，燕齐方士，本上古巫医杂糅之遗俗，而创为神仙家言，以道家有全性葆真之

三教图
明人丁云鹏作。此图绘佛、道、儒三教的创始人释迦牟尼、老子、孔子三人于一图之中，体现了明代"三教合一"的社会思潮。

符谶，符图谶纬的统称。泛指各种预言未来的神秘文书。

说，则援傅之以为理论。汉武罢黜百家，而独好神仙，则道家言益不得不寄生于神仙家以自全。于是演而为服食，浸而为符箓，而道教遂具宗教之形式，后世有道教之名焉。

佛教之流入 汉儒治经，疲于故训，不足以餍颖达之士；儒家大义，经新莽、曹魏之依托，而使人怀疑。重以汉世外戚宦寺之祸，正直之士，多遭惨祸，而汉季人民，酷罹兵燹，激而生厌世之念。是时，适有佛教流入，其哲理契合老庄，而尤为邃博，足以餍思想家；其人生观有三世应报诸说，足以慰藉不聊生之民；其大乘义，有体象同界之说，又无忤于服从儒教之社会。故其教遂能以种种形式，流布于我国。虽有墟寺杀僧之暴主，庐居火书之建议，而不能灭焉。

三教并存而儒教终为伦理学之正宗 道、释二家，虽皆占宗教之地位，而其理论方面，范围于哲学。其实践方面，则**辟谷**之方，出家之法，仅为少数人所信从。而其他送死之仪，祈祷之式，虽窜入于儒家礼法之中，然亦有增附而无冲突。故在此时期，虽确立三教并存之基础，而普通社会之伦理学，则犹是儒家言焉。

辟谷，我国古代道教的一种修养方法。亦称"断谷"、"绝谷"，即不食五谷，只食药物，以求长生不死。

甲辑　中国伦理学史

第二章 淮南子

汉初惩秦之败，而治尚黄老，是为中部思想之反动，而倾于南方思想。其时**叔孙通**采秦法，制朝仪；贾谊、晁错治法家，言治道，虽稍绎中部思潮之坠绪，其言多依违儒术，适足为武帝时独尊儒术之先驱。武帝以后，中部思潮，潜伏于北方思潮之中，而无可标揭。南部思潮，则萧然自处于政治界之外，而以其哲理调和于北方思想焉。汉宗室中，河间献王，王于北方，修经术，为北方思想之代表；而淮南王安，王于南方，著书言道德及神仙黄白之术，为南方思想之代表焉。

小传 淮南王安，淮南王长之子也。长为文帝弟，以不轨失国，夭死。文帝三分其故地，以王其三子，而安为淮南王。安既之国，行阴德，拊循百姓，招致宾客方术之士数千人，以流名誉。景帝时，与于七国之乱，及败，遂自杀。

著书 安尝使其客苏飞、李尚、左吴、田由、雷被、毛被、晋昌等八人，及诸儒大山小山之徒，讲论道德。为内书二十一篇，为外书若干卷，又别为中篇八卷，言神仙黄白之术，亦二十余万言。其内书号曰"鸿烈"。**高诱**曰："鸿者大也，烈者明也，所以明大道也。"刘向校定之，名为《淮南内篇》，亦名《刘安子》。而其外书及中篇皆不传。

南北思想之调和 南北两思潮之大差别，在北人偏于实际，务证明政治道德之应用；南人偏于理想，好以世界观演绎为人生观之理论，皆不措意于差别界及无差别界之区畔，故常滋聚讼。苟循其本，固非不可以调和者。周之季，尝以中部思潮为绍介，而调和于应用一方面。及汉世，则又

刘安像
位于安徽淮南火车站广场

叔孙通，秦汉间大儒。汉初曾协助汉高祖制订宫廷礼仪，先后出任太常及太子太傅。

高诱（生平不详），东汉经学家。著有《战国策注》《淮南子注》等。

八十七神仙图（局部）

唐吴道子绘。

泰古二皇，指上古的天皇、地皇，即伏羲、神农。

甲辑　中国伦理学史

有于理论方面调和之者，淮南子、扬雄是也。淮南子有见于老庄哲学专论宇宙本体，而略于研究人性，故特揭性以为教学之中心，而谓发达其性，可以达到绝对界。此以南方思想为根据，而辅之以北方思想者也。扬雄有见于儒者之言虽本现象变化之规则，而推演之于人事，而于宇宙之本体，未遑研究，故撷取老庄哲学之宇宙观，以说明人性之所自。此以北方思想为根据，而辅之以南方思想者也。二者，取径不同，而其为南北思想理论界之调人，则一也。

　　道　淮南子以道为宇宙之代表，本于老庄；而以道为能调摄万有、包含天则，则本于北方思想。其于本体、现象之间，差别界、无差别界之限，亦稍发其端倪。故于《原道训》言之曰："夫道者，覆天载地，廓四方，柝八极，高不可际，深不可测，包裹天地，禀授无形，虚流泉浡，冲而徐盈，混混滑滑，浊而徐清。故植之而塞天地，横之而弥四海，施之无穷而无朝夕，舒之而幎六合，卷之而不盈一握。约而能张，幽而能明，弱而能强，柔而能刚。横四维，含阴阳，纮宇宙，章三光。甚淖而滒，甚纤而微。山以之高，渊以之深，兽以之走，鸟以之飞，日月以之明，星历以之行，麟以之游，凤以之翔。**泰古二皇**，得道之柄，立于中央，神与化游，以抚四方。"虽然，道之作用，主于结合万有，而一切现象，为万物任意之运动，则皆消极者，而非积极者。故曰："夫有经纪条贯，得一之道，而连千枝万叶，是故贵有以行令，贱有以忘卑，贫有以乐业，困有以处危。所以然者何耶？无他，道之本体，虚静而均，使万物复归于同一之状态者也。"故曰："太上之道，生万物而不有，成化象而不宰，跂行喙息，蠉飞蠕动，待之而后生，而不之知德，待之而后死，而不之能怨。得以利而不能誉，用以败而不能非。收聚畜积而不加富，布施禀授而不益贫。旋县而不可究，纤微而不可勤。累之而不高，堕之而不下。虽益之而不众，虽损之而不寡，虽斫之而不薄，虽杀之而不残，虽凿之而不深，虽填之而不浅。忽兮恍兮，不可为象。恍兮忽兮，用而不屈。幽兮冥兮，应于无形。遂兮洞兮，虚而不动。卷归刚柔，俯仰阴阳。"

性 道既虚净，人之性何独不然，所以扰之使不得虚静者，知也。虚静者天然，而知则人为也。故曰："人生而静，天之性也。感而后动，性之害也。物至而应之，知之动也。知与物接，而好憎生，好憎成形，知诱于外，而不能反己，天理灭矣。"于是圣人之所务，在保持其本性而勿失之。故又曰："达其道者不以人易天，外化物而内不失其情，至无而应其求，时聘而要其宿，小大修短，各有其是，万物之至也。腾踊肴乱，不失其数。"

性与道合 虚静者，老庄之理想也。然自昔南方思想家，不于宇宙间认有人类之价值，故不免外视人性。而北方思想家子思之流，则颇言性道之关系，如《中庸》诸篇是也。淮南子承之，而立性道符同之义，曰："清净恬愉，人之性也。"以道家之虚静，代中庸之诚，可谓巧于调节者。其《齐俗训》之言曰："率性而行之之为道，得于天性之谓德。"即《中庸》所谓"率性之为道，修道之为教"也。于是以性为纯粹具足之体，苟不为外物所蔽，则可以与道合一。故曰："夫素之质白，染之以涅则黑。缣之性黄，染之以丹则赤。人之性无邪，久湛于俗则易，易则忘本而合于若性。故日月欲明，浮云蔽之。河水欲清，沙石秽之。人性欲平，嗜欲害之。惟圣人能遗物而已。夫人乘船而惑，不知东西，见斗极而悟。性，人之斗极也，有以自见，则不失物之情；无以

《淮南子》书影

石棺线刻孝子图

孝经故事题材的艺术作品盛行于汉代,至魏晋南北朝仍在继续。此图为北魏元谧石棺线刻孝子图。

自见,则动而失营。"

修为之法 承子思之性论而立性善论者,孟子也。孟子揭修为之法,有积极、消极二义,养浩然之气及求放心是也。而淮南子既以性为纯粹具足之体,则有消极一义而已足。以为性者,无可附加,惟在去欲以反性而已。故曰:"为治之本,务在安民。安民之本,在足用。足用之本,在无夺时。无夺时之本,在省事。省事之本,在节欲。节欲之本,在反性。反性之本,在去载。去载则虚,虚则平。平者,道之素也。虚者,道之命也。能有天下者,必不丧其家。能治其家者,必不遗其身。能修其身者,必不忘其心。能原其心者,必不亏其性。能全其性者,必不惑于道。"载者,浮华也,即外界诱惑之物,能刺激人之嗜欲者也。然淮南子亦以欲为人性所固有而不能绝对去之,故曰:"圣人胜于心,众人胜于欲。君子行正气,小人行邪性。内便于性,外合于义,循理而动,不系于殉,正气也。重滋味,淫声色,发喜怒,不顾后患者,邪气也。邪与正相伤,欲与性相害，不可两立，一置则一废，故圣人损欲而从事于性。目好色，耳好声，口好味，接而悦之，不知利害，嗜欲也。食之而不宁于体，听之而不合于道，视之而不便于性，三宫交争，以义为制者，心也。痤疽非不痛也，饮毒药，非不苦也；然而为之者，便于身也。渴而饮水，非不快也，饥而大食，非不澹也；然而不为之者，害于性也。四者，口耳目鼻，不知取去，心为之制，各得其所。"由是观之，欲之不可胜也明矣。凡治身养性，节寝处，适饮食，和喜怒，便动静，得之在己，则邪气因而不生。又曰："情适于性，则欲不过节。"然则淮南子之意，固以为欲不能尽灭，惟有以节之，使不致生邪气以害性而已。盖欲之适性者，合于自然；其不适于性者，则不自然。自然之欲可存；而不自然之欲，不可不勉去之。

善即无为 淮南子以反性为修为之极则，故以无为为至善，曰：**所谓善者，静而无为也。所为不善者，躁而多欲也。适情辞余，无所诱惑，循性保真而无变。故曰：为善易。越城郭，逾险塞，奸符节，盗管金，篡杀矫诬，非人之性也。故曰：为不善难。**

理想之世界 淮南子之性善说，本以老庄之宇宙观为基础，故其理想之世界，与老庄同。曰："**性失然后贵仁，过失然后贵义。是故仁义足而道德迁，礼乐余则纯朴散，是非形则非姓眩，珠玉尊则天下争。凡四者，**

"所谓善者……为不善难"，《淮南子·泛论训》原文作"所谓为善者，静而无为也；所谓为不善者，躁而多欲也。适情辞余，无所诱惑，循性保真，无变于己，故曰为善易。越城郭，逾险塞，奸符节，盗管金，篡弑矫诬，非人之性也，故曰为不善难"。

"性失然后贵仁……末世之用也"，《淮南子·齐俗训》原文作"性失然后贵仁，道失然后贵义。是故仁义立而道德迁矣，礼乐饰则纯朴散矣，是非形则百姓眩矣，珠玉尊则天下争矣。凡此四者，衰世之造也，末世之用也"。

啮指痛心图
　　取自曾参孝母的故事。

衰世之道也，末世之用也。"又曰："古者民童蒙，不知东西，貌不羡情，言不溢行，其衣致暖而无文，其兵戈铢而无刃，其歌乐而不转，其哭哀而无声。凿井而饮，耕田而食，无所施其美，亦不求得，亲戚不相毁誉，朋友不相怨德。及礼义之生，货财之贵，而诈伪萌兴，非誉相纷，怨德并行。于是乃有曾参孝己之美，生盗跖庄蹻之邪。故有大路龙旗羽盖垂缨结驷连骑，则必有穿窬折揵抽箕逾备之奸；有诡文繁绣弱褐罗纨，则必有菅蹻跐踦、短褐不完。故高下之相倾也，短修之相形也，明矣。"其言固亦有倒果为因之失，然其意以社会之罪恶，起于不平等；又谓至治之世，无所施其美，亦不求得，则名言也。

性论之矛盾 淮南子之书，成于众手，故其所持之性善说，虽如前述，而间有自相矛盾者。曰："身正性善，发愤而为仁，憤憑而为义。性命可说，不待学问而合于道者，尧舜文王也。沉湎耽荒，不教以道者，**丹朱、商均**也。曼颊皓齿，形夸骨佳，不待脂粉芳泽而可悦者，**西施、阳文**也。嗳呦哆呐，蔡蘧戚施，虽粉白黛黑，不能为美者，**嫫母、仳倠**也。夫上不及尧舜，下不及商均，美不及西施，恶不及嫫母，是教训之所谕。"然则人类特殊之性，有偏于美恶两极而不可变，如美丑焉者，常人列于其间，则待教而为善，是即孔子所谓"性相近"、"惟上知与下愚不移"者也。淮南子又常列举尧、舜、禹、文王、皋陶、启、契、**史皇**、羿九人之特性而论之曰："是九贤者，千岁而一出，犹继踵而生，今无**五圣**之天奉，**四俊**之才难，而欲弃学循性，是犹释船而欲蹍水也。"然则常人又不可以循性，亦与其本义相违者也。

结论 淮南子之特长，在调和儒、道两家，而其学说，则大抵承前人所见而阐述之而已。其主持性善说，而不求其与性对待之欲之所自出，亦无以异于孟子也。

丹朱、商均，丹朱为帝尧之子，商均为帝舜之子。尧因丹朱不肖，禅位于舜；舜因商均不肖，禅位于禹。

西施、阳文，西施为古代越国美女，阳文为古代楚国美女。

嫫母、仳倠，古代丑女名。

史皇，指仓颉。
五圣，指孔子、颜渊、曾子、子思、孟子。
四俊，指皋陶、稷、契、史皇。

第三章 董仲舒

小传 董仲舒，广川人。少治春秋，景帝时，为博士。武帝时，以贤良应举，对策称旨。武帝复策之，仲舒又上三策，即所谓《天人策》也。历相江都王、胶西王，以病免，家居著书以终。

著书 《天人策》为仲舒名著，其第三策，请灭绝异学，统一国民思想，为武帝所采用，遂尊儒术为国教，是为伦理史之大纪念。其他所著书，有所谓《春秋繁露》、《玉杯》、《竹林》之属，其详已不可考。而传于世者号曰《春秋繁露》，盖后儒所缀集也。其间虽多有五行灾异之说，而关于伦理学说者，亦颇可见云。

纯粹之动机论 仲舒之伦理学，专取动机论，而排斥功利说。故曰："正其义不谋其利，明其道不计其功。"此为宋儒所传诵，而大占势力于伦理学界者也。

天人之关系 仲舒立天人契合之说，本上古崇拜自然之宗教而敷张之。以为踪迹吾人之生系，自父母而祖父母而曾父母，又递推而上之，则不能不推本于天，然则人之父即天也。天者，不特为吾人理法之标准，而实有血族之关系，故吾人不可不敬之而法之。然则天之可法者何在耶？曰："天覆育万物，化生而养成之，察天之意，无穷之仁也。"天常以爱利为意，以养为事。又曰："天生之以孝悌，无孝悌则失其所以生。地养之以衣食，无衣食则失其所以养。人成之以礼乐，无礼乐则失其所以成。"言三才之道惟一，而宇宙究极之理想，不外乎道德也。由是以人为一小宇宙，而自然界之变异，无不与人事相应。盖其说颇近于墨子之有神论，而其言天以爱利为道，亦本于墨子也。

董仲舒像

第三章 董仲舒

性 仲舒既以道德为宇宙全体之归宿，似当以人性为绝对之善，而其说乃不然。曰："禾虽出米，而禾未可以为米。性虽出善，而性未可以为善。茧虽有丝，而茧非丝。卵虽出雏，而卵非雏。故性非善也。性者，禾也，卵也，茧也。卵待覆而后为善雏，茧待练而后为善丝，性待教训而后能善。善者，教诲所使然也，非质朴之能至也。"然则性可以为善，而非即善也。故又驳性善说，曰："循三纲五纪，通八端之理，忠信而博爱，敦厚而好礼，乃可谓善，是圣人之善也。故孔子曰：'善人吾不得而见之，得见有恒者斯可矣。'由是观之，圣人之所谓善，亦未易也。善于禽兽，非可谓善也。"又曰："天地之所生谓之性情，情与性一也，瞑情亦性也，谓性善则情奈何？故圣人不谓性善以累其名。身之有性情也，犹之有阴阳也。"言人之性而无情，犹言天之阳而无阴也。仁、贪两者，皆自性出，必不可以一名之也。

性论之范围 仲舒以孔子有上知下愚不移之说，则从而为之辞曰："圣人之性，不可以名性，斗筲之性，亦不可以名性。性者，中民之性也。"是亦开**性有三品说**之端者也。

教 仲舒以性必待教而后善，然则教之者谁耶？曰：在王者，在圣人。盖即孔子之所谓上知不待教而善者也。故曰："天生之，地载之，圣人教之。君者，民之心也。民者，君之体也。心之所好，天必安之。君之

性有三品说，汉董仲舒和唐韩愈的人性学说。即指人性有三个等次，如圣人之性、斗筲之性和中民之性（董），或上者、中者、下者（韩），并不一律。

董仲舒上三策

甲辑 中国伦理学史

所命，民必从之。故君民者，贵孝悌，好礼义，重仁廉，轻财利，躬亲职此于上，万民听而生善于下，故曰：先王以教化民。"

仁义 仲舒之言修身也，统以仁义，近于孟子。惟孟子以仁为固有之道德性，而以义为道德法则之认识，皆以心性之关系言之；而仲舒则自其对于人我之作用而言之，盖本其原始之字义以为说者也。曰："春秋之所始者，人与我也。所以治人与我者，仁与义也。仁以安人，义以正我，故仁之为言人也，义之为言我也，言名以别，仁之于人，义之于我，不可不察也。众人不察，乃反以仁自裕，以义设人，绝其处，逆其理，鲜不乱矣。"又曰："春秋为仁义之法，仁之法在爱人，不在爱我。义之法在正我，不在正人。我不自正，虽能正人，而义不予。不被泽于人，虽厚自爱，而仁不予。"

结论 仲舒之伦理学说，虽所传不具，而其性论，不毗于善恶之一偏，为汉唐诸儒所莫能外。其所持纯粹之动机论，为宋儒一二学派所自出，于伦理学界颇有重要之关系也。

第四章 扬雄

小传 扬雄,字子云,蜀之成都人。少好学,不为章句训诂,而博览,好深湛之思。为人简易清净,不汲汲于富贵。哀帝时,官至黄门郎。王莽时,被召为大夫。以天凤七年卒,年七十一。

著书 雄尝治文学及言语学,作辞赋及《方言》、《训纂篇》等书。晚年,专治哲学,仿《易传》著《太玄》,仿《论语》著《法言》。《太玄》者,属于理论方面,论究宇宙现象之原理,及其进动之方式。《法言》者,属于实际方面,推究道德政治之法则。其伦理学说,大抵见于《法言》云。

玄 扬雄之伦理学说,与其哲学有密切之关系。而其哲学,则融会南北思潮而较淮南子更明晰、更切实也。彼以宇宙本体为玄,即老庄之所谓道也。而又进论其动作之一方面,则本易象中现象变化之法则,而推阐为各现象公动之方式。故如其说,则物之各部分,与其全体,有同一之性质。宇宙间发生人类,人类之性,必同于宇宙之性。今以宇宙之本体为玄,则人各为一小玄体,而其性无不具有玄之特质矣。然则所谓玄者如何耶?曰:"**玄者,幽摛万物而不见形者也。资陶万物而生规,搁神明而定摹,通古今以开类,指阴阳以发气,一判一合,天地备矣**。天日回行,刚柔接矣。还复其所,始终定矣。一生一死,性命莹矣。仰以观象,俯以观情，察性知命，原始见终，三仪同科，厚薄相劘，圆者杌陧，方者啬吝，嘘者流体，唅者凝形。"盖玄之本体，虽为虚静，而其中包有实在之动力，故动而不失律。盖消长二力，并存于本体，而得保其均衡。故本体不失其为虚静，而两者之潜势力，亦常存而不失焉。

性 玄既如是，性亦宜然。故曰："天降生民，倥侗颛蒙。"谓乍观之，不过无我无知之状也。然玄之中，由阴阳之二动力互相摄而静定。则性之中，亦当有善恶之二分子，具同等之强度。如中性之水，非由蒸气所成，而由于酸碱两性之均衡也。故曰："人之性也，善恶混。修其善则为善人，修其恶则为恶人。气也者，**适于善恶之马也**。"雄所谓气，指一种冲动之能力，要亦发于性而非在性以外者也。然则雄之言性，盖折中孟子性善、荀子性恶二说而为之，而其玄论亦较孟、荀为圆足焉。

性与为 人性者，一小玄也。触于外力，则气动而生善恶。故人不可不善驭其气。于是修为之方法尚已。

修为之法 或问何如斯之谓人？曰：取四重，去四轻。何谓四重？曰：重言，重行，重貌，重好。言重则有法，行重则有德，貌重则有威，好重则有欢。何谓四轻？曰：言轻则招忧，行轻则招辜，貌轻则招辱，好轻则招淫。其言不能出孔子之范围。扬雄之学，于实践一方面，全袭儒家之旧。其言曰："老子之言道德也，吾有取焉。其槌提仁义，绝灭礼乐，吾无取焉。"可以观其概矣。

模范 雄以人各为一小玄，故修为之法，不可不得师；得其师，则久而与之类化矣。故曰："勤学不若求师。师者，人之模范也。"曰："螟蛉之子，殪而遇蜾蠃，蜾蠃见之，曰：类我类我，久则肖之。速矣哉！七

扬雄《法言》书影

"适于善恶之马也"，《法言·修身》原文作"所以适善恶之马也与？"

第四章 扬雄

子云亭

　　位于四川绵阳，是后人为纪念扬雄而建。

十子之似仲尼也。或问人可铸与？曰：孔子尝铸颜回矣。"

　　结论　扬雄之学说，以性论为最善，而于性中潜力所由以发动之气，未尝说明其性质，是其性论之缺点也。

第五章 王充

汉代自董、扬以外，著书立言，若刘向之《说苑》、《新序》，**桓谭**之《新论》，**荀悦**之《申鉴》，以至**徐干**之《中论》，皆不愧为儒家言，而无甚创见。其抱革新之思想，而敢与普通社会奋斗者，王充也。

小传 王充，字仲任，上虞人。师事班彪，家贫无书，常游洛阳市肆，阅所卖书，遂博通众流百家之言。著《论衡》八十五篇，《养性书》十六篇。今所传者惟《论衡》云。

革新之思想 汉儒之普通思想，为学理进步之障者二：曰迷信，曰尊古。王充对于迷信，有《变虚》、《异虚》、《感虚》、《福虚》、《祸虚》、《龙虚》、《雷虚》、《道虚》等篇。于一切阴阳灾异及神仙之说，掊击不遗余力，一以其所经验者为断，粹然经验派之哲学也。其对于尊古，则有《刺孟》、《非韩》、《问孔》诸篇。虽所举多无关宏旨，而要其不阿所好之精神，有可取者。

无意志之宇宙论 王充以人类为比例，以为凡有意志者必有表见其意志之机关，而宇宙则无此机关，则断为无意志。故曰："天地者，非有为者也。凡有为者有欲，而表之以口眼者也。今天者如云雾，地者其体土也。故天地无口眼，而亦无为。"

万物生于自然 宇宙本无意志，仅为浑然之元气，由其无意识之动，而天地万物，自然生焉。王充以此意驳天地生万物之旧说，曰："凡所谓生之者，必有手足。今云天地生之，而

桓谭（前？~56），东汉哲学家、音乐家、天文学家。字君山。曾提出"政合于时"、"一其法度"等主张，反对谶纬神学。

荀悦（148~209），东汉末年史学家、政论家。

徐干（170~217），东汉末年文学家、哲学家。建安七子之一，字伟长。

王充小影

天地无有手足之理，故天地万物之生，自然也。"

气与形、形与气 天地万物，自然而生，物之生也，各禀有一定之气，而所以维持其气者，不可不有相当之形。形成于生初，而一生之运命及性质，皆由是而定焉。故曰："俱禀元气，或为禽兽，或独为人，或贵或贱，或贫或富，非天禀施有左右也。人物受性，有厚薄也。"又曰："器形既成，不可小大。人体已定，不可减增。用气为性，性成命定。体气与形骸相抱，生死与期节相须。"又曰："其命富者，筋力自强；命贵之人，才智自高。"（班彪尝作《王命论》，充师事彪，故亦言有命。）

骨相 人物之运命及性质，皆定于生初之形。故观其骨相，而其运命之吉凶，性质之美恶，皆得而知之。其所举因骨相而知性质之证例有曰：越王勾践长颈鸟喙，范蠡以为可以共忧患而不可与共安乐；秦始皇隆准长目鹰胸犀声，其性残酷而少恩云。

性 王充之言性也，综合前人之说而为之。彼以为孟子所指为善者，中人以上之性，如孔子之生而好礼是也。荀子所指为恶者，中人以下之性，少而无推让之心是也。至扬雄所谓善恶混者，则中人之性也。性何以有善恶？则以其禀气有厚薄多少之别。禀气尤厚尤多者，恬淡无为，独肖元气，是谓至德之人，老子是也。由是而递薄递少，则以渐不肖元气焉。盖王充本老庄之义，而以无为为上德云。

恶 王充以人性之有善恶，由于禀气有厚薄多少之别。此所谓恶，盖仅指其不能为善之消极方面言之，故以为禀气少薄之故。至于积极之恶，则又别举其原因焉。曰："万物有毒之性质者，由太阳之热气而来，如火烟入眼中，则眼伤。火者，太阳之热所变也。受此热气最甚者，在虫为蜂，在草为葽、巴豆、冶，在鱼为鲑、鲚、鲖，在人为小人。"然则充之意，又以为元气中含有毒之分子，而以太阳之热气代表之也。

结论 王充之特见，在不信汉儒天人感应之说。其所言人之命运及性质与骨相相关，颇与近世唯物论以精神界之现象悉推本于生理者相类，在当时不可谓非卓识。惟彼欲以生初之形，定其一生之命运及性质，而不借

王充《论衡》书影

甲辑 中国伦理学史

体育及智、德之教育，于变化体质及精神，皆有至大之势力，则其所短也。要之，充实为代表当时思想之一人，盖其时人心已厌倦于经学家天人感应、五行灾异之说，又将由北方思潮而嬗于南方思想。故其时桓谭、**冯衍**皆不言谶，而王充有《变虚》、《异虚》诸篇，且以老子为上德。由是而进，则南方思想愈炽，而魏晋清谈家兴焉。

冯衍，东汉辞赋家。字敬通，京兆杜陵（今陕西西安东南）人，光武帝曾任其为曲阳令。著作多佚，明人张溥辑有《冯曲阳集》。

王充墓
位于浙江绍兴。

第五章 王充

第六章 清谈家之人生观

自汉以后，儒学既为伦理学界之律贯，虽不能人人实践，而无敢昌言以反对之者。不特政府保持之力，抑亦吾民族由习惯而为遗传性，又由遗传性而演为习惯，往复于儒教范围中，迭为因果，其根柢深固而不可摇也。其间偶有一反动之时代，显然以理论抗之者，为魏晋以后之**清谈家**。其时虽无成一家之言者，而于伦理学界，实为特别之波动。故钩稽事状，缀辑断语，而著其人生观之大略焉。

起源 清谈家之所以发生于魏晋以后者，其原因颇多：（一）经学之反动。汉儒治经，囿于诂训章句，牵于五行灾异，而引以应用于人事。积久而高明之士，颇厌其拘迂。（二）道德界信用之失。汉世以经明、行修、孝廉、方正等科选举吏士，不免有行不副名者。而儒家所崇拜之尧舜周公，又迭经新莽魏文之假托，于是愤激者遂因而怀疑于历史之事实。（三）人生之危险。汉代外戚宦官，更迭用事。方正之士，频遭惨祸，而无救于危亡。由是兵乱相寻，贤愚贵贱，均有朝不保夕之势。于是维持社

清谈，魏晋名士中盛行的不谈俗事，专谈老庄、《周易》的一种历史文化现象，亦称"清言"。

麈尾
也称拂尘，旧时清谈家喜用的雅器。

会之旧学说，不免视为赘疣。（四）南方思想潜势力之发展。汉武以后，儒家言虽因缘政府之力，占学界统一之权，而以其略于宇宙论之故，高明之士，无以自餍。故老庄哲学，终潜流于思想界而不灭。扬雄当儒学盛行时，而著书兼采老庄，是其证也。及王充时，潜流已稍稍发展。至于魏晋，则前之三因，已达极点，思想家不能不援老庄方外之观以自慰，而其流遂漫衍矣。（五）佛教之输入。当此思想界摇动之时，而印度之佛教，适乘机而输入，其于厌苦现世、超度彼界之观念，尤为持之有故而言之成理。于是大为南方思想之助力，而清谈家之人生观出焉。

要素 清谈家之思想，非截然舍儒而合于道、佛也，彼盖灭裂而杂糅之。彼以道家之无为主义为本，而于佛教则仅取其厌世思想，于儒家则留其阶级思想（阶级思想者，源于上古时百姓、黎民之分，孔孟则谓之君子、小人，经秦而其迹已泯。然人类不平等之思想，遗传而不灭，观东晋以后之言门第可知也）及有命论（夏道尊命，其义历商周而不灭。孔子虽号罕言命，而常有有命、知命、俟命之语。惟儒家言命，其使人克尽义务，而不为境界所移。汉世不遇之士，则借以寄其怨愤。至王充则引以合于道家之无为主义，则清谈家所本也）。有阶级思想，而道、佛两家之人类平等观，儒、佛两家之利他主义，皆以为不相容而去之。有厌世思想，则儒家之克己，道家之清净，以至佛教之苦行，皆以为徒自拘苦而去之。有命论及无为主义，则儒家之积善，佛教之济度，又以为不相容而去之。于是其所余之观念，自等也，厌世也，有命而无可为也，遂集合而为苟生

《列子·杨朱篇》书影

第六章 清谈家之人生观

之惟我论，得以伪列子之《杨朱篇》代表之。（《杨朱篇》虽未能确指为何人所作，然以其理论与清谈家之言行正相符合，故假定为清谈家之学说。）略叙其说于下。

人生之无常　《杨朱篇》曰："百年者，寿之大齐，得百年者千不得一。设有其一，孩抱以逮昏老，夜眠之所弭者或居其半，昼觉之所遗者又几居其半，痛疾哀苦亡失忧惧又或居其半，量十数年之中，逍遥自得，无介焉之虑者，曾几何时！人之生也，奚为哉？奚乐哉？"曰："十年亦死，百年亦死，生为尧舜，死则腐骨；生为桀纣，死亦腐骨，一而已矣。"言人生至短且弱，无足有为也。阮籍之《大人先生传》，用意略同。曰："天地之永固，非世欲之所及。往者天在下，地在上，反覆颠倒，未之安固，焉能不失律度？天固地动，山陷川起，云散震坏，六合失理，汝又焉得择地而行，趋步商羽。往者祥气争存，万物死虑，支体不从，身为泥土，根拔枝除，咸失其所，汝又安得束身修行，磬折抱鼓？**李牧**有功而身死，**伯宗**忠而世绝，进而求利以丧身，营爵赏则家灭，汝又焉得金玉万亿，挟纸奉君上全妻子哉？"要之，以有命为前提，而以无为为结论而已。

从欲　彼所谓无为者，谓无所为而为之者也。无所为而为之，则如何？曰："视吾力之所能至，以达吾意之所向而已。"《杨朱篇》曰："太古之人，知生之暂来，而死之暂去，故从心而不违自然。"又曰："恣耳之所欲听，恣目之所欲视，恣鼻之所欲向，恣口之所欲言，恣体之所欲安，恣意之所欲行。耳所欲闻者音声，而不得听之，谓之阏聪。目所欲见者美色，而不得见之，谓之阏明。鼻所欲向者椒兰，而不得嗅之，谓之阏颡。口所欲道者是非，而不得言之，谓之阏智。体所欲安者美厚，而不得从之，谓之阏适。意所欲为者放逸，而不得行之，谓之阏往。凡是诸阏，废虐之主。去废虐之主，则熙熙然以俟死，一日、一月、一年、十年，吾所谓养也（即养生）。拘于废虐之主，缘而不舍，戚戚然以久生，虽至百年、千年、万年，非吾所谓养也。"又设为事例以明之："子产相郑，其兄公孙朝好酒，弟公孙穆好色。方朝之纵于酒也，不知世道之安危，人理之悔吝，室内之有亡，亲族之亲疏，存亡之哀乐，水火兵刃，虽交于前而不知。方穆之耽于色也，屏亲昵，绝交游。子产戒之。朝、穆二人对曰：'凡生难遇而死易及，以难遇之生，俟易及之死，孰当念哉？而欲尊礼义以夸人，矫情性以招名，吾以此为不若死。'而欲尽一生之欢，穷当

李牧（？～前229），战国时赵国军事家、统帅，也是战国末年东方六国最杰出的将领。率部抵御匈奴和强秦，屡建奇功。

伯宗，春秋时晋国大夫。因勇于直言遭人嫉恨而被三郤所害。

竹林七贤图

晋代名士阮籍、嵇康、山涛、刘伶、阮咸、向秀和王戎七人称"竹林七贤",他们放旷不羁,常于竹林下酣歌纵酒。

年之乐,惟患腹溢而口不得恣饮,力惫而不得肆情于色,岂暇忧名声之丑、性命之危哉!"清谈家中,如阮籍、刘伶、**毕卓**之纵酒,**王澄**、**谢鲲**等之以任放为达,不以醉裸为非,皆由此等理想而演绎之者也。

排圣哲 《杨朱篇》曰:"天下之美,归之舜禹周孔。天下之恶,归之桀纣。然而舜者,天民之穷毒者也。禹者,天民之忧苦者也。周公者,天民之危惧者也。孔子者,天民之遑遽者也。凡彼四圣,生无一日之欢,死有万世之名。名固非实之所取也,虽称之而不知,虽赏之而不知,与株块奚以异?桀者,天民之逸荡者也。纣者,天民之放纵者也。之二凶者,生有从欲之欢,死有愚暴之名。实固非名之所与也,虽毁之而不知,虽称之而不知,与株块奚以异?"此等思想,盖为汉魏晋间篡弑之历史所激而成者。如庄子感于田横之盗齐,而言圣人之言仁义适为大盗积者也。嵇康自言尝非汤武而薄周孔,亦其义也。此等问题,苟以社会之大,历史之久,比较而探究之,自有其解决之道,如孟子、庄子是也。而清谈家则仅以一人及人之一生为范围,于是求其说而不可得,则不得不委之于命,由怀疑而武断,促进其厌世之思想,惟从欲以自放而已矣。

旧道德之放弃 《杨朱篇》曰:"忠不足以安君,而适足以危身。义不足以利物,而适足以害生。安上不由忠而忠名灭,利物不由义而义名绝,君臣皆安物而不兼利,古之道也。"此等思想,亦迫于正士不见容而

毕卓(生平不详),东晋吏部郎。字茂世。为人简傲旷达,嗜酒无度。

王澄(生平不详),两晋名士。西晋名士王衍的弟弟。行为放达,与谢鲲等最善。

谢鲲(生平不详),两晋名士,谢安的伯父。喜好道学,不修边幅。放荡不羁。

第六章 清谈家之人生观

发，然亦由怀疑而武断，而出于放弃一切旧道德之一途。阮籍曰："礼岂为我辈设！"即此义也。曹操之枉奏孔融也，曰："融与白衣祢衡，跌荡放言，云：父之于子，当有何亲？论其本意，实为情欲发耳。子之于母，亦复奚为？譬如寄物瓶中，出则离矣。"此等语，相传为**路粹**所虚构，然使路粹不生于是时，则亦不能忽有此意识。又如谢安曰："子弟亦何预人事，而欲使其佳。"谢玄云："如芝兰玉树，欲其生于庭阶耳。"此亦足以窥当时思想界之一斑也。

不为恶 彼等无在而不用其消极主义，故放弃道德，不为善也，而亦不肯为恶。**范滂**之罹祸也，语其子曰："我欲令汝为恶，则恶不可为，复令汝为美，则我不为恶。"盖此等消极思想，已萌芽于汉季之清流矣。《杨朱篇》曰："生民之不得休息者，四事之故：一曰寿，二曰名，三曰位，四曰货。为是四者，畏鬼，畏人，畏威，畏形，此之谓遁人。可杀可活，制命者在外，不逆命，何羡寿。不矜贵，何羡名。不要势，何羡位。不贪富，何羡货。此之谓顺民。"又曰："不见田父乎，晨出夜入，自以性之恒，啜粟茹藿，自以味之极，肌肉粗厚，筋节蜷急，一朝处以柔毛纻幕，荐以梁肉兰桔，则心痛体烦，而内热生病。使商鲁之君，处田父之地，亦不盈一时而惫。故野人之安，野人之美也，天下莫过焉。"彼等由有命论、无为论而演绎之，则为安分知足之观念。故所谓从欲焉者，初非纵欲而为非也。

排自杀 厌世家易发自杀之意识，而彼等持无为论，则亦反对自杀。《杨朱篇》曰："**孟孙阳**曰：若是，则速亡愈于久生。践锋刃，入汤火，则得志矣。**杨子**曰：不然，生则废而任之，究其所欲，以放于尽，无不废焉，无不任焉，何遽欲迟速于其

路粹（？~214），东汉大臣，后为曹操所用。字文蔚。在建安作家群中，路粹紧跟曹操，以刀笔狠毒著称。今存《枉状奏孔融》、《为曹公与孔融书》两篇文章。

范滂（137~169），东汉大臣。字孟博，品行正直，后冤死于党锢之祸。

孟孙阳，杨朱弟子。

杨子，即杨朱。

阮籍像

阮籍（210~263），三国魏诗人、文学家，"竹林七贤"之一。

甲辑　中国伦理学史

间耶?"（佛教本禁自杀，清谈家殆亦受其影响。）

不侵人之维我论 凡利己主义，不免损人；而彼等所持，则利己而并不侵人，为纯粹之无为论。故曰："古之人损一毫以利天下，不与也。悉天下以奉一人，不取也。人人不损一毫，人人不利天下，则天下自治。"

反对派之意见 方清谈之盛行，亦有一二反对之者。如晋武帝时，**傅玄**上疏曰："先王之御天下也，教化隆于上，清议行于下，近者魏武好法术，天下贵刑名。魏文慕通达，天下贱守节。其后纲维不摄，放诞盈朝，遂使天下无复清议。"惠帝时，**裴頠**作《崇有论》曰："利欲虽当节制，而不可绝去；人事须当节，而不可全无。今也，谈者恐有形之累，盛称虚无之美，终薄综世之务，贱内利之用，悖吉凶之礼，忽容止之表，渎长幼之序，混贵贱之级，无所不至。夫万物之性，以有为引。心者非事，而制事必由心，不可谓心为无也。匠者非器，而制器必须匠，不可谓非有匠也。"由是观之，济有者皆有也，人类既有，虚无何益哉？其言非不切著，而限于常识，不足以动清谈家思想之基础，故未能有济也。

结论 清谈家之思想，至为浅薄无聊，必非有合群性之人类所能耐，故未久而熸。其于儒家伦理学说之根据，初未能有所震撼也。

傅玄（217~278），西晋哲学家、文学家。字休奕，北地泥阳（今陕西耀县东南）人。仕晋，官至司隶校尉。封鹑觚子。著有《傅子》、《傅玄集》，俱佚，明人辑有《傅鹑觚集》。

裴頠（267~300），西晋哲学家，大臣。字逸民。河东闻喜（今属山西）人。他反对王弼、何晏的贵无论，提出崇有论。

第六章 清谈家之人生观

第七章 韩愈

韩愈像

徐遵明（475~529），北魏学者、教育家。字子判，华阴（今陕西渭南）人。著有《春秋义章》，已佚。

李铉（?~约565），北齐学者。字宝鼎，南皮（今属河北）人。著有《字辨》等。

王通（584~617），隋代思想家、私人教育家。字仲淹，山西人。死后其弟子私谥"文中子"，辑有《文中子》（亦称《中说》）。

《中论》，疑为《中说》之误。

方清谈之盛，南方学者，如王勃之流，尝援老庄以说经。而北方学者，如**徐遵明、李铉**辈，皆笃守汉儒诂训章句之学，至隋唐而未沫。齐陈以降，南方学者，倦于清谈，则竞趋于文苑，要之皆无关于学理者也。隋之时，龙门**王通**，始以绍述北方之思想自任，尝仿孔子作《王氏六经》，皆不传；传者有《**中论**》，其弟子所辑，以当孔氏之《论语》者也。其言皆夸大无精义，其根本思想，曰执中。其调和异教之见解，曰三教一致。然皆标举题目，而未有特别之说明也。

唐中叶以后，南阳韩愈，慨六朝以来之文章，体格之卑靡，内容之浅薄，欲导源于群经诸子以革新之。于是始从事于学理之探究，而为宋代理学之先驱焉。

小传 韩愈，字退之，南阳人。年八岁，始读书。及长，尽通六经百家之学。贞元八年，擢进士第，历官至吏部侍郎，其间屡以直谏被贬黜。宪宗时，上《谏迎佛骨表》，其最著者也。穆宗时卒，谥曰文。

儒教论 愈之意，儒教者，因人类普通之性质，而自然发展，于伦理之法则，已无间然，决不容舍是而他求者也。故曰："夫先王之教何也？博爱之谓仁，行而宜之之谓义，由是而之焉之谓道，足于己无待于外之谓德。""其文诗书易春秋，其法礼乐刑政，其民士农工商，其位君臣父子师友宾主昆弟夫妇，其服麻丝，其居宫室，其食粟米蔬果鱼肉，其道也易明，其教也易行。是故以之为己则顺而祥，以之为人则爱而公，以之为心则和而平，以之为天下国家，则处之而无不当。是故生得其情，死尽其常，郊而天神假，庙而人鬼假。"其叙述可谓简而能赅，然第即迹象而言，初无关乎学理也。

排老庄 愈既以儒家为正宗，则不得不排老庄。其所以排之者曰："今其言曰，圣人不死，大盗不止。剖斗折衡，而民不争。呜呼！其亦不思而已矣。使无圣人，则人类灭久矣。何则？无羽毛鳞甲以居寒热也。"又曰："今其言曰：曷不为太古之无事，是责冬之裘者，曰曷不易之以葛；责饥之食者，曰曷不易之以饮也。"又曰："老子之小仁义也，其所见者小也。彼以煦煦为仁，孑孑为义，其小之也固宜。"又曰："凡吾所谓道德，合仁与义而言之也，天下之公言也。老子之所谓道德，去仁与义而言之也，一人之私言也。"皆对于南方思想之消极一方面，而以常识攻击之；至其根本思想，及积极一方面，则未遑及也。

排佛教 王通之论佛也，曰："佛者，圣人也。其教，西方之教也。在中国则泥，**轩车**不可以通于越，冠冕不可以之胡"，言其与中国之历史风土不相容也。韩愈之所以排佛者，亦同此义，而附加以轻侮之意。曰："今其法曰，必弃而君臣，去而父子，禁而相生相养之道，以求所谓清净寂灭。呜呼！其亦幸而于三代之后，不见黜于禹汤文武周公孔子也。"盖愈之所排，佛教之形式而已。

性 愈之立说稍合于学理之范围者，性论也。其言曰："性有三品，上者善而已，中者可导而上下者也，下者恶而已。孟子之言性也，曰人之性善。荀子之言性也，曰人之性恶。扬子之言性也，人之性善恶混。夫始也善而进于恶，始也恶而进于善，始也善恶混，而今也为善恶，皆举其中

韩愈手迹

轩车，旧指有幡的车，为大夫以上官吏所乘。后亦泛指车。

第七章 韩愈

景韩亭

位于广东潮州西湖，建于民国，其名取景仰韩文公之意。

而遗其上下，得其一而失其二者也。"又曰："所以为性者五：曰仁，曰礼，曰信，曰义，曰智。上者主一而行四，中者少有其一而亦少反之，其于四也混，下者反一而悖四。"其说亦以孔子性相近及上下不移之言为本，与董仲舒同。而所以规定之者，较为明晰。至其以五常为人性之要素，而为三品之性，定所含要素之分量，则并无证据，臆说而已。

情 愈以性与情有先天、后天之别，故曰："性者，与生俱生者也。情者，接物而生者也。"又以情亦有三品，随性而为上中下。曰："所以为情者七：曰喜，曰怒，曰哀，曰惧，曰爱，曰恶，曰欲。上者，七情动而处其中。中者有所甚，有所亡，虽然，求合其中者也。下者，亡且甚，直情而行者也。"如其言，则性情殆有体用之关系。故其品相因而为高下，然愈固未能明言其所由也。

结论 韩愈，文人也，非学者也。其作《原道》也，曰："尧以是传之舜，舜以是传之禹，禹以是传之汤，汤以是传之文武周公，文武周公传之孔子，孔子传之孟轲，轲之死不得其传也。"隐然以传者自任。然其立说，多敷衍门面，而绝无精深之义。其功之不可没者，在尊孟子以继孔子，而标举性情道德仁义之名，揭排斥老佛之帜，使世人知是等问题，皆有特别研究之价值，而所谓经学者，非徒诵习经训之谓焉。

第八章 李翱

小传 李翱，字习之，韩愈之弟子也。贞元十四年，登进士第，历官至山南节度使，会昌中，殁于其地。

学说之大要 翱尝作《复性书》三篇，其大旨谓性善情恶，而情者性之动也。故贤者当绝情而复性。

性 翱之言性也，曰："性者，所以使人为圣人者也。寂然不动，广大清明，照感天地，遂通天地之故。行止语默，无不处其极，其动也中节。"又曰："诚者，圣人性之。"又曰："清明之性，鉴于天地，非由外来也。"其义皆本于中庸，故欧阳修尝谓始读《复性书》，以为《中庸》之义疏而已。

性情之关系 虽然，翱更进而论吾人心意中性情二者之并存及冲突，曰："人之所以为圣人者，性也。人之所以惑其性者，情也。喜怒哀惧爱恶欲七者，皆情之为也。情昏则性迁，非性之过也。水之浑也，其流不清。火之烟也，其光不明。然则性本无恶，因情而后有恶。情者，常蔽性而使之钝其作用者也。"与《淮南子》所谓"久生而静，天之性；感而后动，性之害"相类。翱于是进而说复性之法曰："不虑不思，则情不生，情不生乃为正思。"又曰："圣人，人之先觉也。觉则明，不然则惑，惑则昏，故当觉。"则不特远取庄子外物而朝彻，实乃近袭佛教之去无明而归真如也。

情之起源 性由天禀，而情何自起哉？翱以为情者性之附属物也，曰："无性则情不生，情者，由性而生者也。情不自情，因性而为情；性不自性，因情以明性。"

至静 翱之言曰："圣人岂无情哉？情有善有不善。"又曰："不虑不思，则情不生。虽然，不可失之于静，静则必有动，动则必有静，有动静而不息，乃为情。当静之时，知心之无所思者，是斋戒其心也，知本与

李翱问经图
　　明人绘，写李翱向罗汉问经求教的情形。

无思，动静皆离，寂然不动，是至静也。"彼盖以本体为性，以性之发动一方面为情，故性者，超绝相对之动静，而为至静，亦即超绝相对之善恶，而为至善。及其发动而为情，则有相对之动静，而即有相对之善恶。故人当斋戒其心，以复归于至静至善之境，是为复性。

　　结论　翱之说，取径于中庸，参考庄子，而归宿于佛教。既非创见，而持论亦稍暧昧。然翱承韩愈后，扫门面之谈，从诸种教义中，紬绎其根本思想，而著为一贯之论，不可谓非学说进步之一征也。

第二期结论

自汉至唐，于伦理学界，卓然成一家言者，寥寥可数。独尊儒术者，汉有董仲舒，唐有韩愈。吸收异说者，汉有淮南、扬雄，唐有李翱，其价值大略相等。大抵汉之学者，为先秦诸子之余波；唐之学者，为有宋理学之椎轮而已。魏晋之间，佛说输入，本有激冲思想界之势力，徒以其出世之见，与吾族之历史极不相容。而当时颖达之士，如清谈家，又徒取其消极之义，而不能为其积极一方面之助力。是以佛氏教义之入吾国也，于哲学界增一种研究之材料；于社会间增一穷而无告者之蓬庐；于平民心理增一来世应报之观念；于审察仪式中窜入礼忏布施之条目。其势力虽不可消灭，而要之吾人家族及各种社会之组织，初不因是而摇动也。

第三期 宋明理学时代

第一章 总说

有宋理学之起源 魏晋以降，苦于汉儒经学之拘腐，而遁为清谈。齐梁以降，欿于清谈之简单，而缛为诗文。唐中叶以后，又餍于体格靡丽、内容浅薄之诗文，又趋于质实，则不得不反而求诸经训。虽然，其时学者，既已濡染于佛老二家闳大幽渺之教义，势不能复局于诂训章句之范围，而必于儒家言中，辟一闳大幽渺之境，始有以自展，而且可以与佛老相抗。此所以竞趋于心性之理论，而理学由是盛焉。

朱陆之异同 宋之理学，创始于邵、周、张诸子，而确立于二程。二程以后，学者又各以性之所近，递相传演，而至朱、陆二子，遂截然分派。朱子偏于道问学，尚墨守古义，近于荀子。陆子偏于尊德性，尚自由思想，近于孟子。朱学平实，能使社会中各种阶级修私德，安名分，故当其及身，虽尝受攻讦，而自明以后，顿为政治家所提倡，其势力或弥漫全国。然承学者之思想，卒不敢溢于其范围之外。陆学则至明之王阳明而益光大焉。

动机论之成立 朱陆两派，虽有尊德性、道问学之差别，而其所研究之对象，则皆为动机论。董仲舒之言曰："正其义不谋其利，明其道不计其功。"**张南轩**之言曰："学者潜心孔孟，必求其门而入，以为莫先于明义利之辨。盖圣贤，无所为而

张南轩（1133~1180），即张栻，南宋理学家、教育家。字敬夫、钦夫、乐斋，号南轩。汉州绵竹（今属四川）人，著有《南轩集》。

张南轩像

甲辑 中国伦理学史

然也；有所为而然者，皆人欲之私，而非天理之所存，此义利之分也。自未知省察者言之，终日之间，鲜不为利矣，非特名位货殖而后为利也。意之所向，一涉于有所为，虽有浅深之不同，而其为徇己自私，则一而已矣。"此皆极端之动机论，而朱、陆两派所公认者也。

功利论之别出　孔孟之言，本折中于动机、功利之间，而极端动机论之流弊，势不免于自杀其竞争生存之力。故儒者或激于时局之颠危，则亦恒溢出而为功利论。**吕东莱**、**陈龙川**、**叶水心**之属，愤宋之积弱，则叹理学之繁琐，而昌言经制。**颜习斋**痛明之俄亡，则并诋朱、陆两派之空疏，而与其徒**李恕谷**、**王昆绳**辈研究礼乐兵农，是皆儒家之功利论也。惟其人皆亟于应用，而略于学理，故是编未及详叙焉。

儒教之凝成　自汉武帝以后，儒教虽具有国教之仪式及性质，而与社会心理尚无致密之关系。（观晋以后，普通人佞佛求仙之风，如是其盛，苟其先已有普及之儒教，则其时人心之对于佛教，必将如今人之对于基督教矣。）其普通人之行习，所以能不大违于儒教者，历史之遗传，法令之约束为之耳。及宋而理学之儒辈出，讲学授徒，几遍中国。其人率本其所服膺之动机论，而演绎之于日用常行之私德，又卒能克苦躬行，以为规范，得社会之信用。其后，政府又专以经义贡士，而尤注意于朱注之《大学》、《中庸》、《论语》、《孟子》四书。于是稍稍聪颖之士，皆自幼寝馈于是。达而在上，则益增其说于法令之中；穷而在下，则长书院，设私塾，掌学校教育之权；或为文士，编述小说剧本，行社会教育之事。遂使十室之邑，三家之村，其子弟苟有从师读书者，则无不以四书为读本。而其间一知半解互相传述之语，虽不识字者，亦皆耳熟而详之。虽间有苛细拘苦之事，非普通人所能耐，然清议既成，

吕东莱（1137~1181），即吕祖谦，宋代史学家、思想家。字伯恭，世称东莱先生。著有《吕东莱文集》等。

陈龙川（1143~1194），即陈亮，南宋爱国思想家、文学家。字同甫，人称龙川先生。著有《龙川文集》、《龙川词》。

叶水心（1150~1223），即叶适，南宋哲学家、文学家。字正则，号水心。著有《水心先生文集》等。

颜习斋（1635~1704），即颜元，清初思想家、教育家。号习斋，著作有《四书正误》、《四存编》等。

李恕谷（1659~1733），即李塨，清初思想家，颜元弟子。字刚主，号恕谷。著有《四书传注》、《周易传注》等。

王昆绳（1648~1710），即王源，清初思想家。字昆绳，号或庵。著有《平书》、《居业堂文集》等。

陈亮像

白鹿洞书院
建于北宋，后朱熹重修并在此讲学。

则非至顽悍者，不敢显与之悖，或阴违之而阳从之，或不能以之律己，而亦能以之绳人，盖自是始确立为普及之宗教焉。斯则宋明理学之功也。

思想之限制 宋儒理学，虽无不旁采佛老，而终能立凝成儒教之功者，以其真能以信从教主之仪式对于孔子也。彼等于孔门诸子，以至孟子，皆不能无微词；而于孔子之言，则不特不敢稍违，而亦不敢稍加以拟议，如有子所谓夫子有为而言之者；又其所是非，则一以孔子之言为准。故其互相排斥也，初未尝持名学之例以相绳，曰：如是则不可通也，如是则自相矛盾也；惟以宗教之律相绳，曰：如是则与孔子之说相背也，如是则近禅也。其笃信也如此，故其思想皆有制限。其理论界，则以性善、性恶之界而止。至于善恶之界说若标准，则皆若无庸置喙，故往往以无善无恶与善为同一，而初不自觉其牴牾。其于实践方面，则以为家族及各种社会之组织，自昔已然，惟其间互相交际之道，如何而能无背于孔子。是为研究之对象，初未尝有稍萌改革之思想者也。

第二章 王荆公

宋代学者，以邵康节为首，同时有司马温公及王荆公，皆以政治家著，又以特别之学风，立于思想系统之外者也。温公仿扬雄之《太玄》作《潜虚》，以数理解释宇宙，无关于伦理学，故略之。荆公之性论，则持平之见，足为前代诸性论之结局。特叙于下。

小传 王荆公，名安石，字介甫，荆公者，其封号也。临川人。神宗时被擢为参知政事，厉行新法。当时正人多反对之者，遂起党狱，为世诟病。元丰元年，以左仆射观文殿大学士卒，年六十八。其所著有《新经义》学说及诗文集等。今节叙其性论及礼论之大要于下。

性情之均一 自来学者，多判性情为二事，而于情之所自出，恒苦无说以处之。荆公曰："性情一也。世之论者曰性善情恶，是徒识性情之名，而不知性情之实者也。喜怒哀乐好恶欲，未发于外而存于心者，性也；发于外而见于行者，情也。性者情之本，情者性之用，故吾曰性情一也。"彼盖以性情者，不过本体方面与动作方面之别称，而并非二事。性纯则情亦纯，情固未可灭也。何则？无情则直无动作，非吾人生存之状态也。故曰："君子之所以为君子者，无非情也。小人之所以为小人者，无非情也。"

善恶 性情皆纯，则何以有君子小人及善恶之别乎？无他，善恶之名，非可以加之性情，待性情发动之效果，见于行为，评量其合理与否，而后得加以善恶之名焉。故曰："喜怒哀乐爱恶欲七者，人生而有之，接于物而后动。动而当理者,圣也,贤也;不当于理者,小人也。"彼徒见情发于外,为外物所累,而遂入于恶也。因曰:"情恶也,害性者情也。是曾不察情之发于外,为外物所感,而亦尝入于善乎?"如其说,则性情非可以善恶论,而善恶之标准,则在理。其所谓理,在应时处位之关系,而无不适当云尔。

情非恶之证明 彼又引圣人之事,以证情之非恶。曰:"舜之圣也,象喜亦喜,使可喜而不喜,岂足以为舜哉?文王之圣也,王赫斯怒,使可怒而不怒,岂足以为文王哉?举二者以明之,其余可知。使无情,虽曰性善,何以自明哉?诚如今论者之说,以无情为善,是木石也。性情者,犹弓矢之相待而为用,若夫善恶,则犹之中与不中也。"

礼论 荀子道性恶,故以礼为矫性之具。荆公言性情无善恶,而其发于行为也,可以善,可以恶,故以礼为导人于善之具。其言曰:"夫木斫之而为器,马服之而为驾,非生而能然也,劫之于外而服之以力者也。然圣人不舍木而为器,不舍马而为驾,固因其天资之材也。今人生而有严父爱母之心,圣人因人之欲而为之制;故其制,虽有以强人,而乃顺其性之所欲也。圣人苟不为之礼,则天下盖有慢父而疾母者,是亦可谓无失其性者也。夫狙猿之形,非不若人也,绳之以尊卑,而节之以揖让，彼将趋深山大麓而走耳。虽畏之以威而驯之以化，其可服也，乃以为天性无是而化于伪也。然则狙猿亦可为礼耶？"故曰："礼者，始于天而成于人，天无是而人欲为之，吾盖未之见也。"

结论 荆公以政治文章著，非纯粹之思想家，然其言性情非可以善恶名，而别求善恶之标准于外，实为汉唐诸儒所未见及，可为有卓识者矣。

南京半山园遗址
王安石变法失败后退居南京半山园，并在此终老。

第二章 王荆公

第三章 邵康节

小传 邵康节，名雍，字尧夫，河南人。尝师北海李之才，受河图先天象数之学，妙契神悟，自得者多。屡被举，不之官。熙宁十年卒，年六十七。元祐中，赐谥康节。著有《观物篇》、《渔樵问答》、《伊川击壤集》、《先天图》、《皇极经世书》等。

宇宙论 康节之宇宙论，仿《易》及《太玄》，以数为基本，循世界时间之阅历，而论其循环之法则，以及于万物之化生。其有关伦理学说者，论人类发生之源者是也。其略如下。

动静二力 动、静二力者，发生宇宙现象，而且有以调摄之者也。动者为阴阳，静者为刚柔。阴阳为天，刚柔为地。天有寒暑昼夜，感于事物之性情状态。地有雨风露雪，应于事物之走飞草木。性情形体，与走飞草木相合，而为动植之感应，万物由是生焉。性情形态之走飞草木，应于声色气味；走飞草木之性情形态，应于耳目口鼻。物者有色声气味而已，人者有耳目口鼻，故人者，总摄万物而得其灵者也。

物人凡圣之别 康节言万物化成之理如是，于是进而论人、物之别，及凡人与圣人之别。曰："人所以为万物之灵者，耳目口鼻，能收万物之声色气味。声色气味，万物之体也。耳目鼻口，万人之用也。体无定用，惟变是用。用无定体，惟化是体，用之交也。人物之道，于是备矣。然人亦物也，圣亦人也。有一物之物，有十物之物，有百物之物，有千物、万物、亿物、兆物之物，生一物之物而当兆物之物者，非人耶？有一人之人，有十人之人，有百人之人，有千人、万人、亿人、兆人之人，生一人之人而当兆人之人者，非圣耶？是以知人者物之至，圣人者，人之至也。

人之至者，谓其能以一心观万心，以一身观万身，以一世观万世，能以心代天意，口代天言，手代天工，身代天事。是以能上识天时，下尽地理，中尽物情而通照人事，能弥纶天地，出入造化，进退古今，表里人物者也。"如其说，则圣人者，包含万有，无物我之别，解脱差别界之观念，而入于万物一体之平等界者也。

学 然则人何由而能为圣人乎？曰：学。康节之言学也，曰："学不际天人，不可以谓之学。"又曰："学不至于乐，不可以谓之学。"彼以学之极致，在四经，《易》、《书》、《诗》、《春秋》是也。曰："昊天之尽物，圣人之尽民，皆有四府。昊天之四府，春、夏、秋、冬之谓也，升降于阴阳之间。圣人之四府，《易》、《书》、《诗》、《春秋》之谓也，升降于礼乐之间。意言象数者，《易》之理。仁义礼智者，《书》之言。性情形体者，《诗》之根。圣贤才术者，《春秋》之事。谓之心，谓之用。《易》由皇帝王伯，《书》应虞夏殷周，《诗》关文武周公，《春秋》系秦晋齐楚。谓之体，谓之迹。心、迹、体、用四者相合，而得为圣人。其中同中有异，异中有同，异同相乘，而得万世之法则。"

慎独 康节之意，非徒以讲习为学也。故曰："君子之学，以润身为本，其治人应物，皆余事也。"又曰："凡人之善恶，形于言，发于行，人始得而知之。但萌诸心，发诸虑，鬼神得而知之。是君子所以慎独也。"又曰："人之神，即天地之神，人之自欺，即所以欺天地，可不慎与？"

邵雍八卦墓
位于洛阳伊川县平等乡西村。

第三章 邵康节

又言慎独之效曰："能从天理而动者，造化在我，其对于他物也，我不被物而能物物。"又曰："任我者情，情则蔽，蔽则昏。因物者性，性则神，神则明。潜天潜地，行而无不至，而不为阴阳所摄者，神也。"

神 彼所谓神者何耶？即复归于性之状态也。故曰："神无方而性则质也。"又曰："神无所不在，至人与他心通者，其本一也。道与一，神之强名也。"以神为神者，至言也。然则彼所谓神，即老子之所谓道也。

性情 康节以复性为主义，故以情为性之反动者。曰："月者日之影，情者性之影也。心为性而胆为情，性为神而情为鬼也。"

结论 康节之宇宙论，以一人为小宇宙，本于汉儒。一切以象数说之，虽不免有拘墟之失，而其言由物而人，由人而圣人，颇合于进化之理。其以神为无差别之代表，而以慎独而复性，为由差别界而达无差别之作用。则其语虽一本儒家，而其意旨则皆庄佛之心传也。

第四章 周濂溪

小传 周濂溪，名敦颐，字茂叔，道州营道人。景祐三年，始官洪州分宁县主簿，历官至知南康郡，因家于庐山莲花峰下，以营道故居濂溪名之。熙宁六年卒，年五十七。黄庭坚评其人品，如光风霁月。晚年，闲居乐道，不除窗前之草，曰：与自家生意一般。二程师事之，濂溪常使寻**孔颜之乐**何在。所著有《太极图》、《太极图说》、《通书》等。

太极论 濂溪之言伦理也，本于性论，而实与其宇宙论合。故述濂溪之学，自太极论始。其言曰："无极而太极，太极动而生阳，动极而静，静而生阴，静极复动，一动一静，互为其根，分阴分阳，两仪立焉。五行一阴阳也，阴阳一太极也，太极本无极也。五行之生也，各一其性。无极之真，二五之精，妙合而凝，乾道成男，坤道成女。二气交感，化合万物，万物生之而变化无穷。人得其秀而最灵，生而发神知，五性感动，而善恶分。圣人定之以中正仁义，主静而立其极。'圣人与天地合其德，与日月合其明，与四时合其序，与鬼神合其吉凶。'君子修之吉，小人悖之凶。故曰：立天之道，曰阴与阳；立地之道，曰柔与刚；立人之道，曰仁与义。"又曰："原始要终，故知死生之说。大哉！《易》其至矣乎。"其大旨以人类之起源，不外乎太极，而圣人则以人而合德于太极者也。

性与诚 濂溪以性为诚，本于中庸。惟其所谓诚，专自静止一方面考察之。故曰："诚者，圣人之本。'大哉乾元，万物资始'，诚之原也。

周敦颐像

孔颜之乐，宋明理学中研究圣贤境界的传统儒学话题。也称孔颜乐处。

周敦颐爱莲
颐和园长廊绘画故事。

'乾道变化，各正性命'，诚既立矣，纯粹至善。故曰：一阴一阳之谓道，继之者善也，成之者性也。元亨者诚之通，利贞者诚之复。大哉《易》！其性命之源乎？"又曰："诚者，五常之本，百行之原也，静无而动有，至正而明达者也。五常百行，非诚则为邪暗塞。故诚则无事，至易而行难。"由是观之，性之本质为诚，超越善恶，与太极同体者也。

善恶 然则善恶何由起耶？曰：起于几。故曰："诚无为，几善恶，爱曰仁，宜曰义，理曰礼，通曰智，守曰信。性而安之之谓圣，执之之谓贤，发微而不可见，充周而不可穷之谓神。"

几与神 濂溪以行为最初极微之动机为几，而以诚、几之间自然中节之作用为神。故曰："寂然不动者诚也，感而遂动者神也，动而未形于有无之间者几也。诚精故明，神应故妙，几微故幽，诚神几谓之圣人。"

仁义中正 惟圣故神，苟非圣人，则不可不注意于动机，而一以圣人之道为准。故曰："动而正曰道，用而和曰德。匪仁、匪义、匪礼、匪智、匪信，悉邪也。邪者动之辱也，故君子慎动。"又曰："圣人之道，仁义中正而已。守之则贵，行之则利。廓之而配乎天地，岂不易简哉？岂为难知哉？不守不行不廓而已。"

修为之法 吾人所以慎动而循仁义中正之道者，当如何耶？濂溪立积极之法，曰思，曰洪范。曰："思曰睿，睿作圣，几动于此，而诚动于彼，思而无不通者，圣人也。非思不能通微，非睿不能无不通。故思者，圣功之本，吉凶之几也。"又立消极之法，曰无欲。曰："无欲则静虚而

甲辑　中国伦理学史

动直，静灵则明，明则通；动直则公，公则溥。明通公溥，庶矣哉!"

结论 濂溪由宇宙论而演绎以为伦理说，与康节同。惟康节说之以数，而濂溪则说之以理。说以数者，非动其基础，不能加以补正。说以理者，得截其一二部分而更变之。是以康节之学，后人以象数派外视之；而濂溪之学，遂孳生思想界种种问题也。濂溪之伦理说，大端本诸中庸，以几为善恶所由分，是其创见；而以人物之别，为在得气之精粗，则后儒所祖述者也。

周敦颐《太极图》插图

清人抄录。

第四章 周濂溪

第五章 张横渠

张载铜像
位于陕西眉县张载祠。

小传 张横渠名载，字子厚。世居大梁，父卒于官，因家于凤翔郿县之横渠镇。少喜谈兵，范仲淹授以《中庸》，乃翻然志道，求诸释老，无所得，乃反求诸六经。及见二程，语道学之要，乃悉弃异学。嘉祐中，举进士，官至知太常礼院。熙宁十年卒，年五十八。所著有《正蒙》、《经学理窟》、《易说》、《语录》、《西铭》、《东铭》等。

太虚 横渠尝求道于佛老，而于老子由无生有之说，佛氏以山河大地为见病之说，俱不之信。以为宇宙之本体为太虚，无始无终者也。其所含最凝散之二动力，是为阴阳，由阴阳而发生种种现象。现象虽无一雷同，而其发生之源则一。故曰："两不立则一不可见，一不可见则两之用息。虚实也，动静也，聚散也，清浊也，其究一也。"又曰："造化之所成，无一物相肖者。"横渠由是而立**理一分殊**之观念。

理一分殊，宋明理学讨论一理与万物关系的重要命题。源于唐代佛教华严宗和禅宗。朱熹将张载的思想概括为"理一分殊"论。

理一分殊 横渠既于宇宙论立理一分殊之观念，则应用之于伦理学。其《西铭》之言曰："乾称父，坤称母，予兹藐焉，乃浑然中处，天地之塞吾其体，天地之帅吾其性，民吾同胞，物吾与也。大君者，我之宗子，大臣者，宗子之家相。尊高年，所以长其长。慈孤弱，所以幼其幼。圣其合德，贤其秀也。凡天下之疲癃残疾惸独鳏寡，皆吾兄弟之颠连而无告者也。"

天地之性与气质之性 天地之塞吾其体，亦即万人之体也。天地之帅吾其性，亦即万人之性也。然而人类有贤愚善恶之别，何故？横渠于是分性为二，谓为天地之性与气质之性，曰："形而后有性质之性，能反之，则天地之性存，故气质之性，君子不性焉。"其意谓天地之性，万人所同，如太虚然，理一也。气质之性，则起于成形以后，如太虚之有气，气有阴阳，有清浊；故气质之性，有贤愚善恶之不同，所谓分殊也。虽然，阴阳者，虽若相反而实相成，故太虚演为阴阳，而阴阳得复归于太虚。至于气之清浊，人之贤愚善恶，则相反矣。比而论之，颇不合于论理。

张载《西铭》拓本
元赵孟頫书。

心性之别 从前学者，多并心性为一谈。横渠则别而言之，曰："物与知觉合，有心之名。"又曰："心者统性情者也。"盖以心为吾人精神界全体之统名，而性则自心之本体言之也。

虚心 横渠以心为统性与知，而以知附属于气质之性，故其修为之的，不在屑屑求知，而在反于天地之性，是谓合心于太虚。故曰："太虚者，心之实也。"又曰："不可以闻见为心，若以闻见为心，天下之物，不可一一闻见，是小其心也，但当合心于太虚而已。心虚则公平，公平则是非较然可见，当为不当为之事，自可知也。"

变化气质 横渠既以合心于太虚为修为之极功，而又以人心不能合于太虚之故，实为气质之性所累，故立变化气质之说。曰："气质恶者，学即能移，今之人多使气。"又曰："学至成性，则气无由胜。"又曰："为学之大益，在自能变化气质。不尔，则卒无所发明，不得见圣人之奥，故学者先当变化气质。"变化气质，与虚心相表里。

礼 横渠持理一分殊之理论，故重秩序。又于天地之性以外，别揭气质之性，已兼取荀子之性恶论，故重礼。其言曰："生有先后，所以为天序。小大高下相形，是为天秩。天之生物也有序，物之成形也有秩。知序

第五章　张横渠

然故经正，知秩然故礼行。"彼既持此理论，而又能行以提倡之，治家接物，大要正己以感人。其教门下，先就其易，主日常动作，必合于礼。程明道尝评之曰："横渠教人以礼，固激于时势，虽然，只管正容谨节，宛然如吃木札，使人久而生嫌厌之情。"此足以观其守礼之笃矣。

结论 横渠之宇宙论，可谓持之有理。而其由阴阳而演为清浊，又由清浊而演为贤愚善恶，遂不免违于论理。其言理一分殊，言天地之性与气质之性，皆为创见。然其致力之处，偏重分殊，遂不免横据阶级之见。至谓学者舍礼义而无所猷为，与下民一致，又偏重气质之性。至谓天质善者，不足为功，勤于矫恶矫情，方为功，皆与其"民吾同胞"及"人皆有天地之性"之说不能无矛盾也。

载祠 位于陕西眉县。

第六章 程明道

小传 程明道名颢,字伯淳,河南人。十五岁,偕其弟伊川就学于周濂溪,由是慨然弃科举之业,有求道之志。逾冠,被调为鄠县主簿。晚年,监汝州酒税。以元丰八年卒,年五十四。其为人克实有道,和粹之气,盎于面背,门人交友,从之数十年,未尝见其忿厉之容。方王荆公执政时,明道方官监察御史里行,与议事,荆公厉色待之。明道徐曰:"天下事非一家之私议,愿平气以听。"荆公亦为之愧屈。于其卒也,**文彦博**采众议表其墓曰:明道先生。其学说见于门弟子所辑之语录。

性善论之原理 邵、周、张诸子,皆致力于宇宙论与伦理说之关系,至程子而始专致力于伦理学说。其言性也,本孟子之性善说,而引易象之文以为原理。曰:"生生之谓易,是天之所以为道也。天只是以生为道,继此生理者只是善,便有一元的意思。元者善之长,万物皆有春意,便是。继之者善也,成之者性也,成却待万物自成其性须得。"又曰:"'一阴一阳之谓道。'自然之道也,有道则有用,元者善之长也,成之者,却只是性,各正性命也。故曰:'仁者见之谓之仁,智者见之谓之智。'"又曰:"生之谓性。"人生而静以上,不能说示,说之为性时,便已不是性。凡说人性,只是继之者善也。孟子云,人之性善是也。夫所谓继之者善,犹水之流而就下也。又曰:"生之谓性,性即气,气即性,生之谓也。"其措语虽多不甚明了,然推其大意,则谓性之本体,殆本无善恶之可言。至即其动作之方面而言之,则不外乎生生,即人无不欲自生,而亦未尝有必不欲他人之生者,本无所谓不善,而与天地生之道相合,故谓继之者善也。

程颢像

文彦博(1006~1097),北宋大臣。字宽夫,汾州介休(今属山西)人。

善恶 生之谓性，本无所谓不善，而世固有所谓恶者何故？明道曰："天下之善恶，皆天理。谓之恶者，本非恶，但或过或不及，便如此，如杨墨之类。"其意谓善恶之所由名，仅指行为时之或过或不及而言，与王荆公之说相同。又曰："人生气禀以上，于理不能无善恶。虽然，性中元非两物相对而生。"又以水之清浊喻之曰："皆水也，有流至海而不浊者，有流未远而浊多者或少者。清浊虽不同，而不能以浊者为非水。如此，则人不可不加以澄治之功。故用力敏勇者疾清，用力缓急者迟清。及其清，则只是原初之水也，非将清者来换却浊者，亦非将浊者取出，置之一隅。水之清如性之善。是故善恶者，非在性中两物相对而各自出来也。"此其措语，虽亦不甚明了，其所谓气禀，几与横渠所谓气质之性相类，然推其本意，则仍以善恶为发而中节与不中节之形容词。盖人类虽同禀生生之气，而既具各别之形体，又处于各别之时地，则自爱其生之心，不免太过，而爱人之生之心，恒不免不及，如水流因所经之地而不免渐浊，是不能不谓之恶，而不得谓人性中具有实体之恶也。故曰："性中元非有善恶两物相对而出也。"

仁 生生为善，即我之生与人之生无所歧视也。是即《论语》之所谓仁，所谓忠恕。故明道曰："学者先须识仁。仁者，浑然与物同体，义礼智信，皆仁也。"又曰："医家以手足痿痹为不仁，此言最善名状。仁者，

大程书院

位于河南省扶沟县，为宋代程颢所建。

以天地万物为一体，无非已也……**手足不仁时，身体之气不贯，故博施济众，为圣人之功用，仁至难言。**"又曰："若夫至仁，天地为一身，而天地之间，品物万形，为四肢百体，夫人岂有视四肢百体而不爱者哉？圣人仁之至也，独能体斯心而已。"

敬 然则体仁之道，将如何？曰敬。明道之所谓敬，非检束其身之谓，而涵养其心之谓也。故曰："只闻人说善言者，为敬其心也。故视而不见，听而不闻，主于一也。主于内，则外不失敬，便心虚故也。必有事焉不忘，不要施之重，便不好，敬其心，乃至不接视听，此学者之事也。始学岂可不自此去，至圣人则自从心所欲，不逾矩。"又曰："敬即便是礼，无己可克。"又曰："主一无适，敬以直内，便有浩然之气。"

忘内外 明道循当时学者措语之习惯，虽然常言人欲，言私心私意，而其本意则不过以恶为发而不中节之形容词，故其所注意者皆积极而非消极。尝曰："所谓定者，动亦定，静亦定，无将迎，无内外。苟以外物为外，牵己而从之，是以己之性为有内外也。且以己之性为随物于外，则当其在外时，何者为在中耶？有意于绝外诱者，不知性无内外也。"又曰："夫天地之常，以其心普万物而无心；圣人之常，以其情顺万事而无情。故君子之学，莫若廓然而大公，物来而顺应。苟规规于外诱之除，将见灭于东而生于西，非惟日之不足，顾其端无穷，不可得而除也。"又曰："与其非外而是内，不若内外之两忘，两忘则澄然无事矣。无事则定，定则明，明则尚何应物之为累哉？圣人之喜，以物之当喜；圣人之怒，以物之当怒。是圣人之喜怒，不系于心而系于物也，是则圣人岂不应于物哉？乌得以从外者为非，而更求在内者为是也。"

诚 明道既不以力除外诱为然，而所以涵养其心者，亦不以防检为事。尝述孟子勿助长之义，而以反身而诚互证之。曰："学者须先识仁。仁者，浑然与物同

"手足不仁时……仁至难言"，原文作"如手足不仁，气已不贯，皆不属己。故博施济众，乃圣之功用。仁至难言"。

程颢《明道文集》书影

第六章 程明道

体，识得此理，以诚敬存之而已，不须防检，不须穷索。若心懈则有防，心苟不懈，何防之有？理有未得，故须穷索；存久自明，安待穷索？此道与物无对，大不足以明之。天地之用，皆我之用。孟子言万物皆备于我，须反身而诚，乃为大乐。若反身未诚，则犹是二物有对，以己合彼，终未有之，又安得乐？必有事焉而勿正，心勿忘，勿助长，未尝致纤毫之力，此其存之之道。若存得便合有得，盖良知良能元不丧失，以昔日习心未除，故须存习此心，久则可夺旧习。"又曰："性与天道，非自得者不知，有安排布置者，皆非自得。"

结论 明道学说，其精义，始终一贯，自成系统，其大端本于孟子，而以其所心得补正而发挥之。其言善恶也，取中节不中节之义，与王荆公同。其言仁也，谓合于自然生生之理，而融自爱他爱为一义。其言修为也，惟主涵养心性，而不取防检穷索之法。可谓有乐道之趣，而无拘墟之见者矣。

第七章 程伊川

小传 程伊川，名颐，字正叔。明道之弟也，少明道一岁。年十七，尝伏阙上书，其后屡被举，不就。哲宗时，擢为崇政殿说书，以严正见惮，见劾而罢。徽宗时，被邪说诐行惑乱众听之谤，下河南府推究，逐学徒，隶党籍。大观元年卒，年七十五。其学说见于《易传》及语录。

伊川与明道之异同 伊川与明道，虽为兄弟，而明道温厚，伊川严正，其性质皎然不同，故其所持之主义，遂不能一致。虽其间互通之学说甚多，而揭其特具之见较之，则显为二派。如明道以性即气，而伊川则以性即理，又特严理气之辨。明道主忘内外，而伊川特重寡欲。明道重自得，而伊川尚穷理。盖明道者，粹然孟子学派；伊川者，虽亦依违孟学，而实荀子之学派也。其后由明道而递演之，则为象山、阳明；由伊川而递演之，则为晦庵。所谓学焉而各得其性之所近者也。

理气与性才之关系 伊川亦主孟子性中有善之说，而归其恶之源于才。故曰："性出于天，才出于气，气清则才清，气浊则才浊。才则有不善，性则无不善。"又曰："性无不善，而有不善者，才也。性即是理，理则自尧舜至于途人，一也。才禀于气，气有清浊。禀其清者为贤，禀其浊者为愚。"其大意与横渠言天地之性、气质之性相类，惟名号不同耳。

心 伊川以心与性为一致。故曰："在天为命，在义为理，在人为性，主于身为心。"其言性也，曰："性即理，所谓理性是也。天下之理，原无不善。喜怒哀乐之未发，何尝不善？发而中节，往往无不善；发而不中节，然后为不善。"是以性为喜怒哀乐未发之境也。其言心也，曰："冲漠无朕，万象森然已具，未应不是先，已应不是后，如百尺之木，自根本至枝叶，每一不贯。"或问"以赤子之心为已发，是否？"曰："已发而去道未远。"曰："大人不失赤子之心若何？"曰："取其纯一而近道。"曰："赤子之心，与圣人之心若何？"曰："圣人之心，如明镜止水。"是亦以喜怒哀乐未发之境为心之本体也。

养气寡欲 伊川以心性本无所谓不善，乃喜怒哀乐之发而不中节，始有不善。其所以发而不中节之故，则由其气禀之浊而多欲。故曰："孟子所以养气者，养之至则清明纯全，昏塞之患去。"或曰养心，或云养气，何耶？曰："养心者无害而已，养气者在有帅。"又言养气之道在寡欲，曰："致知在所养，养知莫过寡欲二字。"其所言养气，已与《孟子》同名而异实，及依违《大学》，则又易之以养知，是皆迁就古书文词之故。至其本意，则不过谓寡欲则可以易气之浊者而为清，而渐达于明镜止水之境也。

敬与义 明道以敬为修为之法，伊川同之，而又本《易传》"敬以直内、义以方外"之语，于敬之外，尤注重集义。曰："敬只是持己之道，义便知有是有非。从理而行，是义也。若只守一个之敬，而不知集义，却是都无事。且如欲为孝，不成只守一个孝字而已，须是知所以为孝之道，当如何奉侍，当如何温清，然后能尽孝道。"

穷理 伊川所言集义，即谓实践伦理之经验，而假孟子之言以名之。其自为说者，名之曰穷理。而又条举三法：一曰读书，讲明义理；二曰论古今之物，分其是非；三曰应事物而处其当。又分智为二种，而排斥闻见之智，曰："闻见之智，非德性之智，物交物而知之，非内也，今

《二程全书》书影
此为后人所辑，程颢、程颐兄弟二人著作的合编。

甲辑　中国伦理学史

之所谓博物多能者是也。德性之智，不借闻见。"其意盖以读书论古应事而资以清明德性者，为德性之智。其专门之考古学历史经济家，则斥为闻见之智也。

知与行 伊川又言须是识在行之先。譬如行路，须得先照。又谓勉强合道而行动者，决不能永续。人性本善，循理而行，顺也。是故烛理明则自然乐于循理而行动，是为知行合一说之权舆。

结论 伊川学说，盖注重于实践一方面。故于命理心性之属，仅以异名同实之义应付之。而于恶之所由来，曰才，曰气，曰欲，亦不复详为之分析。至于修为之法，则较前人为详，而为朱学所自出也。

《伊川易传》书影

第八章 程门大弟子

程门弟子 历事二程者为多，而各得其性之所近。其间特性最著，而特有影响于后学者，为谢上蔡、杨龟山二人。上蔡毗于尊德性，绍明道而启象山。龟山毗于道问学，述伊川而递传以至考亭者也。

上蔡小传 谢上蔡，名良佐，字显道，寿州上蔡人。初务记问，夸该博。及事明道，明道曰："贤所记何多，抑可谓玩物丧志耶？"上蔡赧然。明道曰："是即恻隐之心也。"因劝以无徒学言语，而静坐修炼。上蔡以元丰元年登进士第，其后历官州郡。徽宗时，坐口语，废为庶民。著《论语说》，其语录三篇，则朱晦庵所辑也。

其学说 上蔡以仁为心之本体，曰："心者何，仁而已。"又曰："人心著，与天地一般，只为私意自小。任理因物而己无与焉者，天而已。"于是言致力之德，曰穷理，曰持敬。其言穷理也，曰："物物皆有理，穷理则知天之所为，知天之所为，则与天为一。穷理之至，自然不勉而中，不思而得，从容中道。曰：'理必物物而穷之欤？'曰：'必穷其大者，理一而已，一处理穷，则触处皆是。恕其穷理之本欤？'其言致敬也，曰：'近道莫若静，斋戒以神明其德，天下之至静也。'"又曰："敬者是常惺惺而法心斋。"

龟山小传 杨龟山，名时，字中立，南剑将乐人。熙宁元年，举进士，后历官州郡及侍讲。绍兴五年卒，年八十三。龟山初事明道，明道殁，事伊川，二程皆甚重之。尝读横渠《西铭》，而疑其近于兼爱，及闻伊川理一分殊之辨而豁

杨时像

然。其学说见于《龟山集》及其语录。

其学说 龟山言人生之准的在圣人，而其致力也，在致知格物。曰："学者以致知格物为先，知未至，虽欲择言而固执之，未必当于道也。鼎镬陷阱之不可蹈，人皆知之，而世人亦无敢蹈之者，知之审也。致身下流，天下之恶皆归之，与鼎镬陷阱何异？而或蹈之而不避者，未真知之也。若真知为不善，如蹈鼎镬陷阱，则谁为不善耶？"是其说近于经验论。然彼所谓经验者，乃在研求六经。故曰："六经者，圣人之微言，道之所存也。道之深奥，虽不可以言传，而欲求圣贤之所以为圣贤者，舍六经于何求之？学者当精思之，力行之，默会于意言之表，则庶几矣。"

结论 上蔡之言穷理，龟山之言格致，其意略同。而上蔡以恕为穷理之本，龟山以研究六经为格致之主，是显有主观、客观之别，是即二程之异点，而亦朱、陆学派之所由差别也。

第八章　程门大弟子

第九章 朱晦庵

朱熹像

罗豫章（1072~1135），即罗从彦，宋代理学家、教育家。字仲素，号豫章先生。

李延平（1093~1163），即李侗，南宋学者，程颐的四传弟子。

小传 龟山一传而为**罗豫章**，再传而为**李延平**，三传而为朱晦庵。伊川之学派，于是大成焉。晦庵名熹，字元晦，一字仲晦，晦庵其自号也。其先徽州婺源人，父松，为尤溪尉，寓溪南，生熹。晚迁建阳之考亭。年十八，登进士，其后历主簿提举及提点刑狱等官，及历奉外祠。虽屡以伪学被劾，而进习不辍。庆元六年卒，年七十一。高宗谥之曰文。理宗之世，追封信国公。门人黄干状其行曰："其色庄，其言厉，其行舒而恭，其坐端而直。其闲居也，未明而起，深衣幅巾方履，拜家庙以及先圣。退而坐书室，案必正，书籍器用必整。其饮食也，羹食行列有定位，匙箸举措有定所。倦而休也，瞑目端坐。休而起也，整步徐行。中夜而寝，寤则拥衾而坐，或至达旦。威仪容止之则，自少至老，祁寒盛暑，造次颠沛，未尝须臾离也。"著书甚多，如《大学、中庸章句》、《或问》、《论语集注》、《孟子集注》、《易本义》、《诗集传》、《太极图解》、《通书解》、《正蒙解》、《近思录》，及其文集、语录，皆有关于伦理学说者也。

理气 晦庵本伊川理气之辨，而以理当濂溪之太极，故曰：由其横于万物之深底而见时，曰太极。由其与气相对而见时，曰理。又以形上、形下为理气之别，而谓其不可以时之前后论。曰："理者，形而上之道，所以生万物之原理也。气者，形而下之器，率理而铸型之质料也。"又曰："理非别为一物而存，存于气之中而已。"又曰："有此理便有此气。"但理是本，于是又取横渠理一分殊之义，以为理一而气殊。曰万物统一于太极，而物物各具一太极。曰："物物虽各有理，而总只是一理。"曰：理虽无差别，而气有种种之别，有清爽者，有昏浊者，难以一一枚举。曰：此即万物之所以差别，然一一无不有太极，其状即如宝珠之在水中。在圣贤之中，如在清水中，其精光自然发现。其在至愚不肖之中，如在浊水中，非澄去泥沙，其光不可见也。

性 由理气之辨，而演绎之以言性，于是取横渠之说，而立本然之性与气质之性之别。本然之性，纯理也，无差别者也。气质之性，则因所禀之气之清浊，而不能无偏。乃又本汉儒五行五德相配之说，以证明之。曰："得木气重者，恻隐之心常多，而羞恶辞让是非之心，为之塞而不得发。得金气重者，羞恶之心常多，而恻隐辞让是非之心，为之塞而不得发。火、水亦然。故气质之性完全者，与阴阳合德，五性全备而中正，圣人是也。"然彼又以本然之性与气质之性密接，故曰："气质之心，虽是形体，然无形质，则本然之性无所以安置自己之地位，如一勺之水，非有物盛之，则水无所归著。"是以论气质之性，势不得不杂理与气言之。

心情欲 伊川曰："在人为性，主于身为心。"晦庵亦取其义，而又取横渠之义以心为性情之统名，故曰："心，统性情者也。由心之方面见之，心者，寂然不动。由情之方面见之，感而遂动。"又曰："心之未动时，性也。心之已动时，情也。欲是由情发来者，而欲有善恶。"又曰："心如水，性犹水之静，情则水之流，欲则水之波澜，但波澜有好底，有不好底。如我欲仁，是欲之好底。欲之不好底，则一向奔驰出去，若波涛翻浪。如是，则情为性之附属物，而欲则又为情之附属物。"故彼以恻隐等四端为性，以喜怒等七者为情，而谓七情由四端发，如哀惧发自恻隐，怒恶发自羞恶之类，然又谓不可分七情以配四端，七情自贯通四端云。

人心道心 既以心为性情之统名，则心之有理、气两方面，与性同。于是引以说古书之道心、人心，以发于理者为道心，而发于气者为人心。故曰："道心是义理上发出来底，人心是人身上发出来底。虽圣人不能无人心，如饥食渴饮之类。虽小人不能无道心，如恻隐之心是。"又谓圣人之教，在以道心为一身之主宰，使人心屈从其命令。如人心者，决不得灭却，亦不可灭却者也。

穷理 晦庵言修为之法，第一在穷理，穷理即《大学》所谓格物致知也。故曰："格物十事，格得其九通透，即一事未通透，不妨。一事只格得九分，一分不通透，最不可，须穷到十分处。"至其言穷理之法，则全在读书。于是言读书之法曰："读书之法，在循序而渐进，熟读而精思。字求其训，句索其旨。未得于前，则不敢求其后；未通乎此，则不敢志乎彼。先须熟读，使其言皆若出于吾之口；继以精思，使其意皆若出于吾心。"

养心 至其言养心之法，曰"存夜气"。本于孟子。谓夜气静时，即良心有光明之时。若当吾思念义理、观察人伦之时，则夜气自然增长，良心愈放其光明来，于是辅之以静坐。静坐之说，本于李延平。延平言道理须是日中理会，夜里却去静坐思量，方始有得。其说本与存夜气相表里，故晦庵取之，而又为之界说曰："静坐非如坐禅入定，断绝思虑，只收敛此心，使毋走于烦思虑而已。此心湛然无事，自然专心；及其有事，随事

南溪书院遗址
南溪书院位于福建省尤溪县南，原为朱熹之父朱松故居。朱熹逝世后，当地官府在此建祠，1253年，宋理宗赐额"南溪书院"。

应事，事已时复湛然。"由是又本程氏主一为敬之义而言专心，曰："心一有所用，则心有所主，只看如今。才读书，则心便主于读书；才写字，则心便主于写字。若是悠悠荡荡，未有不入于邪僻者。"

结论 宋之有晦庵，犹周之有孔子，皆吾族道德之集成者出。孔子以前，道德之理想，表著于言行而已；至孔子而始演述为学说。孔子以后，道德之学说，虽亦号折中孔子，而尚在乍离乍合之间；至晦庵而始以其所见之孔教，整齐而厘订之，使有一定之范围。盖孔子之道，在董仲舒时代，不过具有宗教之形式；而至朱晦庵时代，始确立宗教之威权也。晦庵学术，近以横渠、伊川为本，而附益之以濂溪、明道；远以荀卿为本，而用语则多取孟子。于是用以训释孔子之言，而成立有宋以后之孔教。彼于孔子以前之说，务以诂训沟通之，使无与孔教有所龃龉；于孔子以后之学说若人物，则一以孔教进退之。彼其研究之勤，著述之富，徒党之众，既为自昔儒者所不及。而其为说也，矫恶过于乐善，方外过于直内，独断过于怀疑，拘名义过于得实理，尊秩序过于求均衡，尚保守过于求革新，现在之和平过于未来之希望。此为古昔北方思想之嫡嗣，与吾族大多数之习惯性相投合，而尤便于有权势者之所利用，此其所以得凭借科举之势力而盛行于明以后也。

朱熹著书图
此图展示了一代理学大家的著书生活。

第十章 陆象山

陆九渊像

象山，今江西贵溪应天山。

儒家之言，至朱晦庵而凝成为宗教，既具论于前章矣。顾世界之事，常不能有独而无对。故当朱学成立之始，而有陆象山；当朱学盛行之后，而有王阳明。虽其得社会信用不及朱学之悠久，而当其发展之时，其势几足以倾朱学而有余焉。大抵朱学毗于横渠、伊川，而陆、王毗于濂溪、明道；朱学毗于荀，陆、王毗于孟。以周季之思潮比例之，朱学纯然为北方思想，而陆、王则毗于南方思想者也。

小传 陆象山，名九渊，字子静，自号存斋，金溪人。父名贺，象山其季子也。乾道八年，登进士第，历官至知荆门军。以绍熙三年卒，年五十四。嘉定十年，赐谥文安。象山三四岁时，尝问其父，天地何所穷际。及总角，闻人诵伊川之语，若被伤者，曰："伊川之言，何其不类孔子、孟子耶？"读古书至宇宙二字，解曰："四方上下为宇，往古来今曰宙。"忽大省，曰："宇宙内之事，乃己分内事，己分内之事，乃宇宙内事。"又曰："宇宙即是吾心，吾心即是宇宙。东海有圣人出，此心同，此理同焉。西海有圣人出，此心同，此理同焉。南海、北海有圣人出，此心同，此理同焉。千百世之上，有圣人出，此心同，此理同焉。千百世之下，有圣人出，此心同，此理同焉。"淳熙间，自京师归，学者甚盛，每诣城邑，环坐二三百人，至不能容。寻结茅**象山**，学徒大集，案籍逾数千人。或劝著书，象山曰："六经注我，我注六经。"又曰："学苟知道，则六经皆我注脚也。"所著有《象山集》。

朱陆之论争 自朱、陆异派，及门互相诋諆。淳熙二年，东莱集江浙诸友于信州鹅湖寺以决之。既莅会，象山、晦庵互相辩难，连日不能决。晦庵曰："人各有所见，不如取决于后世。"其后彼此通书，又互有冲突。

鹅湖书院
　　位于江西上饶，因朱、陆"鹅湖之辩"而誉满江南。

其间关于《太极图说》者，大抵名义之异同，无关宏旨。至于伦理学说之异同，则晦庵之见，以为象山尊心，乃禅家余派，学者当先求圣贤之遗言于书中；而修身之法，自洒扫应对始。象山则以晦庵之学为逐末，以为学问之道，不在外而在内，不在古人之文字而在其精神，故尝诘晦庵以"尧舜曾读何书焉"。

心即理　象山不认有天理人欲与道心人心之别，故曰："心即理。"又曰："心一也，人安有二心。"又曰："天理人欲之分，论极有病，自《礼记》有此言，而后人袭之，记曰，'人生而静，天之性也，感于物而动，性之欲也。'若是，则动亦是，静亦是，岂有天理人欲之分？动若不是，则静亦不是，岂有动静之间哉？"彼又以古书有人心惟危、道心惟微之语，则为之说曰："自人而言则曰惟危，自道而言则曰惟微。如其说，则古书之言，亦不过由两旁面而观察之，非真有二心也。"又曰："心一理也，理亦一理也，至当归一，精义无二，此心此理，不容有二。"又曰："孟子所谓不虑而知者，其良知也，不学而能者，其良能也，我固有之，非由外铄我也。"

纯粹之惟心论　象山以心即理，而其言宇宙也，则曰："塞宇宙一理耳。"又曰，万物皆备于我，只要明理而已，然则宇宙即理，理即心，皆一而非二也。

气质与私欲 象山既不认有理欲之别，而其说时亦有蹈袭前儒者。曰："气质偏弱，则耳目之官，不思而蔽于物，物交物则引之而已矣。由是向之所谓忠信者，流而放辟邪侈，而不能自反矣。当是时，其心之所主，无非物欲而已矣。"又曰："气有所蒙，物有所蔽，势有所迁，习有所移，往而不返，迷而不解，于是为愚为不肖，于彝伦则斁，于天命则悖。"又曰："人之病道者二，一资，二渐习。"然宇宙一理，则必无不善，而何以有此不善之资及渐习，象山固未暇研究也。

思 象山进而论修为之方，则尊思。曰："义理之在人心，实天之所与而不可泯灭者也。彼其受蔽于物，而至于悖理违义，盖亦弗思焉耳。诚能反而思之，则是非取舍，盖有隐然而动，判然而明，决然而无疑者矣。"又曰："学问之功，切磋之始，必有自疑之兆，及其至也，必有自克之实。"

先立其大 然则所思者何在？曰："人当先理会所以为人，深思痛省，枉自汩没，虚过日月，朋友讲学，未说到这里，若不知人之所以为人，而与之讲学，遗其大而言其细，便是放饭流歠而问无齿决。若能知其大，虽轻，自然反轻归厚，因举一人恣情纵欲，一旦知尊德乐道，便明白洁直。"又曰："近有议吾者，曰：'除了"先立乎其大者"一句，无伎俩。'吾闻之，曰：'诚然'。"又曰："凡物必有本末，吾之教人，大概使其本常重，不为末所累。"

诚 象山于实践方面，则揭一诚字。尝曰："古人皆明实理做实事。"又曰："呜呼！循顶至踵，皆父母之遗骸，俯仰天地之间，惧不能朝夕求寡愧怍，亦得与闻于孟子所谓'塞天地吾夫子人为贵'之说欤？"又引《中庸》之言以证明之，曰："诚者非自成己而已也，所以成物也。成己仁也，成物知也，性之德也，合外内之道也。"

《象山先生全集》书影

甲辑　中国伦理学史

结论 象山理论既以心理与宇宙为一，而又言气质，言物欲，又不研究其所由来，于不知不觉之间，由一元论而蜕为二元论，与孟子同病，亦由其所注意者，全在积极一方面故也。其思想之自由，工夫之简易，人生观之平等，使学者无墨守古书拘牵末节之失，而自求进步，诚有足多者焉。

"蒙泉"碑
位于湖北荆门西蒙山下，为陆九渊所立，张垓题字。

第十章 陆象山

第十一章 杨慈湖

象山谓塞宇宙一理耳,然宇宙之观象,不赘一词。得慈湖之说,而宇宙即理之说益明。

小传 慈湖,名杨简,字敬中,慈溪人。乾道五年,第进士,调当阳主簿,寻历诸官,以大中大夫致仕。宝庆二年卒,年八十六,谥文元。慈湖官当阳时,始遇象山。象山数提本心二字,慈湖问何谓本心?象山曰:"君今日所听者扇讼,扇讼者必有一是一非,若见得孰者为非,即决定某甲为是,某甲为非,非本心而何?"慈湖闻之,忽觉其心澄然清明,亟问曰:"如是而已乎?"象山厉声答曰:"更有何者?"慈湖退而拱坐达旦,质明,纳拜,称弟子焉。慈湖所著有《己易》、《启蔽》二书。

己易 慈湖著《己易》,以为宇宙不外乎我心,故宇宙现象之变化,不外乎我心之变化。故曰:"易者己也,非他也。以易为书,不以易为己不可也。以易为天地之变化,不以易为己之变化,不可也。天地者,我之天地;变化者,我之变化,非他物也。"又曰:"吾之性,澄然清明而非物;吾之性,洞然无际而非量。天者,吾性之象;地者,吾性中之形。"故曰:"在天成象,在地成形,皆我所为也。混融无内外,贯通无异种。"又曰:"天地之心,果可得而见乎?果不可得而见乎?果动乎?果未动乎?特未察之而已。似动而未尝移,似变而未尝改,不改不移,谓之寂然不动可也,谓之无思虑可也,谓之不病而速不行而至可也,是天下之动也,是天下之至赜也。"又曰:"吾未见天地人之有三也,三者形也,一者性也,亦曰道也,又曰易也,名言之不用,而其实一体也。"

结论 象山谓宇宙内事即己分内事,其所见固与慈湖同。惟象山之说,多就伦理方面指点,不甚注意于宇宙论。慈湖之说,足以补象山之所未及矣。

第十二章 王阳明

陆学自慈湖以后，几无传人。而朱学则自季宋，而元，而明，流行益广，其间亦复名儒辈出，而其学说，则无甚创见；其他循声附和者，率不免流于支离烦琐。而重以科举之招，益滋言行凿枘之弊。物极则反，明之中叶，王阳明出，中兴陆学，而思想界之气象又一新焉。

小传 王阳明，名守仁，字伯安，余姚人。少年尝筑堂于会稽山之洞中，其后门人为建阳明书院于绍兴，故以阳明称焉。阳明以弘治十二年中进士，尝平漳南横水诸寇，破叛藩宸濠，平广西叛蛮，历官至左都御史，封新建伯。嘉靖七年卒，年五十七。隆庆中，赠新建侯，谥文成。阳明天资绝人，年十八，**谒娄一斋**，慨然为圣人可学而至。尝遍读**考亭**之书，循序格物，终觉心物判而为二，不得入，于是出入于佛老之间。武宗时，被谪为贵州龙场驿丞，其地在万山丛树之中，蛇虺魍魉、蛊毒瘴疠之所萃，备尝辛苦，动心忍性。因念圣人处此，更有何道。遂悟格物致知之旨，以为圣人之道，吾性自足，不假外求。自是遂尽去枝叶，一意本原焉。所著有《阳明全集》、《阳明全书》。

心即理 心即理，象山之说也。阳明更疏通而证明之曰："理一而已。以其理之凝聚言之谓之性，以其凝聚之主宰言之谓之心，以其主宰之发动言之谓之意，以其发动之明觉言之谓之知，以其明觉之感应言之谓之物。

娄一斋（1422~1491），即娄谅，明代理学家。字克贞，号一斋，江西人。

考亭，指朱熹。考亭位于福建建阳，朱熹晚年居此，建沧洲精舍讲学。宋理宗为崇祀朱熹，赐名考亭书院。

王阳明像

故就物而言之谓之格,就知而言之谓之致,就意而言之谓之诚,就心而言之谓之正。正者正此心也,诚者诚此心也,致者致此心也,格者格此心也,皆谓穷理以尽性也。天下无性外之理,无性外之物。学之不明,皆由世之儒者认心为外,认物为外,而不知义内之说也。"

知行合一 朱学泥于循序渐进之义,曰必先求圣贤之言于遗书。曰自洒扫应对进退始。其弊也,使人迟疑观望,而不敢勇于进取。阳明于是矫之以知行合一之说。曰:"知是行之始,行是知之成,知外无行,行外无知。"又曰:"知之真切笃实处便是行,行之明觉精密处便是知。若行不能明觉精密,便是冥行,便是'学而不思则罔';若知不能真切笃实,便是妄想,便是'思而不学则殆'。"又曰:"《大学》言如好好色,见好色属知,好好色属行。见色时即是好,非见而后立志去好也。今人却谓必先知而后行,且讲习讨论以求知。俟知得真时,去行,故遂终身不行,亦遂终身不知。"盖阳明之所谓知,专以德性之智言之,与寻常所谓知识不同;而其所谓行,则就动机言之,如大学之所谓意。然则即知即行,良非虚言也。

致良知 阳明心理合一,而以孟子之所谓良知代表之。又主知行合一,而以《大学》之所谓致知代表之。于是合而言之,曰致良知。其言良知也,曰:"天命之性,粹然至善,其灵明不昧者,皆其至善之发见,乃明德之本体,而所谓良知者也。"又曰:"未发之中,即良知也。无前后内外,而浑然一体者也。"又曰:"虽妄念之发,而良知未尝不在;虽昏塞之极,而良知未尝不明。"于是进而言致知,则包诚意格物而言之,曰:"今欲别善恶以诚其意,惟在致其良知之所知焉尔。何则?意念之发,吾心之良知,既知其为善矣,使其不能诚有以好之,而复背而去之,则是以善为恶,自昧其知善之良知矣。意念之所发,吾之良知,既知其为不善矣,使其不能诚有以恶之,而复蹈而为之,则是以恶为善,而自昧其知恶

阳明书院遗迹

甲辑 中国伦理学史

之良知矣。若是，则虽曰知之，犹不知也。意其可得而诚乎？今于良知所知之善恶者，无不诚好而诚恶之，则不自欺其良知而意可诚矣。"又曰："于其良知所知之善者，即其意之所在之物而实为之，无有乎不尽。于其良知所知之恶者，即其意之所在之物而实去之，无有乎不尽。然后物无不格，而吾良知之所知者，吾有亏缺障蔽，而得以极其至矣。"是其说，统格物诚意于致知，而不外乎知行合一之义也。

仁　阳明之言良知也，曰："人的良知，就是草木瓦石的良知。若草木瓦石无人的良知，不可以为草木瓦石矣。岂惟草木瓦石为然，天地无人的良知，亦不可以为天地矣。"是即心理合一之义，谓宇宙即良知也。于是言其致良知之极功，亦必普及宇宙，阳明以仁字代表之。曰："是故见孺子之入井，而必有怵惕恻隐之心焉，是其仁之与孺子而为一体也；孺子犹同类者也，见鸟兽之哀鸣觳觫而必有不忍之心焉，是其仁之与鸟兽而为一体也；鸟兽犹有知觉者也，见草木之摧折，而必有悯惜之心焉，是其仁之与草木而为一体也；草木犹有生意者也，见瓦石之毁坏，而必有顾惜之心焉，是其仁之与瓦石而为一体也。是其一体之仁也，虽小人之心，亦必有之。是本根于天命之性，而自然灵昭不昧者也。"又曰："故明明德，必在于亲民，而亲民乃所以明其明德也。是故亲吾之父，以及人之父，以及天下人之父，而后吾之仁实与吾之父、人之父与天下人之父而为一体矣。实与之为一体，而后孝之明德始明矣。亲吾兄，以及人之兄，以及天下人之兄，而后吾之仁，实与吾之兄、人之兄与天下人之兄而为一体矣。实与之为一体，而后弟之明德始明矣。君臣也，夫妇也，朋友

《阳明先生则言》书影

也,以至于山川鬼神草木鸟兽也,莫不实有以亲之,以达吾一体之仁,然后吾之明德始无不明,而真能以天地万物为一体矣。"

结论 阳明以至敏之天才,至富之阅历,至深之研究,由博返约,直指本原,排斥一切拘牵文义区划阶级之习,发挥陆氏心理一致之义,而辅以知行合一之说。孔子所谓"我欲仁斯仁至",孟子所谓"人皆可以为尧舜焉"者,得阳明之说而其理益明。虽其依违古书之文字,针对末学之弊习,所揭言说,不必尽合于论理,然彼所注意者,本不在是。苟寻其本义,则其所以矫朱学末流之弊,促思想之自由,而励实践之勇气者,其功固昭然不可掩也。

甲辑　中国伦理学史

第三期结论

自宋及明，名儒辈出，以学说觑理之，朱、陆两派之舞台而已。濂溪、横渠，开二程之先，由明道历上蔡而递演之，于是有象山学派；由伊川历龟山而递演之，于是有晦庵学派。象山之学，得阳明而益光大；晦庵之学，则薪传虽不绝，而未有能扩张其范围者也。朱学近于经验论，而其所谓经验者，不在事实，而在古书，故其末流，不免依傍圣贤而流于独断。陆学近乎师心，而以其不胶成见，又常持物我同体、知行合一之义，乃转有以通情而达理，故常足以救朱学末流之弊也。惟陆学以思想自由之故，不免轶出本教之范围。如阳明之后，有**王龙溪**一派，遂昌言禅悦，递传而至李卓吾，则遂公言不以孔子之是非为是非，而卒遭焚书杀身之祸。自是陆、王之学，益为反对派所诟病，以其与吾族尊古之习惯不相投也。朱学逊言谨行，确守宗教之范围，而于其范围中，尤注重于为下不悖之义，故常有以自全。然自本朝有讲学之禁，而学者社会，亦颇倦于搬运文学之性理学，于是遁而为考据。其实仍朱学尊经笃古之流派，惟益缩其范围，而专研诂训名物。又推崇汉儒，以傲宋明诸儒之空疏，益无新思想之发展，而与伦理学无关矣。阳明以后，惟戴东原，咨嗟于宋学流弊生心害政，而发挥孟子之说以纠之，不愧为一思想家。其他若黄梨洲，若俞理初，则于实践伦理一方面，亦有取薶蕴已久之古义而发明之者，故叙其概于下。

王龙溪（1498~1583），指王畿，明代理学家，王阳明弟子。字汝中，号龙溪。有《王龙溪先生全集》传世。

南宋马远《踏歌图》

附　录

戴东原学说

戴震像

论理学，逻辑学的旧称。

甲辑　中国伦理学史

戴东原　名震，休宁人。卒于乾隆四十二年，年五十五。其所著书关于伦理学者，有《原善》及《孟子字义疏证》。

其学说　东原之特识，在窥破宋学流弊，而又能以**论理学**之方式证明之。其言曰："六经孔孟之言，以及传记群籍，理字不多见。今虽至愚之人，悖戾恣睢，其处断一事，责诘一人，莫不辄曰理者。自宋以来，始相习成俗，则以理为如有物焉。得于天而具于心，因以心之意见当之也。于是负其气，挟其势位，加以口给者，理伸；力弱气慑，口不能道辞者，理屈。"又曰："自宋儒立理欲之辨，谓不出于理，则出于欲，不出于欲，则出于理。于是虽视人之饥寒号呼男女哀怨以至垂死冀生，无非人欲。空指一绝情欲之感，为天理之本然，存之于心，及其应事，幸而偶中，非曲体事情求如此以安之也。不幸而事情未明，执其意见，方自信天理非人欲，而小之一人受其祸，大之天下国家受其祸。"又曰："今之治人者，视古圣贤体民之情，遂民之欲，多出于鄙细隐曲，不措诸意，不足为怪，而及其责以理也，不难举旷世之高节，著于义而罪之。尊者以理责卑，长者以理责幼，贵者以理责贱，虽失谓之顺。卑者、幼者、贱者以理争之，虽得谓之逆。于是下之人，不能以天下之同情天下所同欲达之于上，上以理责其下，而在下之罪，人人不胜指数。人死于法，犹有怜之者；死于理，其谁怜之！"又曰："理欲之辨立，举凡饥寒愁怨饮食男女常情隐曲之感，则名之曰人欲。故终身见欲之难制，且自信不出于欲，则思无愧怍，意见所非，则谓其人自绝于理。"又曰："既截然分理欲为二，治己以不出于欲为理，治人亦必以不出于欲为理。举凡民之饥寒愁怨饮食男女常情隐曲之感，咸视为人欲之甚轻者矣。轻其所轻，乃吾重天理也，公义也。言虽美而用之治人则祸其人。至于下以欺伪应乎上，则曰人之不善，此理欲之辨，适以穷天下之人，尽转移为欺伪之人，为祸何可胜言也哉！"其言可谓深切而著明矣。

《戴东原先生经考》书影

至其建设一方面，则以孟子为本，而博引孟子以前之古书佐证之。其大旨，谓天道者，阴阳五行也。人之生也，分于阴阳五行以为性，是以有血气心知。有血气，是以有欲，有心知，是以有情有知。给于欲者，声色臭味也，而因有爱畏。发乎情者，喜怒哀乐也，而因有惨舒。辨于知者，美丑是非也，而因有好恶。是东原以欲、情、知三者为性之原质也。然则善恶何自而起？东原之意，在天以生生为道，在人亦然。仁者，生生之德也。是故在欲则专欲为恶，同欲为善。在情则过不及为恶，中节为善。而其条理则得之于知。故曰："人之生也，莫病于无以遂其生，欲遂其生，亦遂人之生，仁也。欲遂其生，至于戕贼人之生而不顾者，不仁也。不仁实始于欲遂其生之心，使其无此欲，必无不仁矣。然使其无此欲，则于天下之人生道始促，亦将漠然视之，己不必遂其生，其遂人之生，无是情也。"又曰："在己与人，皆谓之情，无过情无不及情之谓理。理者，情之不爽失也，未有情不得而理得者。凡有所施于人，反躬而静思之，人以此施于我，能受之乎？凡有所责于人，反躬而静思之，人以此责于我，能尽之乎？以我絜之人，则理明。"又曰："生养之道，存乎欲者也。感通

戴东原学说

之道，存乎情者也。二者自然之符，天下之事举矣。尽善恶之极致，存乎巧者也，宰御之权，由斯而出。尽是非之极致，存乎智者也，贤圣之德，由斯而备。二者亦自然之符，精之以底于必然，天下之能举矣。"又曰："有是身，故有声色臭味之欲。有是身，而君臣父子夫妇昆弟朋友之伦具，故有喜怒哀乐之情。惟有欲有情而又有知，然后欲得遂也，情得达也。天下之事，使欲之得遂，情之得达，斯已矣。惟人之知，小之能尽美丑之极致，大之能尽是非之极致，然后遂己之欲者，广之能遂人之欲；达己之情者，广之能达人之情。道德之盛，使人之欲无不遂，人之情无不达，斯已矣。"

凡东原学说之优点有三：（一）心理之分析。自昔儒者，多言性情之关系，而情欲之别，殆不甚措意，于知亦然。东原始以欲、情、知三者为性之原质，与西洋心理学家分心之能力为意志、感情、知识三部者同。其于知之中又分巧、智两种，则亦美学、哲学不同之理也。（二）情欲之制限。王荆公、程明道，皆以善恶为即情之中节与否，而于中节之标准何在，未之言。至于欲，则自来言绝欲者，固近于厌世之义，而非有生命者所能实行。即言寡欲者，亦不能质言其多寡之标准。至东原而始以人之欲为己之欲之界，以人之情为己之情之界，与西洋功利派之伦理学所谓人各自由而以他人之自由为界者同。（三）至善之状态。庄子之心斋，佛氏之涅槃，皆以超绝现世为至善之境。至儒家言，则以此世界为范围。先儒虽

戴震墓
位于安徽休宁。

佗言胞与民物、万物一体之义，而竟无以名言其状况，东原则由前义而引申之。则所谓至善者，即在使人人得遂其欲，得达其情，其义即孔子所谓仁恕，不但其理颠扑不破，而其致力之处，亦可谓至易而至简者矣。

　　凡此皆非汉宋诸儒所见及，而其立说之有条贯，有首尾，则尤其得力于名数之学者也。（乾嘉间之汉学，实以言语学兼论理学，不过范围较隘耳。）惟群经之言，虽大义不离乎儒家，而其名词之内容，不必一一与孔孟所用者无稍出入。东原囿于当时汉学之习，又以与社会崇拜之宋儒为敌，势不得有所依傍。故其全书，既依托于孟子，而又取群经之言一一比附，务使与孟子无稍异同，其间遂亦不免有牵强附会之失，而其时又不得物质科学之助力，故于血气与心知之关系，人物之所以异度，人性之所以分于阴阳五行，皆不能言之成理，此则其缺点也。东原以后，**阮文达**作《性命古训》、《论语仁论》，**焦理堂**作《论语通释》，皆东原一派，然未能出东原之范围也。

阮文达（1764~1849），即阮元，清代文学家、金石学家。字伯元，号芸台，仪征（今属江苏）人。著有《畴人传》、《性命古训》、《积古斋钟鼎彝器款识》等。

焦理堂（1763~1820），即焦循，清代学者。理堂，甘泉（今江苏江都）人。著有《易章句》、《易图略》、《论语通释》等。

戴东原学说

黄梨洲学说

黄梨洲 名宗羲，余姚人，明之遗民也。卒于康熙三十四年，年八十六。著书甚多。兹所论叙，为其《明夷待访录》中之《原君》、《原臣》二篇。

其学说 周以上，言君民之关系者，周公建洛邑曰："有德易以兴，无德易以亡。"孟子曰："民为贵，社稷次之，君为轻。"言君臣之关系者，**晏平仲曰**："**君为社稷死亡则死亡之，若为己死而为己亡，非其所昵，谁敢任之**。"孟子曰："贵戚之卿，谏而不听，则易位；易姓之卿，谏而不听，则去之。"其义皆与西洋政体不甚相远。自荀卿、韩非，有极端尊君权之说，而为秦汉所采用，古义渐失。至韩愈作《原道》，遂曰："君者，出令者也。臣者，行君之令而致之于民者也。民者，出粟米丝麻、做器皿、通货财以事其上者也。"其推文王之意以作《羑里操》，曰："臣罪当诛兮，天王圣明。"皆与古义不合。自唐以后，亦无有据古义以正之者；正之者自梨洲始。

其《原君》也，曰："有生之初，人各自私也，人各自利也，天下有公利而莫或兴之，有公害而莫或除之；有人君者出，不以一己之利为利，而使天下受其利，不以一己之害为害，而使天下释其害。后之为人君者不然，以为天下利害之权，皆出于我，我以天下之利尽归于己，以天下之害尽归于人，亦无不可，使天下之人，不敢自私，不敢自利。以我之大私为天下之公，始而惭

晏平仲（？~前500），即晏婴，齐国贤相。字仲，谥平。

"**君为社稷……任之**"，原文作"君为社稷死则死之，为社稷亡则亡之。若为己死而为己亡，非其私昵，谁敢任之？"

黄宗羲像

焉，久而安焉，视天下为莫大之产业，传之子孙，受享无穷。此无他，古者以天下为主，君为客，凡君之所毕世而经营者，为天下也。今也以君为主，天下为客，凡天下之无地而得安宁者，为君也。"

其《原臣》也，曰："臣道如何而后可？曰：缘夫天下之大，非一人之所能治，而分治以群工，故我之出而仕也，为天下，非为君也，为万民，非为一姓也。世之为臣者，昧于此义，以为臣为君而设者也，君分吾以天下而后治之，君授吾以人民而后牧之，轻天下人民为人君囊中之私物。今以四方之劳扰，民生之憔悴，足以危吾君也，不得不讲治之救之之术。苟无系于社稷之存亡，则四方之劳扰，民生之憔悴，虽有诚臣，亦且以为纤介之疾也。"又曰："盖天下之治乱，不在一姓之存亡，而在万民之忧乐。是故桀纣之亡，乃所以为治也；秦政蒙古之兴，乃所以为乱也；晋宋齐梁之兴亡，无与于治乱者也。为臣者，轻视斯民之水火，即能辅君而兴，从君而亡，其于臣道固未尝不背也。"在今日国家学学说既由泰西输入，君臣之原理，如梨洲所论者，固已为人之所共晓。然在当日，则不得不推为特识矣。

《明夷待访录》书影

黄宗羲《南雷杂著稿》手迹

黄梨洲学说

俞理初学说

俞理初 名正燮，黟县人。卒于道光二十年，年六十。所著有《癸巳类稿》及《存稿》。

其学说 夫野蛮人与文明人之大别何在乎？曰：人格之观念之轻重而已。野蛮人之人格观念轻，故其对于他人也，以畏强凌弱为习惯；文明人之人格观念重，则其对于他人也，以抗强扶弱为习惯。抗强所以保己之人格，而扶弱则所以保他人之人格也。

人类中妇女弱于男子，而其有人格则同。各种民族，诚皆不免有以妇女为劫掠品、卖买品之一阶级。然在泰西，其宗教中有万人同等之义，故一夫一妻之制早定。而中古骑士，勇于公战而谨事妇女，已实行抗强扶弱之美德。故至今日，而尊重妇女人格，实为男子之义务矣。我国夫妇之伦，本已脱掠卖时代，而近于一夫一妇之制，惟尚有妾媵之设。而所谓贞操焉者，乃专为妇女之义务，而无与于男子。至所谓妇女之道德，卑顺也，不妒忌也，无一非消极者。自宋以后，凡事舍情而言理。如伊川者，且目寡妇之再醮为失节，而谓饿死事小、失节事大，于是妇女益陷于穷而无告之地位矣。

理初独潜心于此问题。其对于裹足之陋习，有《书旧唐书舆服志后》，历考古昔妇人履舄之式，及裹足之风所自起，而断之曰："古有丁男丁女，裹足则失丁女，阴弱则两仪不完。""又出古舞屣贱服，女贱则男贱。"其《节妇说》曰："《礼·郊特牲》云：一与之齐，终身不改，故夫死不嫁。《后汉书·曹世叔传》云：夫有再娶之义，妇无二适之文。故曰：夫者天也。按妇无二适之文，固也，男亦无再娶之仪。圣人所以不定此仪者，如礼不下庶人，刑不上大夫，非谓庶人不行礼，大夫不怀刑也。自礼意不明，苛求妇人，遂为偏义。古礼夫妇合体同尊卑，乃或卑其妻。古言终身不改，身则男女同也。七事出妻，乃七改矣；妻改再娶，乃八改矣。男子理义无涯涘，而深文以罔妇人，是无耻之论也。"又曰："再嫁者不当非之，不再嫁者敬礼之斯可矣。"其《妒非女人恶德论》曰："妒在士君子为义德，谓女人妒为恶德者，非通论也。夫妇之道，言致一也。夫买妾而妻不妒，则是恝也，恝则家道坏矣。《易》曰：三人行则损一人，一人行则得其友，言致一也，是夫妇之道也。"又作《贞女说》，斥世俗迫女守贞之非。曰："呜呼！男儿以忠义自责则可耳，妇女贞烈，岂是男子荣耀也？"又尝考乐户及女乐之沿革，而以本朝之书去其籍为廓清天地，为舒愤懑。又历考娼妓之历史，而谓此皆无告之民，凡苛待之者谓之虐无告。凡此种种问题，皆前人所不经意。至理初，始以其至公至平之见，博考而慎断之。虽其所论，尚未能为根本之解决，而亦未能组成学理之系统，然要不得不节取其意见，而认为至有价值之学说矣。

余论 要而论之，我国伦理学说，以先秦为极盛，与西洋学说之滥觞于希腊无异。顾西洋学说，则与时俱进，虽希腊古义，尚为不桃之宗，而要之后出者之繁博而精核，则迥非古人所及矣。而我国学说，则自汉以后，虽亦思想家辈出，而自清谈家之浅薄利己论外，虽亦多出入佛老，而其大旨不能出儒家之范围。且于儒家言中，孔孟已发之大义，亦不能无所湮没。即前所叙述者观之，以晦庵之勤学，象山、阳明之敏悟，东原之精思，而所得乃止于此，是何故哉？（一）无自然科学以为之基础。

《癸巳类稿》书影

俞理初学说

先秦惟子墨子颇治科学，而汉以后则绝迹。（二）无论理学以为思想言论之规则。先秦有名家，即荀、墨二子亦兼治名学，汉以后此学绝矣。（三）政治宗教学问之结合。（四）无异国之学说以相比较。佛教虽闳深，而其厌世出家之法，与我国实践伦理太相远，故不能有大影响。此其所以自汉以来，历二千年，而学说之进步仅仅也。然如梨洲、东原、理初诸家，则已渐脱有宋以来理学之羁绊，是殆为自由思想之先声。迩者名数质力之学，习者渐多，思想自由，言论自由，业为朝野所公认。而西洋学说，亦以渐输入。然则吾国之伦理学界，其将由是而发展其新思想也，盖无疑也。

乙辑 中学修身教科书

獨慎

例　言

一、本书为中学校修身科之用。

二、本书分上、下二篇：上篇注重实践；下篇注重理论。修身以实践为要，故上篇较详。

三、教授修身之法，不可徒令生徒依书诵习，亦不可但由教员依书讲解，应就实际上之种种方面，以阐发其旨趣：或采历史故实，或就近来时事，旁征曲引，以启发学生之心意。本书卷帙所以较少者，正留为教员博引旁征之余地也。

四、本书悉本我国古圣贤道德之原理，旁及东西伦理学大家之说，斟酌取舍，以求适合于今日之社会。立说务期可行，行文务期明亮。区区苦心，尚期鉴之。

上　篇

第一章　修己

第一节　总论

　　人之生也，不能无所为，而为其所当为者，是谓道德。道德者，非可以猝然而袭取也，必也有理想，有方法。修身一科，即所以示其方法者也。

　　夫事必有序，道德之条目，其为吾人所当为者同，而所以行之之方法，则不能无先后。其所谓先务者，修己之道是已。

　　吾国圣人，以孝为百行之本，小之一人之私德，大之国民之公义，无不由是而推演之者，故曰惟孝友于兄弟，施于有政，由是而行之于社会，则宜尽力于职分之所在，而于他人之生命若财产若名誉，皆护惜之，不可有所侵毁。行有余力，则又当博爱及众，而勉进公益，由是而行之于国家，则于法律之所定，命令之所布，皆当恪守而勿违。而有事之时，又当致身于国，公尔忘私，以尽国民之义务。是皆道德之教所范围，为吾人所不可不勉者也。

　　夫道德之方面，虽各各不同，而行之则在己。知之而不行，犹不知也；知其当行矣，而未有所以行此之素养，犹不能行也。怀邪心者，无以行正义；贪私利者，无以图公益。未有自欺而能忠于人，自侮而能敬于人者。故道德之教，虽统各方面以为言，而其本则在乎修己。

　　修己之道不一，而以康强其身为第一义。身不康强，虽有美意，无自而达也。康矣强矣，而不能启其知识，练其技能，则奚择于牛马；故又不可以不求知能。知识富矣，技能精矣，而不率之以德性，则适以长恶而遂

舜耕于历山

相传舜曾躬耕历山，有象助耕，鸟助耘。

非，故又不可以不养德性。是故修己之道，体育、知育、德育三者，不可以偏废也。

第二节 体育

凡道德以修己为本，而修己之道，又以体育为本。

忠孝，人伦之大道也，非康健之身，无以行之。人之事父母也，服劳奉养，惟力是视，羸弱而不能供职，虽有孝思奚益？况其以疾病贻父母忧乎？其于国也亦然。国民之义务，莫大于兵役，非强有力者，应征而不及格，临阵而不能战，其何能忠？且非特忠孝也。一切道德，殆皆非羸弱之人所能实行者。苟欲实践道德，宣力国家，以尽人生之天职，其必自体育始矣。

且体育与智育之关系，尤为密切。西哲有言：康强之精神，必寓于康强之身体。不我欺也。苟非狂易，未有学焉而不能知，习焉而不能熟者。其能否成立，视体魄如何耳。也尝有抱非常之才，且亦富于春秋，徒以体魄孱弱，力不逮志，奄然与凡庸伍者，甚至或盛年废学，或中道夭逝，尤可悲焉。

夫人之一身，本不容以自私，盖人未有能遗世而独立者。无父母则无我身，子女之天职，与生俱来。其他兄弟夫妇朋友之间，亦各以其相对之地位，而各有应尽之本务。而吾身之康强与否，即关于本务之尽否。故人之一身，对于家族若社会若国家，皆有善自摄卫之责。使傲然曰：我身之不康强，我自受之，于人无与焉。斯则大谬不然者也。

人之幼也，卫生之道，宜受命于父兄。及十三四岁，则当躬自注意矣。请述其概：一曰节其饮食；二曰洁其体肤及衣服；三曰时其运动；四曰时其寝息；五曰快其精神。

少壮之人，所以损其身体者，率由于饮食之无节。虽当身体长育之时，饮食之量，本不能以老人为例，然过量之忌则一也。使于饱食以后，尚歆于旨味而恣食之，则其损于身体，所不待言。且既知饮食过量之为害，而一时为食欲所迫，不及自制，且致养成不能节欲之习惯，其害尤大，不可以不慎也。

少年每喜于闲暇之时，杂食果饵，以致减损其定时之餐饭，是亦一弊习。医家谓成人之胃病，率基于是。是乌可以不戒欤？

酒与烟，皆害多而利少。饮酒渐醉，则精神为之惑乱，而不能自节。能慎之于始而不饮，则无虑矣。吸烟多始于游戏，及其习惯，则成癖而不能废。故少年尤当戒之。烟含毒性，卷烟一枚，其所含毒分，足以毙雀二十尾。其毒性之剧如此，吸者之受害可知矣。

凡人之习惯，恒得以他习惯代之。饮食之过量，亦一习惯耳。以节制食欲之法矫之，而渐成习惯，则旧习不难尽去也。

清洁为卫生之第一义，而自清洁其体肤始。世未有体肤既洁，而甘服垢污之衣者。体肤衣服洁矣，则房室庭园，自不能任其芜秽，由是集清洁之家而为村落为市邑，则不徒足以保人身之康强，而一切传

华佗五禽戏图
明人绘。

染病，亦以免焉。

且身体衣服之清洁，不徒益以卫生而已，又足以优美其仪容，而养成善良之习惯，其裨益于精神者，亦复不浅。盖身体之不洁，如蒙秽然，以是接人，亦不敬之一端。而好洁之人，动作率有秩序，用意亦复缜密，习与性成，则有以助勤勉精明之美德。借形体以范精神，亦缮性之良法也。

运动亦卫生之要义也。所以助肠胃之消化，促血液之循环，而爽朗其精神者也。凡终日静坐偃卧而怠于运动者，身心辄为之不快，驯致食欲渐减，血色渐衰，而元气亦因以消耗。是故终日劳心之人，尤不可以不运动。运动之时间，虽若靡费，而转为勤勉者所不可吝，此亦犹劳作者之不能无休息也。

凡人精神抑郁之时，触物感事，无一当意，大为学业进步之阻力。此虽半由于性癖，而身体机关之不调和，亦足以致之。时而游散山野，呼吸新空气，则身心忽为之一快，而精进之力顿增。当春夏假期，游历国中名胜之区，此最有益于精神者也。

是故运动者，所以助身体机关之作用，而为勉力学业之预备，非所以恣意而纵情也。故运动如饮食然，亦不可以无节。而学校青年，于蹴鞠竞

崂山胜景
游历山水名胜，最有益于精神。图为山东青岛崂山。

《宋太祖蹴鞠图》
清人绘。

渡之属，投其所好，则不惜注全力以赴之，因而毁伤身体，或酿成疾病者，盖亦有之，此则失运动之本意矣。

凡劳动者，皆不可以无休息。睡眠，休息之大者也，宜无失时，而少壮尤甚。世或有勤学太过，夜以继日者，是不可不戒也。睡眠不足，则身体为之衰弱，而驯致疾病，即幸免于是，而其事亦无足取。何则？睡眠不足者，精力既疲，即使终日研求，其所得或尚不及起居有时者之半，徒自苦耳。惟睡眠过度，则亦足以酿惰弱之习，是亦不可不知者。

精神者，人身之主动力也。精神不快，则眠食不适，而血气为之枯竭，形容为之憔悴，驯以成疾，是亦卫生之大忌也。夫顺逆无常，哀乐迭生，诚人生之常事，然吾人务当开豁其胸襟，清明其神志，即有不如意事，亦当随机顺应，而不使留滞于意识之中，则足以涵养精神，而使之无害于康强矣。

康强身体之道，大略如是。夫吾人之所以斤斤于是者，岂欲私吾身哉？诚以吾身者，因对于家族若社会若国家，而有当尽之义务者也。乃昧者，或以情欲之感，睚眦之忿，自杀其身，罪莫大焉。彼或以一切罪恶，得因自杀而消灭，是亦以私情没公义者。惟志士仁人，杀身成仁，则诚人生之本务，平日所以爱惜吾身者，正为此耳。彼或以衣食不给，且自问无益于世，乃以一死自谢，此则情有可悯，而其薄志弱行，亦可鄙也。人生至此，要当百折不挠，排艰阻而为之，精神一到，何事不成？见险而止者，非夫也。

上篇第一章　修己

慎独

第三节 习惯

习惯者,第二之天性也。其感化性格之力,犹朋友之于人也。人心随时而动,应物而移,执毫而思书,操缦而欲弹,凡人皆然,而在血气未定之时为尤甚。其于平日亲炙之事物,不知不觉,浸润其精神,而与之为至密之关系,所谓习与性成者也。故习惯之不可不慎,与朋友同。

颜渊像

江河成于涓流,习惯成于细故。昔北美洲有一罪人,临刑慨然曰:吾所以罹兹罪者,由少时每日不能决然蚤起故耳。夫蚤起与否,小事也,而此之不决,养成因循苟且之习,则一切去恶从善之事,其不决也犹是,是其所以陷于刑戮也。是故事不在小,苟其反复数四,养成习惯,则其影响至大,其于善否之间,乌可以不慎乎?第使平日注意于善否之界,而养成其去彼就此之习惯,则将不待勉强,而自进于道德。道德之本,固不在高远而在卑近也。自洒扫应对进退,以及其他一事一物一动一静之间,无非道德之所在。彼夫道德之标目,曰正义,曰勇往,曰勤勉,曰忍耐,要皆不外乎习惯耳。

礼仪者,交际之要,而大有造就习惯之力。夫心能正体,体亦能制心。是以平日端容貌,正颜色,顺辞气,则妄念无自而萌,而言行之忠信笃敬,有不期然而然者。孔子对颜渊之问仁,而告以非礼勿视,非礼勿听,非礼勿言,非礼勿动。由礼而正心,诚圣人之微旨也。彼昧者,动以礼仪为虚饰,袒裼披猖,号为率真,而不知威仪之不摄,心亦随之而化,渐摩既久,则放僻邪侈,不可收拾,不亦谬乎。

乙辑 中学修身教科书

第四节　勤勉

勤勉者，良习惯之一也。凡人所勉之事，不能一致，要在各因其地位境遇，而尽力于其职分，是亦为涵养德性者所不可缺也。凡勤勉职业，则习于顺应之道，与节制之义，而精细寻耐诸德，亦相因而来。盖人性之受害，莫甚于怠惰。怠惰者，众恶之母。古人称小人闲居为不善，盖以此也。不惟小人也，虽在善人，苟其饱食终日，无所事事，则必由佚乐而流于游惰。于是鄙猥之情，邪僻之念，乘间窃发，驯致滋蔓而难图矣。此学者所当戒也。

人之一生，凡德行才能功业名誉财产，及其他一切幸福，未有不勤勉而可坐致者。人生之价值，视其事业而不在年寿。尝有年登期颐，而悉在醉生梦死之中，人皆忘其为寿。亦有中年丧逝，而树立卓然，人转忘其为夭者。是即勤勉与不勤勉之别也。夫桃梨李栗，不去其皮，不得食其实。不勤勉者，虽小利亦无自而得。自昔成大业、享盛名，孰非有过人之勤力者乎？世非无以积瘁丧其身者，然较之汨没于佚乐者，仅十之一二耳。勤勉之效，盖可睹矣。

司马光像

第五节　自制

自制者，节制情欲之谓也。情欲本非恶名，且高尚之志操，伟大之事业，亦多有发源于此者。然情欲如骏马然，有善走之力，而不能自择其所向，使不加控御，而任其奔逸，则不免陷于沟壑，撞于岩墙，甚或以是而丧其生焉。情欲亦然，苟不以明清之理性，与坚定之意志节制之，其害有

上篇第一章　修己

獨慎

慎 独
图为浙江绍兴戢山书院墙上的警语，意在提醒弟子自制。

不可胜言者。不特一人而已。苟举国民而为情欲之奴隶，则夫政体之改良，学艺之进步，皆不可得而期，而国家之前途，不可问矣。此自制之所以为要也。

自制之目有三：节体欲，一也；制欲望，二也；抑热情，三也。

饥渴之欲，使人知以时饮食，而荣养其身体。其于保全生命，振作气力，所关甚大。然耽于厚味而不知餍饫，则不特妨害身体，且将汩没其性灵，昏惰其志气，以酿成放佚奢侈之习。况如沉湎于酒，荒淫于色，贻害尤大，皆不可不以自制之力预禁之。

欲望者，尚名誉，求财产，赴快乐之类是也。人无欲望，即生涯甚觉无谓。故欲望之不能无，与体欲同，而其过度之害亦如之。

豹死留皮，人死留名，尚名誉者，人之美德也。然急于闻达，而不顾其他，则流弊所至，非骄则谄。骄者，务扬己而抑人，则必强不知以为知，訑訑然拒人于千里之外，徒使智日昏，学日退，而虚名终不可以久假。即使学识果已绝人，充其骄矜之气，或且凌父兄而傲长上，悖亦甚矣。谄者，务屈身以徇俗，则且为无非无刺之行，以雷同于污世，虽足窃一时之名，而不免为识者所窃笑，是皆不能自制之咎也。

小之一身独立之幸福，大之国家富强之基础，无不有借于财产。财产之增殖，诚人生所不可忽也。然世人徒知增殖财产，而不知所以用之之道，则虽藏镪百万，徒为守钱虏耳。而矫之者，又或靡费金钱，以纵耳目之欲，是皆非中庸之道也。盖财产之所以可贵，为其有利己利人之用耳。使徒事蓄积，而不知所以用之，则无益于己，亦无裨于人，与赤贫者何异？且积而不用者，其于亲戚之穷乏，故旧之饥寒，皆将坐视而不救，不特爱

乙辑　中学修身教科书

怜之情浸薄，而且廉耻之心无存。当与而不与，必且不当取而取，私买窃贼之赃，重取债家之息，凡丧心害理之事，皆将行之无忌，而驯致不齿于人类。此鄙吝之弊，诚不可不戒也。顾知鄙吝之当戒矣，而矫枉过正，义取而悖与，寡得而多费，则且有丧产破家之祸。既不能自保其独立之品位，而于忠孝慈善之德，虽欲不放弃而不能，成效无存，百行俱废，此奢侈之弊，亦不必逊于鄙吝也。二者实皆欲望过度之所致，折二者之中，而中庸之道出焉，谓之节俭。

节俭者，自奉有节之谓也，人之处世也，既有贵贱上下之别，则所以持其品位而全其本务者，固各有其度，不可以执一而律之，要在适如其地位境遇之所宜，而不逾其度耳。饮食不必多，足以果腹而已；舆服不必善，足以备礼而已。绍述祖业，勤勉不怠，以其所得，撙节而用之，则家有余财，而可以恤他人之不幸，为善如此，不亦乐乎？且节俭者必寡欲，寡欲则不为物役，然后可以养德性，而完人道矣。

墨子像

家人皆节俭，则一家齐；国人皆节俭，则一国安。盖人人以节俭之故，而赀产丰裕，则各安其堵，敬其业，爱国之念，油然而生。否则奢侈之风弥漫，人人滥费无节，将救贫之不暇，而遑恤国家。且国家以人民为分子，亦安有人民皆穷，而国家不疲苶者。自古国家，以人民之节俭兴，而以其奢侈败者，何可胜数！如罗马之类是已。爱快乐，忌苦痛，人之情也；人之行事，半为其所驱迫，起居动作，衣服饮食，盖鲜不由此者。凡人情可以徐练，而不可以骤禁。昔之宗教家，常有悖快乐而就刻苦者，适足以戕贼心情，而非必有裨于道德。人苟善享快乐，适得其宜，亦乌可厚非者？其活泼精神，鼓舞志气，乃足为勤勉之助。惟荡者流而不返，遂至放弃百事，斯则不可不戒耳！

快乐之适度，言之非艰，而行之维艰，惟时时注意，勿使太甚，则庶几无大过矣。古人有言：欢乐极兮哀情多。世间不快之事，莫甚于欲望之过度者。当此之时，不特无活泼精神、振作志气之力，而且足以招疲劳，增疏懒，甚且悖德非礼之行，由此而起焉。世之堕品行而冒刑辟者，每由于快乐之太过，可不慎欤！

上篇第一章 修己

獨慎

人，感情之动物也，遇一事物，而有至剧之感动，则情为之移，不遑顾虑，至忍掷对己对人一切之本务，而务达其目的，是谓热情。热情既现，苟非息心静气，以求其是非利害之所在，而有以节制之，则纵心以往，恒不免陷身于罪戾，此亦非热情之罪，而不善用者之责也。利用热情，而统制之以道理，则犹利用蒸气，而承受以精巧之机关，其势力之强大，莫能御之。

热情之种类多矣，而以愤怒为最烈。盛怒而欲泄，则死且不避，与病狂无异。是以愤怒者之行事，其贻害身家而悔恨不及者，常十之八九焉。

愤怒亦非恶德，受侮辱于人，而不敢与之校，是怯弱之行，而正义之士所耻也。当怒而怒，亦君子所有事。然而逞愤一朝，不顾亲戚，不恤故旧，辜恩谊，悖理性，以酿暴乱之举，而贻终身之祸者，世多有之。宜及少时养成忍耐之力，即或怒不可忍，亦必先平心而察之，如是则自无失当之愤怒，而诟詈斗殴之举，庶乎免矣。

忍耐者，交际之要道也。人心之不同如其面，苟于不合吾意者而辄怒之，则必致父子不亲，夫妇反目，兄弟相阋，而朋友亦有凶终隙末之失，非自取其咎乎？故对人之道，可以情恕者恕之，可以理遣者遣之。孔子曰：躬自厚而薄责于人。即所以养成忍耐之美德者也。

愤怒之次曰傲慢，曰嫉妒，亦不可不戒也。傲慢者，挟己之长，而务以凌人；嫉妒者，见己之短，而转以尤人，此皆非实事求是之道也。夫盛德高才，诚于中则形于外。虽其人抑然不自满，而接其威仪者，畏之象之，自不容已。若乃不循其本，而摹拟剽窃以自炫，则可以欺一时，而不能持久，其凌蔑他人，适以自暴其鄙劣耳。至若他人之才识闻望，有过于我，我爱之重之，察我所不如者而企及之可也。不此之务，而重以嫉妒，于我何益？其愚可笑，其心尤可鄙也。

情欲之不可不制，大略如是。顾制之之道，当如何乎？情欲之盛也，往往非理义之力所能支，非利害之说所能破，而惟有以情制情

吕 雉
又称吕后，是历史上有名的妒妇之一。

之一策焉。

以情制情之道奈何？当愤怒之时，则品弄丝竹以和之；当抑郁之时，则登临山水以解之，于是心旷神怡，爽然若失，回忆愤怒抑郁之态，且自觉其无谓焉。

情欲之炽也，如燎原之火，不可向迩，而移时则自衰，此其常态也。故自制之道，在养成忍耐之习惯。当情欲炽盛之时，忍耐力之强弱，常为人生祸福之所系，所争在顷刻间耳。昔有某氏者，性卞急，方盛怒时，恒将有非礼之言动，几不能自持，则口占数名，自一至百，以抑制之，其用意至善，可以为法也。

第六节　勇敢

勇敢者，所以使人耐艰难者也。人生学业，无一可以轻易得之者。当艰难之境而不屈不沮，必达而后已，则勇敢之效也。

所谓勇敢者，非体力之谓也。如以体力，则牛马且胜于人。人之勇敢，必其含智德之原质者，恒于其完本务彰真理之时见之。曾子曰：自反而缩，虽千万人，吾往矣。是则勇敢之本义也。

求之历史，自昔社会人文之进步，得力于勇敢者为多，盖其事或为豪强所把持，或为流俗所习惯，非排万难而力支之，则不能有为。故当其冲者，非不屈权势之道德家，则必不徇嬖幸之爱国家，非不阿世论之思想家，则必不溺私欲之事业家。其人率皆发强刚毅，不悁不悚。其所见为善为真者，虽遇何等艰难，决不为之气沮。不观希腊哲人苏格拉底乎？彼所持哲理，举世非之而不顾，被异端左道之名而不惜，至仰毒以死而不改其操，至今伟之。又不观意大利硕学**百里诺**及**加里沙**乎？百氏痛斥当代伪学，遂被焚死。其就戮也，从容顾法吏曰：公等今论余以死，余知公等之恐怖，盖有甚于余者。加

百里诺，今通译布鲁诺。
加里沙，今通译伽利略。

苏格拉底头像

氏始倡地动说，当时教会怒其戾教旨，下之狱，而加氏不为之屈。是皆学者所传为美谈者也。若而人者，非特学识过人，其殉于所信而百折不回。诚有足多者，虽其身穷死于缧绁之中，而声名洋溢，传之百世而不衰，岂与夫屈节回志，忽理义而徇流俗者，同日而语哉？

人之生也，有顺境，即不能无逆境。逆境之中，跋前疐后，进退维谷，非以勇敢之气持之，无由转祸而为福，变险而为夷也。且勇敢亦非待逆境而始著，当平和无事之时，亦能表见而有余。如壹于职业，安于本分，不诱惑于外界之非违，皆是也。

人之染恶德而招祸害者，恒由于不果断。知其当为也，而不敢为；知其不可不为也，而亦不敢为，诱于名利而丧其是非之心，皆不能果断之咎也。至乃虚炫才学，矫饰德行，以欺世而凌人，则又由其无安于本分之勇，而入此歧途耳。

勇敢之最著者为独立。独立者，自尽其职而不倚赖于人是也。人之立于地也，恃己之足，其立于世也亦然。以己之心思虑之，以己之意志行之，以己之资力营养之，必如是而后为独立，亦必如是而后得谓之人也。夫独立，非离群索居之谓。人之生也，集而为家族，为社会，为国家，乌能不互相扶持，互相挹注，以共图团体之幸福。而要其交互关系之中，自一人之方面言之，各尽其对于团体之责任，不失其为独立也。独立亦非矫情立异之谓。不问其事之曲直利害，而一切拂人之性以为快，是顽冥耳。与夫不问曲直利害，而一切徇人意以为之者奚择焉。惟不存成见，而以其良知为衡，理义所在，虽刍荛之言，犹虚己而纳之，否则虽王公之命令，贤哲之绪论，亦拒之而不惮，是之谓真独立。

独立之要有三：一曰自存；二曰自信；三曰自决。

生计者，万事之基本也。人苟非独立而生存，则其他皆无足道。自力不足，庇他人而糊口者，其卑屈固无足言；至若窥人鼻息，而以其一颦一笑为忧喜，信人之所信而不敢疑，好人之所好而不敢忤，是亦一赘物耳，

司马迁像

乙辑　中学修身教科书

布鲁诺被教会烧
死在火刑柱上

是皆不能自存故也。

　　人于一事，既见其理之所以然而信之，虽则事变万状，苟其所以然之理如故，则吾之所信亦如故，是谓自信。在昔旷世大儒，所以发明真理者，固由其学识宏远，要亦其自信之笃，不为权力所移，不为俗论所动，故历久而其理大明耳。

　　凡人当判决事理之时，而俯仰随人，不敢自主，此亦无独立心之现象也。夫智见所不及，非不可咨询于师友，惟临事迟疑，随人作计，则鄙劣之尤焉。亦不知重人，此其所以损品位而伤德义者大矣。苟合全国之人而悉无独立心，乃冀其国家之独立而巩固，得乎？

　　勇敢而协于义，谓之义勇。暴虎冯河，盗贼犹且能之，此血气之勇，何足选也。无适无莫，义之与比，毁誉不足以淆之，死生不足以胁之，则义勇之谓也。

　　义勇之中，以贡于国家者为最大。人之处斯国也，其生命，其财产，其名誉，能不为人所侵毁。而仰事俯畜，各适其适者，无一非国家之赐，且亦非仅吾一人之关系，实承之于祖先，而又将传之于子孙，以至无穷者也。故国家之急难，视一人之急难，不啻倍蓰而已。于是时也，吾即舍吾之生命财产，及其一切以殉之，苟利国家，非所惜也，是国民之义务也。使其人学识虽高，名位虽崇，而国家有事之时，首鼠两端，不敢有为，则大节既亏，万事瓦裂，腾笑当时，遗羞后世，深可惧也。是以平日必持炼

上篇第一章　修己

獨慎

意志，养成见义勇为之习惯，则能尽国民之责任，而无负于国家矣。

然使义与非义，非其知识所能别，则虽有尚义之志，而所行辄与之相畔，是则学问不足，而知识未进也。故人不可以不修学。

第七节　修学

身体壮佼，仪容伟岸，可能为贤乎？未也；居室崇闳，被服锦绣，可以为美乎？未也。人而无知识，则不能有为，虽矜饰其表，而鄙陋龌龊之状，宁可掩乎？

知识与道德，有至密之关系。道德之名尚矣，要其归，则不外避恶而行善。苟无知识以辨善恶，则何以知恶之不当为，而善之当行乎？知善之当行而行之，知恶之不当为而不为，是之谓真道德。世之不忠不孝、无礼无义、纵情而亡身者，其人非必皆恶逆悖戾也，多由于知识不足，而不能辨别善恶故耳。

寻常道德，有寻常知识之人，即能行之。其高尚者，非知识高尚之人，不能行也。是以自昔立身行道，为百世师者，必在旷世超俗之人，如孔子是已。

汉代讲学图

知识者，人事之基本也。人事之种类至繁，而无一不有赖于知识。近世人文大开，风气日新，无论何等事业，其有待于知识也益殷。是以人无贵贱，未有可以不就学者。且知识所以高尚吾人之品格也，知识深远，则言行自然温雅而动人歆慕。盖是非之理，既已了然，则其发于言行者，自无所凝滞，所谓诚于中形于外也。彼知识不足者，目能睹日月，而不能见理义之光；有物质界之感触，而无精神界之欣合，有近忧而无远虑。胸襟之隘如是，其言行又乌能免于卑陋欤？

知识之启发也，必由修学。修学者，务博而精者也。自人文进化，而国家之贫富强弱，与其国民学问之深浅为比例。彼欧美诸国，所以日辟百里、虎视一世者，实由其国中硕学专家，以理学工学之知识，开殖产兴业之端，锲而不已，成此实效。是故文明国所恃以竞争者，非武力而智力也。方今海外各国，交际频繁，智力之竞争，日益激烈。为国民者，乌可不勇猛精进，旁求知识，以造就为国家有用之才乎？

修学之道有二：曰耐久；曰爱时。

锦绣所以饰身也，学术所以饰心也。锦绣之美，有时而敝；学术之益，终身享之，后世诵之，其可贵也如此。凡物愈贵，则得之愈难，曾学术之贵，而可以浅涉得之乎？是故修学者，不可以不耐久。

凡少年修学者，其始鲜或不勤，未几而惰气乘之，有不暇自省其功候之如何，而咨嗟于学业之难成者。岂知古今硕学，大抵抱非常之才，而又能精进不已，始克抵于大成，况在寻常之人，能不劳而获乎？而不能耐久者，乃欲以穷年莫殚之功，责效于旬日，见其未效，则中道而废，如弃敝屣然。如是，则虽薄技微能，为庸众所可跂者，亦且百涉而无一就，况于专门学艺，其理义之精深，范围之博大，非专心致志，不厌不倦，必不能窥其涯涘，而乃卤莽灭裂，欲一蹴而几之，不亦妄乎？

庄生有言：吾生也有涯，而知也无涯。夫以有涯之生，修无涯之学，固常苦不及矣。自非惜分寸光阴，不使稍縻于无益，鲜有能达其志者。故学者尤不可以不爱时。

少壮之时，于修学为宜，以其心气尚虚，成见不存也。及是时而勉之，所积之智，或其终身应用而有余。否则以有用之时间，养成放僻之习惯，虽中年悔悟，痛自策励，其所得盖亦仅矣。朱子有言曰：勿谓今日不学而有来日；勿谓今年不学而有来年，日月逝矣，岁不延吾，呜呼老矣，是谁之愆？其言深切著明，凡少年不可不三复也。

时之不可不爱如此，是故人不特自爱其时，尤当为人爱时。尝有诣友终日，游谈不经，荒其职业，是谓盗时之贼，学者所宜戒也。

修学者，固在入塾就师，而尤以读书为有效。盖良师不易得，借令得之，而亲炙之时，自有际限，要不如书籍之惠我无穷也。

> 庄生，即庄子。此处引语出自《庄子·养生主》。

山间苦读图

　　清人方亨咸绘。

乙辑　中学修身教科书

　　人文渐开，则书籍渐富，历代学者之著述，汗牛充栋，固非一人之财力所能尽致，而亦非一人之日力所能遍读，故不可不择其有益于我者而读之。读无益之书，与不读等，修学者宜致意焉。

　　凡修普通学者，宜以平日课程为本，而读书以助之。苟课程所受，研究未完，而漫焉多读杂书，虽则有所得，亦泛滥而无归宿。且课程以外之事，亦有先后之序，此则修专门学者，尤当注意。苟不自量其知识之程度，取高远之书而读之，以不知为知，沿讹袭谬，有损而无益，即有一知半解，沾沾自喜，而亦终身无会通之望矣。夫书无高卑，苟了彻其义，则虽至卑近者，亦自有无穷之兴味。否则徒震于高尚之名，而以不求甚解者读之，何益？行远自迩，登高自卑，读书之道，亦犹是也。未见之书，询于师友而抉择之，则自无不合程度之虑矣。

　　修学者得良师，得佳书，不患无进步矣。而又有资于朋友，休沐之日，同志相会，凡师训所未及者，书义之可疑者，各以所见，讨论而阐发之，其互相为益者甚大。有志于学者，其务择友哉。

　　学问之成立在信，而学问之进步则在疑。非善疑者，不能得真信也。读古人之书，闻师友之言，必内按诸心，求其所以然之故。或不能得，则辗转推求，必逮心知其意，毫无疑义而后已，是之谓真知识。若乃人云亦云，而无独得之见解，则虽博闻多识，犹书簏耳，无所谓知识也。至若预存成见，凡他人之说，不求其所以然，而一切与之反对，则又怀疑之过，殆不知学问为何物者。盖疑义者，学问之作用，非学问之目的也。

第八节 修德

人之所以异于禽兽者，以其有德性耳。当为而为之之谓德，为诸德之源，而使吾人以行德为乐者之谓德性。体力也，知能也，皆实行道德者之所资。然使不率之以德性，则犹有精兵而不以良将将之，于是刚强之体力，适以资横暴；卓越之知能，或以助奸恶，岂不惜欤？

德性之基本，一言以蔽之曰：循良知。一举一动，循良知所指，而不挟一毫私意于其间，则庶乎无大过，而可以为有德之人矣。今略举德性之概要如下：

德性之中，最普及于行为者，曰信义。信义者，实事求是，而不以利害生死之关系枉其道也。社会百事，无不由信义而成立。苟蔑弃信义之人，遍于国中，则一国之名教风纪，扫地尽矣。孔子曰：言忠信，行笃敬，虽蛮貊之邦行矣。言信义之可尚也。人苟以信义接人，毫无自私自利之见，而推赤心于腹中，虽暴戾之徒，不敢忤焉。否则不顾理义，务挟诈术以遇人，则虽温厚笃实者，亦往往报我以无礼。西方之谚曰：正直者，上乘之机略。此之谓也。世尝有

烽火戏诸侯
周幽王为博取王后褒姒的欢心，烽火戏诸侯，因失信而亡天下。

牢笼人心之伪君子，率不过取售一时，及一旦败露，则人亦不与之齿矣。

　　入信义之门，在不妄语而无爽约。少年癖嗜新奇，往往悖事理真相，而构造虚伪之言，冀以耸人耳目。行之既久，则虽非戏谑谈笑之时，而不知不觉，动参妄语，其言遂不能取信于他人。盖其言真伪相半，是否之间，甚难判别，诚不如不信之为愈也。故妄语不可以不戒。

　　凡失信于发言之时者为妄语，而失信于发言以后为爽约。二者皆丧失信用之道也。有约而不践，则与之约者，必致靡费时间，贻误事机，而大受其累。故其事苟至再至三，则人将相戒不敢与共事矣。如是，则虽置身人世，而枯寂无聊，直与独栖沙漠无异，非自苦之尤乎？顾世亦有本无爽约之心，而迫于意外之事，使之不得不如是者。如与友人有游散之约，而猝遇父兄罹疾，此其轻重缓急之间，不言可喻，苟舍父兄之急，而局局于小信，则反为悖德，诚不能弃此而就彼。然后起之事，苟非促促无须臾暇者，亦当通信于所约之友，而告以其故，斯则虽不践言，未为罪也。又有既经要约，旋悟其事之非理，而不便遂行者，亦以解约为是。此其爽约之罪，乃原因于始事之不慎。故立约之初，必确见其事理之不谬，而自审材力之所能及，而后决定焉。《中庸》曰："言顾行，行顾言。"此之谓也。

　　言为心声，而人之处世，要不能称心而谈，无所顾忌，苟不问何地何时，与夫相对者之为何人，而辄以己意喋喋言之，则不免取厌于人。且或炫己之长，揭人之短，则于己既为失德，于人亦适以招怨。至乃讦人阴私，称人旧恶，使听者无地自容，则言出而祸随者，比比见之。人亦何苦逞一时之快，而自取其咎乎？

　　交际之道，莫要于恭俭。恭俭者，不放肆，不僭滥之谓也。人间积不相能之故，恒起于一时之恶感，应对酬酢之间，往往有以傲慢之容色，轻薄之辞气而激成凶隙者。在施者未必有意以此侮人，而要其平日不恭不俭之习惯，有以致之。欲矫其弊，必循恭俭，事尊长，交朋友，所不待言。而于始相见者，尤当注意。即其人过失昭著而不受尽言，亦不宜以意气相临，第和色以谕之，婉言以导之，赤心以感动之，如是而不从者鲜矣。不然，则倨傲偃蹇，君子以为不可与言，而小人以为鄙己，蓄怨积愤，鲜不借端而开衅者，是不可以不慎也。

　　不观事父母者乎，婉容愉色以奉朝夕，虽食不重肉，衣不重帛，父母乐之；或其色不愉，容不婉，虽锦衣玉食，未足以悦父母也。交际之道亦然，苟容貌辞令，不失恭俭之旨，则其他虽简，而人不以为忤，否则即铺张扬厉，亦无效耳。

名位愈高，则不恭不俭之态易萌，而及其开罪于人也，得祸亦尤烈。故恭俭者，即所以长保其声名富贵之道也。

恭俭与卑屈异。卑屈之可鄙，与恭俭之可尚，适相反焉。盖独立自主之心，为人生所须臾不可离者。屈志枉道以迎合人，附和雷同，阉然媚世，是皆卑屈，非恭俭也。谦逊者，恭俭之一端，而要其人格之所系，则未有可以受屈于人者。宜让而让，宜守而守，则恭俭者所有事也。

礼仪，所以表恭俭也。而恭俭则不仅在声色笑貌之间，诚意积于中，而德辉发于外，不可以伪为也。且礼仪与国俗及时世为推移，其意虽同，而其迹或大异，是亦不可不知也。

恭俭之要，在能容人。人心不同，苟以异己而辄排之，则非合群之道矣。且人非圣人，谁能无过？过而不改，乃成罪恶。逆耳之言，尤当平心而察之，是亦恭俭之效也。

诸葛亮

孔子对颜回的评价是"不迁怒，不贰过"，而诸葛亮也是"不贰过"的典型，失街亭之后再无所失。

第九节 交友

人情喜群居而恶离索，故内则有家室，而外则有朋友。朋友者，所以为人损痛苦而益欢乐者也。虽至快之事，苟不得同志者共赏之，则其趣有限；当抑郁无聊之际，得一良友慰其寂寞，而同其忧戚，则胸襟豁然，前后殆若两人。至于远游羁旅之时，兄弟戚族，不遑我顾，则所需于朋友者尤切焉。

朋友者，能救吾之过失者也。凡人不能无偏见，而意气用事，则往往不遑自返，斯时得直谅之友，忠告而善导之，则有憬然自悟其非者，其受益孰大焉。

朋友又能成人之善而济其患。人之营业，鲜有能以独力成之者，方今

伯牙鼓琴图

元人王振鹏绘，取材于春秋时俞伯牙与钟子期互相引为知己的故事。

交通利便，学艺日新，通功易事之道愈密，欲兴一业，尤不能不合众志以成之。则所需于朋友之助力者，自因之而益广。至于猝遇疾病，或值变故，所以慰藉而保护之者，自亲戚家人而外，非朋友其谁望耶？

朋友之有益于我也如是。西哲以朋友为在外之我，洵至言哉。人而无友，则虽身在社会之中，而胸中之岑寂无聊，曾何异于独居沙漠耶？

古人有言，不知其人，观其所与。朋友之关系如此，则择交不可以不慎也。凡朋友相识之始，或以乡贯职业，互有关系；或以德行才器，素相钦慕，本不必同出一途。而所以订交者，要不为一时得失之见，而以久要不渝为本旨。若乃任性滥交，不顾其后，无端而为胶漆，无端而为冰炭，则是以交谊为儿戏耳。若而人者，终其身不能得朋友之益矣。

既订交矣，则不可以不守信义。信义者，朋友之第一本务也。苟无信义，则猜忌之见，无端而生，凶终隙末之事，率起于是。惟信义之交，则无自而离间之也。

朋友有过，宜以诚意从容而言之，即不见从，或且以非理加我，则亦姑恕宥之，而徐俟其悔悟。世有历数友人过失，不少假借，或因而愤争者，是非所以全友谊也。而听言之时，则虽受切直之言，或非人所能堪，而亦当温容倾听，审思其理之所在，盖不问其言之得当与否，而其情要可感也。若乃自讳其过而忌直言，则又何异于讳疾而忌医耶？

夫朋友有成美之益，既如前述，则相为友者，不可以不实行其义。有如农工实业，非集巨资合群策不能成立者，宜各尽其能力之所及，协而图之。及其行也，互持契约，各守权限，无相诈也，无相诿也，则彼此各享其利矣。非特实业也，学问亦然。方今文化大开，各科学术，无不理论精

最后的晚餐

反映出卖朋友的宗教故事画。达·芬奇绘。

微,范围博大,有非一人之精力所能周者。且分科至繁,而其间乃互有至密之关系。若专修一科,而不及其他,则孤陋而无藉,合各科而兼习焉,则又泛滥而无所归宿,是以能集同志之友,分门治之,互相讨论,各以其所长相补助,则学业始可抵于大成矣。

虽然,此皆共安乐之事也,可与共安乐,而不可与共患难,非朋友也。朋友之道,在扶困济危,虽自掷其财产名誉而不顾。否则如柳子厚所言,平日相征逐、相慕悦,誓不相背负;及一旦临小利害若毛发、辄去之若浼者。人生又何贵有朋友耶?

朋友如有悖逆之征,则宜尽力谏阻,不可以交谊而曲徇之。又如职司所在,公尔忘私,亦不得以朋友之请谒若关系,而有所假借。申友谊而屈公权,是国家之罪人也。朋友之交,私德也;国家之务,公德也。二者不能并存,则不能不屈私德以从公德。此则国民所当服膺者也。

第十节 从师

凡人之所以为人者,在德与才。而成德达才,必有其道。经验,一也;读书,二也;从师受业,三也。经验为一切知识及德行之渊源,而为之者,不可不先有辨别事理之能力。书籍记远方及古昔之事迹,及各家学说,大有裨于学行,而非粗谙各科大旨,及能甄别普通事理之是非者,亦

上篇第一章 修己

獨慎

《师说》石刻

此碑立于福州濂江书院。

师说

韩愈

古之学者必有师。师者，所以传道受业解惑也。人非生而知之者，孰能无惑？惑而不从师，其为惑也，终不解矣。生乎吾前，其闻道也，固先乎吾，吾从而师之；生乎吾后，其闻道也，亦先乎吾，吾从而师之。吾师道也，夫庸知其年之先后生于吾乎？是故无贵无贱，无长无少，道之所存，师之所存也。圣人无常师。孔子师郯子、苌弘、师襄、老聃。孔子曰："三人行，则必有我师。"是故弟子不必不如师，师不必贤于弟子，闻道有先后，术业有专攻，如是而已。

读之而茫然。是以从师受业，实为先务。师也者，授吾以经验及读书之方法，而养成其自由抉择之能力者也。

人之幼也，保育于父母。及稍长，则苦于家庭教育之不完备，乃入学亲师。故师也者，代父母而任教育者也。弟子之于师，敬之爱之，而从顺之，感其恩勿谖，宜也。自师言之，天下至难之事，无过于教育。何则？童子未有甄别是非之能力，一言一动，无不赖其师之诱导，而养成其习惯，使其情绪思想，无不出于纯正者，师之责也。他日其人之智德如何，能造福于社会及国家否，为师者不能不任其责。是以其职至劳，其虑至周，学者而念此也，能不感其恩而图所以报答之者乎？

弟子之事师也，以信从为先务。师之所授，无一不本于造就弟子之念，是以见弟子之信从而勤勉也，则喜，非自喜也，喜弟子之可以造就耳。盖其教授之时，在师固不能自益其知识也。弟子念教育之事，非为师而为我，则自然笃信其师，而尤不敢不自勉矣。

弟子知识稍进，则不宜事事待命于师，而常务自修，自修则学问始有兴趣，而不至畏难，较之专恃听授者，进境尤速。惟疑之处，不可武断，就师而质焉可也。

弟子之于师，其受益也如此，苟无师，则虽经验百年，读书万卷，或未必果有成效。从师者，事半而功倍者也。师之功，必不可忘，而人乃以为区区脩脯已足偿之，若购物于市然。然则人子受父母之恩，亦以服劳奉养为足偿之耶？为弟子者，虽毕业以后，而敬爱其师，无异于受业之日，则庶乎其可矣。

乙辑 中学修身教科书

第二章 家族

第一节 总论

凡修德者，不可以不实行本务。本务者，人与人相接之道也。是故子弟之本务曰孝弟、夫妇之本务曰和睦。为社会之一人，则以信义为本务；为国家之一民，则以爱国为本务。能恪守种种之本务，而无或畔焉，是为全德。修己之道，不能舍人与人相接之道而求之也。道德之效，在本诸社会国家之兴隆，以增进各人之幸福。故吾之幸福，非吾一人所得而专，必与积人而成之家族，若社会，若国家，相待而成立，则吾人于所以处家族社会及国家之本务，安得不视为先务乎？

有人于此，其家族不和，其社会之秩序甚乱，其国家之权力甚衰，若而人者，独可以得幸福乎？内无天伦之乐，外无自由之权，凡人生至要之事，若生命，若财产，若名誉，皆岌岌不能自保，若而人者，尚可以为幸福乎？于是而言幸福，非狂则奸，必非吾人所愿为也。然则吾人欲先立家族社会国家之幸福，以成吾人之幸福，其道如何？无他，在人人各尽其所以处家族社会及国家之本务而已。是故接人之道，必非有妨于吾人之幸福，而适所以成之，则吾人修己之道，又安得外接人之本务而求之耶？

接人之本务有三别：一，所以处于家族者；二，所以处于社会者；三，所以处于国家者。是因其范围之大小而别之。家族者，父子兄弟夫妇之伦，同处于一家之中者也。社会者，不必有宗族之系，而惟以休戚相关之人集成之者也。国家者，有一定之土地及其人民，而以独立之主权统治之者也。吾人处于其间，在家则为父子，为兄弟，为夫妇，在社会则为公

族　谱

记录家族组织活动的档案材料。图为湄水匡氏族谱书影。

民，在国家则为国民，此数者，各有应尽之本务，并行而不悖，苟失其一，则其他亦受其影响，而不免有遗憾焉。

虽然，其事实虽同时并举，而言之则不能无先后之别。请先言处家族之本务，而后及社会、国家。

家族者，社会、国家之基本也。无家族，则无社会，无国家。故家族者，道德之门径也。于家族之道德，苟有缺陷，则于社会、国家之道德，亦必无纯全之望，所谓求忠臣，必于孝子之门者此也。彼夫野蛮时代之社会，殆无所谓家族，即曰有之，亦复父子无亲，长幼无序，夫妇无别。以如是家族，而欲其成立纯全之社会及国家，必不可得。蔑伦悖理，盖近于禽兽矣。吾人则不然，必先有一纯全之家族，父慈子孝，兄友弟悌，夫义妇和，一家之幸福，无或不足。由是而施之于社会，则为仁义，由是而施之于国家，则为忠爱。故家族之顺戾，即社会之祸福，国家之盛衰，所由生焉。

家族者，国之小者也。家之所在，如国土然，其主人如国之有元首，其子女什从，犹国民焉，其家族之系统，则犹国之历史也。若夫不爱其家，不尽其职，则又安望其能爱国而尽国民之本务耶？

凡人生之幸福，必生于勤勉，而吾人之所以鼓舞其勤勉者，率在对于吾人所眷爱之家族，而有增进其幸福之希望。彼夫非常之人，际非常之时，固有不顾身家以自献于公义者，要不可以责之于人人。吾人苟能亲密其家族之关系，而养成相友相助之观念，则即所以间接而增社会、国家之幸福者矣。

凡家族所由成立者，有三伦焉，一曰亲子；二曰夫妇；三曰兄弟姊妹。三者各有其本务，请循序而言之。

第二节 子女

凡人之所贵重者，莫身若焉。而无父母，则无身。然则人子于父母，当何如耶？

父母之爱其子也，根于天性，其感情之深厚，无足以尚之者。子之初娠也，其母为之不敢顿足，不敢高语，选其饮食，节其举动，无时无地，不以有妨于胎儿之康健为虑。及其生也，非受无限之劬劳以保护之，不能全其生。而父母曾不以是为烦，饥则忧其食之不饱，饱则又虑其太过；寒则恐其凉，暑则惧其暍，不惟此也，虽婴儿之一啼一笑，亦无不留意焉，而同其哀乐。及其稍长，能匍匐也，则望其能立；能立也，则又望其能行。及其六七岁而进学校也，则望其日有进境。时而罹疾，则呼医求药，日夕不遑，而不顾其身之因而衰弱。其子远游，或日暮而不归，则倚门而望之，惟祝其身之无恙。及其子之毕业于普通教育，而能营独立之事业也，则尤关切于其成败，其业之隆，父母与喜；其业之衰，父母与忧焉，盖终其身无不为子而劬劳者。呜呼！父母之恩，世岂有足以比例之者哉！

世人于一饭之恩，且图报焉，父母之恩如此，将何以报之乎？

事父母之道，一言以蔽之，则曰孝。亲之爱子，虽禽兽犹或能之，而子之孝亲，则独见之于人类。故孝者，即人之所以为人者也。盖历久而后能长成者，惟人为最。其他动物，往往生不及一年，而能独立自营，其沐恩也不久，

圣母子
拉斐尔绘。

故子之于亲，其本务亦随之而轻。人类则否，其受亲之养护也最久，所以劳其亲之身心者亦最大。然则对于其亲之本务，亦因而重大焉，是自然之理也。

且夫孝者，所以致一家之幸福者也。一家犹一国焉，家有父母，如国有元首，元首统治一国，而人民不能从顺，则其国必因而衰弱；父母统治一家，而子女不尽孝养，则一家必因而乖戾。一家之中，亲子兄弟，日相阋而不已，则由如是之家族，而集合以为社会，为国家，又安望其协和而致治乎？

古人有言，孝者百行之本。孝道不尽，则其余殆不足观。盖人道莫大于孝，亦莫先于孝。以之事长则顺，以之交友则信。苟于凡事皆推孝亲之心以行之，则道德即由是而完。《论语》曰："其为人也孝弟，而好犯上者鲜矣。""君子务本，本立而道生，孝弟也者，其为仁之本与。"此之谓也。

然则吾人将何以行孝乎？孝道多端，而其要有四：曰顺，曰爱，曰敬，曰报德。

顺者，谨遵父母之训诲及命令也。然非不得已而从之也，必有诚恳欢欣之意以将之。盖人子之信其父母也至笃，则于其所训也，曰：是必适于德义；于其所戒也，曰：是必出于慈爱。以为吾遵父母之命，其必可以增进吾身之幸福无疑也。曾何所谓勉强者。彼夫父母之于子也，即遇其子之

子路负米养亲图

不顺，亦不能恝然置之，尚当多为指导之术，以尽父母之道，然则人子安可不以顺为本务者。世有悲其亲不慈者，率由于事亲之不得其道，其咎盖多在于子焉。

子之幼也，于顺命之道，无可有异辞者，盖其经验既寡，知识不充，决不能循己意以行事。当是时也，于父母之训诲若命令，当悉去成见，而婉容愉色以听之，毋或有抗言，毋或形不满之色。及渐长，则自具辨识事理之能力，然于父母之言，亦必虚心而听之。其父母阅历既久，经验较多，不必问其学识之如何，而其言之切于实际，自有非青年所能及者。苟非有利害之关系，则虽父母之言，不足以易吾意，而吾亦不可以抗争。其或关系利害而不能不争也，则亦当和气怡色而善为之辞，徐达其所以不敢苟同于父母之意见，则始能无忤于父母矣。

人子年渐长，智德渐备，处世之道，经验渐多，则父母之干涉之也渐宽，是亦父母见其子之成长而能任事，则渐容其自由之意志也。然顺之迹，不能无变通。而顺之意，则为人子所须臾不可离者。凡事必时质父母之意见，而求所以达之。自恃其才，悍然违父母之志而不顾者，必非孝子也。至于其子远离父母之侧，而临事无遑请命，抑或居官吏兵士之职，而不能以私情参预公义，斯则事势之不得已者也。

人子顺亲之道如此，然亦有不可不变通者。今使亲有乱命，则人子不惟不当妄从，且当图所以谏阻之，知其不可为，以父母之命而勉从之者，非特自罹于罪，且因而陷亲于不义，不孝之大者也。若乃父母不幸而有失德之举，不密图补救，而辄暴露之，则亦非人子之道。孔子曰："**父为子隐，子为父隐。**"是其义也。

爱与敬，孝之经纬也。亲子之情，发于天性，非外界舆论，及法律之所强。是故亲之为其子，子之为其亲，去私克己，劳而无怨，超乎利害得失之表，此其情之所以为最贵也。本是情而发见者，曰爱曰敬，非爱则驯至于乖离，非敬则渐流于狎爱。爱而不敬，禽兽犹或能之，敬而不爱，亲疏之别何在？二者失其一，不可以为孝也。

能顺能爱能敬，孝亲之道毕乎？曰：未也。孝子之所最尽心者，图所以报父母之德是也。

受人之恩，不敢忘焉，而必图所以报之，是人类之美德也。而吾人一生最大之恩，实在父母。生之育之饮食之教诲之，不特吾人之生命及身

"父为子隐，子为父隐"，语出《论语·子路》。

黄道周手书
《孝经》

乙辑　中学修身教科书

体，受之于父母，即吾人所以得生存于世界之术业，其基本亦无不为父母所畀者，吾人乌能不日日铭感其恩，而图所以报答之乎？人苟不容心于此，则虽谓其等于禽兽可也。

人之老也，余生无几，虽路人见之，犹起恻隐之心，况为子者，日见其父母老耄衰弱，而能无动于衷乎？昔也，父母之所以爱抚我者何其挚；今也，我之所以慰藉我父母者，又乌得而苟且乎？且父母者，随其子之成长而日即于衰老者也。子女增一日之成长，则父母增一日之衰老，及其子女有独立之业，而有孝养父母之能力，则父母之余年，固已无几矣。犹不及时而尽其孝养之诚，忽忽数年，父母已弃我而长逝，我能无抱终天之恨哉？

吾人所以报父母之德者有二道，一曰养其体；二曰养其志。

养体者，所以图父母之安乐也。尽我力所能及，为父母调其饮食，娱其耳目，安其寝处，其他寻常日用之所需，无或缺焉而后可。夫人子既及成年，而尚缺口体之奉于其父母，固已不免于不孝，若乃丰衣足食，自恣其奉，而不顾父母之养，则不孝之尤矣。

父母既老，则肢体不能如意，行止坐卧，势不能不待助于他人，人子苟可以自任者，务不假手于婢仆而自任之，盖同此扶持抑搔之事，而出于其子，则父母之心尤为快足也。父母有疾，苟非必不得已，则必亲侍汤药。回思幼稚之年，父母之所以鞠育我者，劬劳如何，即尽吾力以为孝养，亦安能报其深恩之十一欤？为人子者，不可以不知此也。

人子既能养父母之体矣，尤不可不养其志。父母之志，在安其心而无贻以忧。人子虽备极口体之养，苟其品性行为，常足以伤父母之心，则父母又何自而安乐乎？口体之养，虽不肖之子，苟有财力，尚能供之。至欲安父母之心而无贻以忧，则所谓一发言一举足而不敢忘父母，非孝子不能也。养体，末也；养志，本也；为人子者，其务养志哉。

养志之道，一曰卫生。父母之爱子也，常祝其子之康强。苟其子孱弱而多疾，则父母重忧之。故卫生者，非独自修之要，而亦孝亲之一端也。若乃冒无谓之险，逞一朝之忿，以危其身，亦非孝子之所为。有人于此，虽赠我以至薄之物，我亦必郑重而用之，不辜负其美意也。我身者，父母之遗体，父母一生之劬劳，施于吾身者为多，然则保全之而摄卫之，宁非人子之本务乎？孔子曰："**身体发肤，受之父母，不敢毁伤，孝之始也。**"此之谓也。

虽然，徒保其身而已，尚未足以养父母之志。父母者，既欲其子之康强，又乐其子之荣誉者也。苟其子庸劣无状，不能尽其对于国家、社会之本务，甚或陷于非僻，以贻羞于其父母，则父母方愧愤之不遑，又何以得其欢心耶？孔子曰："事亲者，居上不骄，为下不乱，在丑不争。居上而骄则亡；为下而乱则刑；在丑而争则兵。不去此三者，虽日用三牲之养，犹不孝也。"正谓此也。是故孝者，不限于家族之中，非于其外有立身行道之实，则不可以言孝。谋国不忠，莅官不敬，交友不信，皆不孝之一。至若国家有事，不顾其身而赴之，则虽杀其身而父母荣之。国之良民，即

"身体发肤，受之父母，不敢毁伤，孝之始也"，语出《孝经》。

兄弟争孝图

上篇第二章　家族

獨慎

家之孝子。父母固以其子之荣誉为荣誉，而不愿其苟生以取辱者也。此养志之所以重于养体也。

翼赞父母之行为，而共其忧乐，此亦养志者之所有事也。故不问其事物之为何，苟父母之所爱敬，则己亦爱敬之；父母之所嗜好，则己亦嗜好之。

凡此皆亲在之时之孝行也。而孝之为道，虽亲没以后，亦与有事焉。父母没，葬之以礼，祭之以礼；父母之遗言，没身不忘，且善继其志，善述其事，以无负父母。更进而内则尽力于家族之昌荣；外则尽力于社会、国家之业务，使当世称为名士伟人，以显扬其父母之名于不朽，必如是而孝道始完焉。

第三节 父母

子于父母，固有当尽之本务矣，而父母之对于其子也，则亦有其道在。人子虽未可以此责善于父母。而凡为人子者，大抵皆有为父母之时，不知其道，则亦有贻害于家族、社会、国家而不自觉其非者。精于言孝，而忽于言父母之道，此亦一偏之见也。

父母之道虽多端，而一言以蔽之曰慈。子孝而父母慈，则亲子交尽其道矣。

教子图人物瓶
清代瓷器。

慈者，非溺爱之谓，谓图其子终身之幸福也。子之所嗜，不问其邪正是非而辄应之，使其逞一时之快，而或贻百年之患，则不慈莫大于是。故父母之于子，必考察夫得失利害之所在，不能任自然之爱情而径行之。

养子教子，父母第一本务也。世岂有贵于人之生命者，生子而不能育之，或使陷于困乏中，是父母之失其职也。善养其子，以至其成立而能营独立之生计，则父母育子之职尽矣。

父母既有养子之责，则其子身体之康强与否，亦父母之责也。卫生之理，非稚子所能知。其始生也，蠢然一小动物耳，起居无力，言语不辨，且不知求助于人，使非有时时保护之者，殆无可以生存之理。而保护之责，不在他人，而在生是子之父母，固不待烦言也。

既能养子，则又不可以不教之。人之生也，智德未具，其所具者，可以吸受智德之能力耳。故幼稚之年，无所谓善，无所谓智，如草木之萌蘗然，可以循人意而矫揉之，必经教育而始成有定之品性。当其子之幼稚，而任教训指导之责者，舍父母而谁？此家庭教育之所以为要也。

家庭者，人生最初之学校也。一生之品性，所谓百变不离其宗者，大抵胚胎于家庭之中。习惯固能成性，朋友亦能染人，然较之家庭，则其感化之力远不及者。社会、国家之事业，繁矣，而成此事业之人物，孰非起于家庭中呱呱之小儿乎？虽伟人杰士，震惊一世之意见及行为，其托始于家庭中幼年所受之思想者，盖必不鲜。是以有为之士，非出于善良之家庭者，世不多有。善良之家庭，其社会、国家所以隆盛之本欤？

幼儿受于家庭之教训，虽薄物细故，往往终其生而不忘。故幼儿之于长者，如枝干之于根本然。一日之气候，多定于崇朝，一生之事业，多决于婴孩。甚矣，家庭教育之不可忽也。

家庭教育之道，先在善良其家庭。盖幼儿初离襁褓，渐有知觉，如去暗室而见白日然。官体之所感触，事事物物，无不新奇而可喜，其时经验既乏，未能以自由之意志，择其行为也。则一切取外物而摹仿之，自然之势也。当是时也，使其家庭中事事物物，凡萦绕幼儿之旁者，不免有腐败之迹，则此儿清洁之心地，遂纳以终身不磨之瑕玷。不然，其家庭之中，悉为敬爱正直诸德之所充，则幼儿之心地，又何自而被玷乎？有家庭教育之责者，不可不先正其模范也。

为父母者，虽各有其特别之职分，而尚有普通之职

孟母三迁图

清·汪圻绘。

分，行止坐卧，无可以须臾离者，家庭教育是也。或择其业务，或定其居所，及其他言语饮食衣服器用，凡日用行常之间，无不考之于家庭教育之利害而择之。昔孟母教子，三迁而后定居，此百世之师范也。父母又当乘时机而为训诲之事，子有疑问，则必以真理答之，不可以荒诞无稽之言塞其责；其子既有辨别善恶是非之知识，则父母当监视而以时劝惩之，以坚其好善恶恶之性质。无失之过严，亦无过宽，约束与放任，适得其中而已。凡母多偏于慈，而父多偏于严。子之所以受教者偏，则其性质亦随之而偏。故欲养成中正之品性者，必使受宽严得中之教育也。其子渐长，则父母当相其子之材器，为之慎择职业，而时有以指导之。年少气锐者，每不遑熟虑以后之利害，而定目前之趋向，故于子女独立之始，知能方发，阅历未深，实为危险之期，为父母者，不可不慎监其所行之得失，而以时劝诫之。

第四节 夫妇

国之本在家，家之本在夫妇。夫妇和，小之为一家之幸福，大之致一国之富强。古人所谓人伦之始，风化之原者，此也。

夫妇者，本非骨肉之亲，而配合以后，苦乐与共，休戚相关，遂为终

举案齐眉图轴
颐和园长廊绘画故事。

身不可离之伴侣。而人生幸福，实在于夫妇好合之间。然则夫爱其妇，妇顺其夫，而互维其亲密之情义者，分也。夫妇之道苦，则一家之道德失其本，所谓孝弟忠信者，亦无复可望，而一国之道德，亦由是而颓废矣。

爱者，夫妇之第一义也。各舍其私利，而互致其情，互成其美，此则夫妇之所以为夫妇，而亦人生最贵之感情也。有此感情，则虽在困苦颠沛之中，而以同情者之互相慰藉，乃别生一种之快乐。否则感情既薄，厌忌嫉妒之念，乘隙而生，其名夫妇，而其实乃如路人，虽日处华膴之中，曾何有人生幸福之真趣耶？

夫妇之道，其关系如是其重也，则当夫妇配合之始，婚姻之礼，乌可以不慎乎！是为男女一生祸福之所系，一与之齐，终身不改焉。其或不得已而离婚，则为人生之大不幸，而彼此精神界，遂留一终身不灭之创痍。人生可伤之事，孰大于是。

婚姻之始，必本诸纯粹之爱情。以财产容色为准者，决无以持永久之幸福。盖财产之聚散无常，而容色则与年俱衰。以是为准，其爱情可知矣。纯粹之爱情，非境遇所能移也。

何谓纯粹之爱情，曰生于品性。男子之择妇也，必取其婉淑而贞正者；女子之择夫也，必取其明达而笃实者。如是则必能相亲相爱，而构成良善之家庭矣。

既成家族，则夫妇不可以不分业。男女之性质，本有差别：男子体力较强，而心性亦较为刚毅；女子则体力较弱，而心性亦毗于温柔。故为夫者，当尽力以护其妻，无妨其卫生，无使过悴于执业，而其妻日用之所需，不可以不供给之。男子无养其妻之资力，则不宜结婚。既婚而困其妻

上篇第二章　家族

獨慎

于饥寒之中，则失为夫者之本务矣。女子之知识才能，大抵逊于男子，又以专司家务，而社会间之阅历，亦较男子为浅。故妻子之于夫，苟非受不道之驱使，不可以不顺从。而贞固不渝，忧乐与共，则皆为妻者之本务也。夫唱妇随，为人伦自然之道德。夫为一家之主，而妻其辅佐也，主辅相得，而家政始理。为夫者，必勤业于外，以赡其家族；为妻者，务整理内事，以辅其夫之所不及，是各因其性质之所近而分任者也。男女平权之理，即在其中，世之持平权说者，乃欲使男女均立于同等之地位，而执同等之职权，则不可通者也。男女性质之差别，第观于其身体结构之不同，已可概见：男子骨骼伟大，堪任力役，而女子则否；男子长于思想，而女子锐于知觉；男子多智力，而女子富感情；男子务进取，而女子喜保守。是以男子之本务，为保护，为进取，为劳动；而女子之本务，为辅佐，为谦让，为巽顺，是刚柔相济之理也。

生子以后，则夫妇即父母，当尽教育之职，以绵其家族之世系，而为社会、国家造成有为之人物。子女虽多，不可有所偏爱，且必预计其他日对于社会、国家之本务，而施以相应之教育。以子女为父母所自有，而任意虐遇之，或骄纵之者，是社会、国家之罪人，而失父母之道者也。

杜甫像
　　唐代诗人杜甫很注重兄弟之情，诗中多有表现。

第五节　兄弟姊妹

　　有夫妇而后有亲子，有亲子而后有兄弟姊妹。兄弟姊妹者，不惟骨肉关系，自有亲睦之情，而自其幼时提挈于父母之左右。食则同案，学则并几，游则同方，互相扶翼，若左右手然，又足以养其亲睦之习惯。故兄弟姊妹之爱情，自有非他人所能及者。

　　兄弟姊妹之爱情，亦如父母夫妇之爱情然，本乎天性，而非有利害得失之计较，杂于其中。是实人生之至宝，虽珠玉不足以易之，不可以忽视而放弃者也。是以我之兄弟姊妹，虽偶有不情之举，我必当宽容之，而不遽加以责备，常有因彼我责善，而伤手足之感情者，是亦不可不慎也。

盖父母者，自其子女视之，所能朝夕与共者，半生耳。而兄弟姊妹则不然，年龄之差，远逊于亲子，休戚之关，终身以之。故兄弟姊妹者，一生之间，当无时而不以父母膝下之情状为标准者也。长成以后，虽渐离父母，而异其业，异其居，犹必时相过从，祸福相同，忧乐与共，如一家然。即所居悬隔，而岁时必互通音问，同胞之情，虽千里之河山，不能阻之。远适异地，而时得见爱者之音书，实人生之至乐。回溯畴昔相依之状，预计他日再见之期，友爱之情，有油然不能自已者矣。

兄姊之年，长于弟妹，则其智识经验，自较胜于幼者，是以为弟妹者，当视其兄姊为两亲之次，遵其教训指导而无敢违。虽在他人，幼之于长，必尽谦让之礼，况于兄姊耶？为兄姊者，于其弟妹，亦当助父母提撕劝诫之责，毋得挟其年长，而以暴慢恣睢之行施之，浸假兄姊凌其弟妹，或弟妹慢其兄姊，是不啻背于伦理，而彼此交受其害，且因而伤父母之心，以破一家之平和，而酿社会、国家之隐患。家之于国，如细胞之于有机体，家族不合，则一国之人心，必不能一致，人心离畔，则虽有亿兆之众，亦何以富强其国家乎？

昔西哲苏格拉底，见有兄弟不睦者而戒之曰："兄弟贵于财产。何则？财产无感觉，而兄弟有同情；财产赖吾人之保护，而兄弟则保护吾人者也。凡人独居，则必思群，何独疏于其兄弟乎？且兄弟非同其父母者耶？不见彼禽兽同育于一区者，不尚互相亲爱耶？而兄弟顾不互相亲爱耶？"其言深切著明，有兄弟者，可以鉴焉。

兄弟姊妹，日相接近，其相感之力甚大。人之交友也，习于善则善，习于恶则恶。兄弟姊妹之亲善，虽至密之朋友，不能及焉，其习染之力何如耶？凡子弟不从父母之命，或以粗野侮慢之语对其长者，率由于兄弟姊妹间，素有不良之模范。故年长之兄姊，其一举一动，

孔融让梨邮票

悉为弟妹所瞩目而摹仿，不可以不慎也。

兄弟之于姊妹，当任保护之责。盖妇女之体质既纤弱，而精神亦毗于柔婉，势不能不倚于男子。如昏夜不敢独行；即受诬谇，亦不能如男子之慷慨争辩，以申其权利之类是也。故姊妹未嫁者，助其父母而扶持保护之，此兄弟之本务也。而为姊妹者，亦当尽力以求有益于其兄弟。少壮之男子，尚气好事，往往有凌人冒险，以小不忍而酿巨患者，谏止之力，以姊妹之言为最优。盖女子之情醇笃，而其言尤为蕴藉，其所以杀壮年之客气者，较男子之抗争为有效也。兄弟姊妹能互相扶翼，如是，则可以同休戚而永续其深厚之爱情矣。

不幸而父母早逝，则为兄姊者，当立于父母之地位，而抚养其弟妹。当是时也，弟妹之亲其兄姊，当如父母，盖可知也。

第六节　族戚及主仆

家族之中，既由夫妇而有父子，由父子而有兄弟姊妹，于是由兄弟之所生，而推及于父若祖若曾祖之兄弟，及其所生之子若孙，是谓家族。且也，兄弟有妇，姊妹有夫，其母家婿家，及父母以上凡兄弟之妇之母家，姊妹之婿家，皆为姻戚焉。既为族戚，则溯其原本，同出一家，较之无骨肉之亲，无葭莩之谊者，关系不同，交际之间，亦必视若家人，岁时不绝音问，吉凶相庆吊，穷乏相赈恤，此族戚之本务也。天下滔滔，群以利害得失为聚散之媒，而独于族戚间，尚互以真意相酬答，若一家焉，是亦人生之至乐也。

人之于邻里，虽素未相识，而一见如故。何也？其关系密也。至于族戚，何独不然。族戚者，非惟一代之关系，而实祖宗以来历代之关系，即不幸而至流离颠沛之时，或朋友不及相救，故旧不及相顾，当此之时，所能援手者，非族戚而谁？然则平日宜相爱相扶也明矣。

仆之于主，虽非有肺腑之亲，然平日追随既久，关系之密切，次于家人，是故忠实驯顺者，仆役之务也；恳切慈爱者，主人之务也。

为仆役者，宜终始一心，以从主人之命，不顾主人之监视与否，而必

清代的大户人家

尽其职，且不以勤苦而有怏怏之状。同一事也，怡然而为之，则主人必尤为快意也。若乃挟诈慢之心以执事，甚或讦主人之阴事，以暴露于邻保，是则不义之尤者矣。

夫人莫不有自由之身体，及自由之意志，不得已而被役于人，虽有所取偿，然亦至可悯矣。是以为主人者，宜长存哀矜之心，使役有度，毋任意斥责，若犬马然。至于仆役佣资，即其人沽售劳力之价值，至为重要，必如约而畀之。夫如是，主人善视其仆役，则仆役亦必知感而尽职矣。

仆役之良否，不特于一家之财政有关，且常与子女相驯。苟品性不良，则子女辄被其诱惑，往往有日陷于非僻而不觉者。故有仆役者，选择不可不慎，而监督尤不可不周。

自昔有所谓义仆者，常于食力以外，别有一种高尚之感情，与其主家相关系焉。或终身不去，同于家人，或遇其穷厄，艰苦共尝而不怨，或以身殉主自以为荣。有是心也，推之国家，可以为忠良之国民，虽本于其天性之笃厚，然非其主人信爱有素，则亦不足以致之。

上篇第二章　家族

獨慎

第三章 社会

第一节 总论

　　凡趋向相同利害与共之人，集而为群，苟其于国家无直接之关系，于法律无一定之限制者，皆谓之社会。是以社会之范围，广狭无定，小之或局于乡里，大之则亘于世界，如所谓北京之社会，中国之社会，东洋之社会，与夫劳工社会，学者社会之属，皆是义也。人生而有合群之性，虽其种族大别，国土不同者，皆得相依相扶，合而成一社会，此所以有人类社会之道德也。然人类恒因土地相近种族相近者，建为特别之团体，有统一制裁之权，谓之国家，所以弥各种社会之缺憾，而使之互保其福利者也。故社会之范围，虽本无界限，而以受范于国家者为最多。盖世界各国，各有其社会之特性，而不能相融，是以言实践道德者，于人类社会，固有普通道德，而于各国社会，则又各有其特别之道德，是由于其风土人种习俗历史之差别而生者，而本书所论，则皆适宜于我国社会之道德也。

　　人之组织社会，与其组织家庭同，而一家族之于社会，则亦犹一人之于家族也。人之性，厌孤立而喜群居，是以家族之结合，终身以之。而吾人喜群之性，尚不以家族为限。向使局处家庭之间，与家族以外之人，情不相通，事无与共，则此一家者，无异在穷山荒野之中，而其家亦乌能成立乎？

　　盖人类之体魄及精神，其能力本不完具，非互相左右，则驯至不能生存。以体魄言之，吾人所以避风雨寒热之苦，御猛兽毒虫之害，而晏然保其生者，何一非社会之赐？以精神言之，则人苟不得已而处于孤立之境，

晚清北京街景

感情思想，一切不能达之于人，则必有非常之苦痛，甚有因是而病狂者。盖人之有待于社会，如是其大也。且如语言文字之属，凡所以保存吾人之情智而发达之者，亦必赖社会之组织而始存。然则一切事物之关系于社会，盖可知矣。

夫人食社会之赐如此，则人之所以报效于社会者当如何乎？曰：广公益，开世务，建立功业，不顾一己之利害，而图社会之幸福，则可谓能尽其社会一员之本务者矣。盖公而忘私之心，于道德最为高尚，而社会之进步，实由于是。故观于一社会中志士仁人之多寡，而其社会进化之程度可知也。使人人持自利主义，而漠然于社会之利害，则其社会必日趋腐败，而人民必日就零落，卒至人人同被其害而无救，可不惧乎？

社会之上，又有统一而制裁之者，是为国家。国家者，由独立之主权，临于一定之土地、人民，而制定法律以统治之者也。凡人既为社会之一员，而持社会之道德，则又为国家之一民，而当守国家之法律。盖道德者，本以补法律之力之所不及；而法律者，亦以辅道德之功之所未至，二者相须为用。苟悖于法律，则即为国家之罪人，而决不能援社会之道德以自护也。惟国家之本领，本不在社会，是以国家自法律范围以外，决不干涉社会之事业，而社会在不违法律之限，亦自有其道德之自由也。

人之在社会也，其本务虽不一而足，而约之以二纲，曰公义；曰公德。

公义者，不侵他人权利之谓也。我与人同居社会之中，人我之权利，非有径庭，我既不欲有侵我之权利者，则我亦决勿侵人之权利。人与人互不相侵，而公义立矣。吾人之权利，莫重于生命财产名誉。生命者一切权利之本位，一失而不可复，其非他人之所得而侵犯，所不待言。财产虽身外之物，然人之欲立功名享福利者，恒不能徒手而得，必有借于财产。苟其得之以义，则即为其人之所当保守，而非他人所能干涉者也。名誉者，无形之财产，由其人之积德累行而后得之，故对于他人之谗诬污蔑，亦有保护之权利。是三者一失其安全，则社会之秩序，既无自而维持。是以国家特设法律，为吾人保护此三大权利。而吾人亦必尊重他人之权利，而不敢或犯。固为谨守法律之义务，抑亦对于社会之道德，以维持其秩序者也。

虽然，人仅仅不侵他人权利，则徒有消极之道德，而未足以尽对于社会之本务也。对于社会之本务，又有积极之道德，博爱是也。

博爱者，人生最贵之道德也。人之所以能为人者以此。苟其知有一身而不知有公家，知有一家而不知有社会，熟视其同胞之疾苦颠连，而无动于衷，不一为之援手，则与禽兽奚择焉？世常有生而废疾者，或有无辜而罹缧绁之辱者，其他鳏寡孤独、失业无告之人，所在多有，且文化渐开，民智益进，社会之竞争日烈，则贫富之相去益远，而世之素无凭借因而沉沦者，与日俱增，此亦理势之所必然者也。而此等沉沦之人，既已日趋苦境，又不敢背戾道德法律之束缚，以侵他人之权利，苟非有赈济之者，安得不束手就毙乎？夫既同为人类，同为社会之一员，不忍坐视其毙而不救，于是本博爱之心，而种种慈善之业起焉。

博爱可以尽公德乎？未也。赈穷济困，所以弥缺陷，而非所以求进步；所以济目前，而非所以图久远。夫吾人在社会中，决不以目前之福利为已足也，且目前之福利，本非社会成立之始之所有，实吾辈之祖先，累代经营而驯致之，吾人既已沐浴祖先之遗德矣，顾不能使所承于祖先之社会，益臻

孙中山手书"博爱"

完美，以遗诸子孙，不亦放弃吾人之本务乎？是故人在社会，又当各循其地位，量其势力，而图公益，开世务，以益美善其社会。苟能以一人而造福于亿兆，以一生而遗泽于百世，则没世而功业不朽，虽古之圣贤，蔑以加矣。

夫人既不侵他人权利，又能见他人之穷困而救之，举社会之公益而行之，则人生对于社会之本务，始可谓之完成矣。吾请举孔子之言以为证，孔子曰："**己所不欲，勿施于人。**"又曰："**己欲立而立人，己欲达而达人。**"是二者，一则限制人，使不可为，一则劝导人，使为之；一为消极之道德，一为积极之道德；一为公义，一为公德，二者不可偏废。我不欲人侵我之权利，则我亦慎勿侵人之权利，斯己所不欲勿施于人之义也。我而穷也，常望人之救之，我知某事之有益于社会，即有益于我，而力或弗能举也，则望人之举之，则吾必尽吾力所能及，以救穷人而图公益，斯即欲立而立人欲达而达人之义也。二者，皆道德上之本务，而前者又兼为法律上之本务。人而仅欲不为法律上之罪人，则前者足矣，如欲免于道德上之罪，又不可不躬行后者之言也。

"己所不欲，勿施于人"，语出《论语·颜渊》。

"己欲立而立人，己欲达而达人"，语出《论语·雍也》。

第二节 生命

人之生命，为其一切权利义务之基本。无端而杀之，或伤之，是即举其一切之权利义务而悉破坏之，罪莫大焉。是以杀人者死，古今中外之法律，无不著之。

人与人不可以相杀伤。设有横暴之徒，加害于我者，我岂能坐受其害？势必尽吾力以为抵制，虽亦用横暴之术而杀之伤之，亦为正当之防卫。正当之防卫，不特不背于严禁杀伤之法律，而适所以保全之也。盖彼之欲杀伤我也，正所以破坏法律，我苟束手听命，以致自丧其生命，则不特我自放弃其权利，而且坐视法律之破坏于彼，而不尽吾力以相救，亦我之罪也。是故以正当之防卫而至于杀伤人，文明国之法律，所不禁也。

以正当之防卫，而至于杀伤人，是出于不得已也。使我身既已保全矣，而或余怒未已，或挟仇必报，因而杀伤之，是则在正当防卫之外，而我之杀伤为有罪。盖一人之权利，即以其一人利害之关系为范围，过此以往，则制裁之任在于国家矣。犯国家法律者，其所加害，虽或止一人，而实负罪于全社会。一人即社会之一分子，一分子之危害，必有关于全体之平和，犹之人身虽仅伤其一处，而即有害于全体之健康也。故刑罚之权，属于国家，而非私人之所得与。苟有于正当防卫之外，而杀伤人者，国家亦必以罪罪之，此不独一人之私怨也，即或借是以复父兄戚友之仇，亦为徇私情而忘公义，今世文明国之法律多禁之。

决斗者，野蛮之遗风也，国家既有法律以断邪正，判曲直，而我等乃以一己之私愤，决之于格斗，是直彼此相杀而已，岂法律之所许乎？且决斗者，非我杀人，即人杀我，使彼我均为放弃本务之人。而求其缘起，率在于区区之私情，且其一胜一败，亦非曲直之所在，而视乎其技术之巧拙，此岂可与法律之裁制同日而语哉？

法律亦有杀人之事，大辟是也。大辟之可废与否，学者所见，互有异同，今之议者，以为今世文化之程度，大辟之刑，殆未可以全废。盖刑法本非一定，在视文化之程度而渐改革之。故昔日所行之刑罚，有涉于残酷者，诚不可以不改，而悉废死刑之说，尚不能不有待也。

因一人之正当防卫而杀伤人，为国家法律所不禁，则以国家之正当防卫而至于杀伤人，亦必为国际公法之所许，盖不待言，征战之役是也。兵凶战危，无古今中外，人人知之，而今之持社会主义者，言之尤为痛切，然坤舆之上，既尚有国界，各国以各图其国民之利益，而不免与他国相冲突，冲突既剧，不能取决于樽俎之间，而决之以干戈，则其国民之躬与兵役者，发枪挥刃，以杀伤敌人，非特道德法律，皆所不禁，而实出于国家之命令，且出公款以为之准备者也。惟敌人之不与战役，或战败而降服者，则虽在两国开战之际，亦不得辄加以危害，此著之国际公法者也。

普希金像
这位天才的俄罗斯诗人即死于一场决斗，年仅37岁。

乙辑 中学修身教科书

第三节 财产

夫生命之可重,既如上章所言矣。然人固不独好生而已,必其生存之日,动作悉能自由,而非为他人之傀儡,则其生始为可乐,于是财产之权起焉。盖财产者,人所辛苦经营所得之,于此无权,则一生勤力,皆为虚掷,而于己毫不相关,生亦何为?且人无财产权,则生计必有时不给,而生命亦终于不保。故财产之可重,次于生命,而盗窃之罪,次于杀伤,亦古今中外之所同也。

财产之可重如此,然则财产果何自而始乎?其理有二:曰先占;曰劳力。

有物于此,本无所属,则我可以取而有之。何则?无主之物,我占之,而初非有妨于他人之权利也,是谓先占。

先占者,劳力之一端也。田于野,渔于水,或发见无人之地而占之,是皆属于先占之权者,虽其事难易不同,而无一不需乎劳力。故先占之权,亦以劳力为基本,而劳力即为一切财产权所由生焉。

凡不待劳力而得者,虽其物为人生所必需,而不得谓之财产。如空气弥纶大地,任人呼吸,用之而不竭,故不可以为财产。至于山禽野兽,本非有畜牧之者,故不属于何人,然有人焉捕而获之,则得据以为财产,以其为劳力之效也。其他若耕而得粟,制造而得器,其须劳力,便不待言,而一切财产之权,皆循此例矣。

财产者,所以供吾人生活之资,而俾得尽力于公私之本务者也。而吾人之处置其财产,且由是而获赢利,皆得自由,是之谓财产权。财产权之确定与否,即国之文野所由分也。盖此权不立,则横敛暴夺之事,公行于社会,非特无以保秩序而进幸福,且足以阻人民勤勉之心,而社会终于堕落也。

财产权之规定,虽恃乎法律,而要非人

马蹄金

黄金白银历来被认为是财富的象征。图为西汉马蹄金。

交　子
宋代的货币，也是世界最早的纸币。

人各守权限，不妄侵他人之所有，则亦无自而确立，此所以又有道德之制裁也。

人既得占有财产之权，则又有权以蓄积之而遗赠之，此自然之理也。蓄积财产，不特为己计，且为子孙计，此亦人情敦厚之一端也。苟无蓄积，则非特无以应意外之需，所关于己身及子孙者甚大，且使人人如此，则社会之事业，将不得有力者以举行之，而进步亦无望矣。遗赠之权，亦不过实行其占有之权。盖人以己之财产遗赠他人，无论其在生前，在死后，要不外乎处置财产之自由，而家产世袭之制，其理亦同。盖人苟不为子孙计，则其所经营积蓄者，及身而止，无事多求，而人顾毕生勤勉，丰取啬用，若不知止足者，无非为子孙计耳。使其所蓄不得遗之子孙，则又谁乐为勤俭者？此即遗财产之权之所由起，而其他散济戚友捐助社会之事，可以例推矣。

财产权之所由得，或以先占，或以劳力，或以他人之所遗赠，虽各不同，而要其权之不可侵则一也。是故我之财产，不愿为他人所侵，则他人之财产，我亦不得而侵之，此即对于财产之本务也。

关于财产之本务有四，一曰，关于他人财产直接之本务；二曰，关于贷借之本务；三曰，关于寄托之本务；四曰，关于市易之本务。

盗窃之不义，虽三尺童子亦知之，而法律且厉禁之矣。然以道德衡之，则非必有穿窬劫掠之迹，而后为盗窃也。以虚伪之术，诱取财物，其间或非法律所及问，而揆诸道德，其罪亦同于盗窃。又有貌为廉洁，而阴占厚利者，则较之盗窃之辈，迫于饥寒而为之者，其罪尤大矣。

人之所得，不必与其所需者，时时相应，于是有借贷之法，有无相通，洵人生之美事也。而有财之人，本无必应假贷之义务，故假贷于人而得其允诺，则不但有偿还之责任，而亦当感谢其恩意。且财者，生利之具，以财贷人，则并其贷借期内可生之利而让之，故不但有要求偿还之权，而又可以要求适当之酬报。而贷财于人者，既凭借所贷，而享若干之利益，则割其一部分以酬报于贷我者，亦当尽之本务也。惟利益之多寡，随时会而有赢缩，故要求酬报者，不能无限。世多有乘人困迫，而胁之以过当之息者，此则道德界之罪人矣。至于朋友亲戚，本有通财之义，有负债者，其于感激报酬，自不得不引为义务，而以财贷之者，要不宜计较锱铢，以流于利交之陋习也。

凡贷财于人者，于所约偿还之期，必不可以不守也。或有仅以偿还及报酬为负债者为本务，而不顾其期限者，此谬见也。例如学生假师友之书，期至不还，甚或转假于他人，则驯致不足以取信，而有书者且以贷借于人相戒，岂非人己两妨者耶？

受人之嘱而为之保守财物者，其当慎重，视己之财物为尤甚，苟非得其人之预约，及默许，则不得擅用之。自天灾时变非人力所能挽救外，苟有损害，皆保守者之责，必其所归者，一如其所授，而后保守之责为无忝。至于保守者之所费，与其当得之酬报，则亦物主当尽之本务也。

人类之进化，由于分职通功，而分职通功之所以行，乃基本于市易。故市易者，大有造于社会者也。然使为市易者，于货物之精粗，价值之低昂，或任意居奇，或乘机作伪，以为是本非法律所规定也，而以商贾之道德绳之，则其事已谬。且目前虽占小利而顿失其他日之信用，则所失正多。西谚曰：正直者，上乘之策略。洵至言也。

人于财产，有直接之关系，自非服膺道义恪守本务之人，鲜不为所诱惑，而不知不觉，躬犯非义之举。盗窃之罪，律有明文，而清议亦复綦严，犯者尚少。至于贷借寄托市易之属，往往有违信背义，以占取一时之利者，斯则今之社会，不可不更求进步者也。夫财物之当与人者，宜不待其求而

旧时的当铺、当票

与之，而不可取者，虽见赠亦不得受，一则所以重人之财产，而不敢侵；一则所以守己之本务，而无所歉。人人如是，则社会之福利，宁有量欤？

第四节 名誉

人类者，不徒有肉体之嗜欲也，而又有精神之嗜欲。是故饱暖也，富贵也，皆人之所欲也，苟所得仅此而已，则人又有所不足，是何也，曰：无名誉。

"豹死留皮，人死留名"，言名誉之不朽也。人既有爱重名誉之心，则不但宝之于生前，而且欲传之于死后，此即人所以异于禽兽。而名誉之可贵，乃举人人生前所享之福利，而无足以尚之，是以古今忠孝节义之士，往往有杀身以成其名者，其价值之高为何如也。

夫社会之中，所以互重生命财产而不敢相侵者，何也？曰：此他人正当之权利也。而名誉之所由得，或以天才，或以积瘁，其得之之难，过于财产，而人之所爱护也，或过于生命。苟有人焉，无端而毁损之，其与盗人财物、害人生命何异？是以生命财产名誉三者，文明国之法律，皆严重保护之。惟名誉为无形者，法律之制裁，时或有所不及，而爱重保护之本务，乃不得不偏重于道德焉。

名誉之敌有二：曰逸诬；曰诽谤。二者，皆道德界之大罪也。

逸诬者，虚造事迹，以污蔑他人名誉之谓也。其可恶盖甚于盗窃，被盗者，失其财物而已；被逸诬者，或并其终身之权利而胥失之，流言一作，虽毫无根据，而妒贤嫉才之徒，率喧传之，举世靡然，将使公平挚实之人，亦为其所惑，而不暇详求，则其人遂为众恶之的，而无以自立于世界。古今有为之才，被逸诬之害，以致名败身死者，往往而有，可不畏乎？

诽谤者，乘他人言行之不检，而轻加以恶评者也。其害虽不如逸诬之甚，而其违公义也同。吾人既同此社会，利害苦乐，靡不相关，成人之美而救其过，人人所当勉也。见人之短，不以恳挚之意相为规劝，而徒讥评之以为快，又或乘人不幸之时，而以幸灾乐祸之态，归咎于其人，此皆君子所不为也。且如警察官吏，本以抉发隐恶为职，而其权亦有界限，若乃

"豹死留皮，人死留名"，语出宋代欧阳修编《新五代史·王彦章传》。

秦桧夫妇跪像

秦桧伙同他人陷害岳飞，留下了千古骂名。

不在其职，而务讦人隐私，以为谈笑之资，其理何在？至于假托公益，而为诽谤，以逞其媢嫉之心者，其为悖戾，更不待言矣。

世之为逸诬诽谤者，不特施之于生者，而或且施之于死者，其情更为可恶。盖生者尚有辩白昭雪之能力，而死者则并此而无之也。原逸诬诽谤之所由起，或以嫉妒，或以猜疑，或以轻率。夫羡人盛名，吾奋而思齐焉可也，不此之务，而忌之毁之，损人而不利己，非大愚不出此。至于人心之不同如其面，因人一言一行，而辄推之于其心术，而又往往以不肖之心测之，是徒自表其心地之龌龊耳。其或本无成见，而疾恶太严，遇有不协于心之事，辄以恶评加之，不知人事蕃变，非备悉其始末，灼见其情伪，而平心以判之，鲜或得当，不察而率断焉，因而过甚其词，则动多谬误，或由是而贻害于社会者，往往有之。且轻率之断定，又有由平日憎疾其人而起者。憎疾其人，而辄以恶意断定其行事，则虽名为断定，而实同于逸谤，其流毒尤甚。故吾人于论事之时，务周详审慎，以无蹈轻率之弊，而于所憎之人，尤不可不慎之又慎也。

夫人必有是非之心，且坐视邪曲之事，默而不言，抑或为人情所难堪，惟是有意讦发，或为过情之毁，则于意何居。古人称守口如瓶，其言虽未必当，而亦非无见。若乃奸宄之行，有害于社会，则又不能不尽力攻斥，以去社会之公敌，是亦吾人对于社会之本务，而不可与损人名誉之事，同年而语者也。

第五节 博爱及公益

博爱者，人生至高之道德，而与正义有正负之别者也。行正义者，能使人免于为恶，而导人以善，则非博爱者不能。

有人于此，不干国法，不悖公义，于人间生命财产名誉之本务，悉无所歉，可谓能行正义矣。然道有饿殍而不知恤，门有孤儿而不知救，遂得为善人乎？

博爱者，施而不望报，利物而不暇己谋者也。凡动物之中，能历久而绵其种者，率恃有同类相恤之天性，人为万物之灵，苟仅斤斤于施报之间，而不恤其类，不亦自丧其天性，而有愧于禽兽乎？

人之于人，不能无亲疏之别，而博爱之道，亦即以是以序。不爱其亲，安能爱人之亲，不爱其国人，安能爱异国之人，如曰有之，非矫则悖，智者所不信也。孟子曰："老吾老以及人之老，幼吾幼以及人之幼。"又曰："亲亲而仁民，仁民而爱物。"此博爱之道也。

人人有博爱之心，则观于其家，而父子亲，兄弟睦，夫妇和；观于其社会，无攘夺，无纷争，贫富不相蔑，贵贱不相凌，老幼废疾，皆有所养，蔼然有恩，秩然有序，熙熙皞皞，如登春台，岂非人类之幸福乎！

博爱者，以己所欲，施之于人。是故见人之疾病则拯之，见人之危难则救之，见人之困穷则补助之。何则？人苟自立于疾病危难困穷之境，则未有不望人之拯救之而补助之者也。

赤子临井，人未有见之而不动其恻隐之心者。人类相爱之天性，固如是也。见人之危难而不之救，必非人情。日汩于利己之计较，以养成凉薄之习，则或忍而为此耳。夫人苟不能挺身以赴人之急，则又安望其能殉社会、殉国家乎？华盛顿尝投身奔湍，以救濒死之孺子，其异日能牺牲其身，以

"亲亲而仁民，仁民而爱物"，语出《孟子·尽心上》。

孙中山像
"博爱"是孙中山先生政治学说的核心思想。

为十三州之同胞，脱英国之轭，而建独立之国者，要亦由有此心耳。夫处死生一发之间，而能临机立断，固由其爱情之挚，而亦必有毅力以达之，此则有赖于平日涵养之功者也。

救人疾病，虽不必有挺身赴难之危险，而于传染之病，为之看护，则直与殉之以身无异，非有至高之道德心者，不能为之。苟其人之地位，与国家社会有重大之关系，又或有侍奉父母之责，而轻以身试，亦为非宜，此则所当衡其轻重者也。

济人以财，不必较其数之多寡，而其情至为可嘉，受之者尤不可不感佩之。盖损己所余以周人之不足，是诚能推己及人，而发于其友爱族类之本心者也。慈善之所以可贵，即在于此。若乃本无博爱之心，而徒仿一二慈善之迹，以博虚名，则所施虽多，而其价值，乃不如少许之出于至诚者。且其伪善沽名，适以害德，而受施之人，亦安能历久不忘耶？

博爱者之慈善，惟虑其力之不周，而人之感我与否，初非所计。即使人不感我，其是非固属于其人，而于我之行善，曾何伤焉？若乃怒人之忘德，而遽彻其慈善，是吾之慈善，专为市恩而设，岂博爱者之所为乎？惟受人之恩而忘之者，其为不德，尤易见耳。

博爱者，非徒曰吾行慈善而已。其所以行之者，亦不可以无法。盖爱人以德，当为图永久之福利，而非使逞快一时，若不审其相需之故，而漫焉施之，受者或随得随费，不知节制，则吾之所施，于人奚益也？固有习于荒怠之人，不务自立，而以仰给于人为得计，吾苟堕其术中，则适以助长其倚赖心，而使永无自振之一日，爱之而适以害之，是不可不致意焉。

夫如是，则博爱之为美德，诚彰彰矣。然非扩而充之，以开世务，兴公益，则吾人对于社会之本务，犹不能无遗憾。何则？吾人处于社会，则与社会中之人人，皆有关系，而社会中人人与公益之关系，虽不必如疾病患难者待救之孔亟，而要其为相需则一也，吾但见疾病患难之待救，而不顾人人所需之公益，毋乃持其偏而忘其全，得其小而遗其大者乎？

夫人才力不同，职务尤异，合全社会之人，而求其立同一之功业，势必不能。然而随分应器，各图公益，则何不可有之。农工商贾，任利用厚

华盛顿像

上篇第三章　社会

盛世滋生图（局部）

又名《姑苏繁华图》，清代风俗画名作。

乙辑 中学修身教科书

生之务；学士大夫，存移风易俗之心。苟其有裨于社会，则其事虽殊，其效一也。人生有涯，局局身家之间，而于世无补，暨其没也，贫富智愚，同归于尽。惟夫建立功业，有裨于社会，则身没而功业不与之俱尽，始不为虚生人世，而一生所受于社会之福利，亦庶几无忝矣。所谓公益者，非必以目前之功利为准也。如文学美术，其成效常若无迹象之可寻，然所以拓国民之智识，而高尚其品性者，必由于是。是以天才英绝之士，宜超然功利以外，而一以发扬国华为志，不蹈前人陈迹，不拾外人糟粕，抒其性灵，以摩荡社会，如明星之粲于长夜、美花之映于座隅，则无形之中，社会实受其赐。有如一国富强，甲于天下，而其文艺学术，一无可以表见，则千载而后，谁复知其名者？而古昔既墟之国，以文学美术之力，垂名百世，迄今不朽者，往往而有，此岂可忽视者欤？

不惟此也，即社会至显之事，亦不宜安近功而忘远虑，常宜规模远大，以遗饷后人，否则社会之进步，不可得而期也。是故有为之士，所规划者，其事固或非一手一足之烈，而其利亦能历久而不渝，此则人生最大之博爱也。

　　量力捐财，以助公益，此人之所能为，而后世子孙，与享其利，较之饮食征逐之费，一晌而尽者，其价值何如乎？例如修河渠、缮堤防、筑港埠、开道路、拓荒芜、设医院、建学校皆是。而其中以建学校为最有益于社会之文明。又如私设图书馆，纵人观览，其效亦同。其他若设育婴堂、养老院等，亦为博爱事业之高尚者，社会文明之程度，即于此等公益之盛衰而测之矣。

　　图公益者，又有极宜注意之事，即慎勿以公益之名，兴无用之事是也。好事之流，往往为美名所眩，不审其利害何若，仓促举事，动辄蹉跌，则又去而之他。若是者，不特自损，且足为利己者所借口，而以沮丧向善者之心，此不可不慎之于始者也。

　　又有借公益以沽名者，则其迹虽有时与实行公益者无异，而其心迥别，或且不免有倒行逆施之事。何则？其目的在名。则苟可以得名也，而他非所计，虽其事似益而实损，犹将为之。实行公益者则不然，其目的在公益。苟其有益于社会也，虽或受无识者之谤议，而亦不为之阻。此则两者心术之不同，而其成绩亦大相悬殊矣。

　　人既知公益之当兴，则社会公共之事物，不可不郑重而爱护之。凡人于公共之物，关系较疏，则有漫不经意者，损伤破毁，视为常事，此亦公德浅薄之一端也。夫人既知他人之财物不可以侵，而不悟社会公共之物，更为贵重者，何欤？且人既知毁人之物，无论大小，皆有赔偿之责，今公然毁损社会公共之物，而不任其赔偿者，何欤？如学堂诸生，每有抹壁唾地之事，而公共花卉，道路荫木，经行者或无端而攀折之，至于青年子弟，诣神庙佛寺，又或倒灯复凳，自以为快，此皆无赖之事，而有悖于公德者也。欧美各国，人人崇重公共事物，习以为俗，损伤破毁之事，殆不可见，公园椅榻之属，间以公共爱护之言，书于其背，此诚一种之美风，而我国人所当奉为圭臬者也。国民公德之程度，视其对于公共事物如何，一木一石之微，于社会利害，虽若无大关系，而足以表见国民公德之浅深，则其关系，亦不可谓小矣。

约翰·洛克菲勒

石油大王，19世纪美国三大富翁之一，他将其财产的大部分捐献给了公益事业。

第六节 礼让及威仪

　　凡事皆有公理，而社会行习之间，必不能事事以公理绳之。苟一切绳之以理，而寸步不以让人，则不胜冲突之弊，而人人无幸福之可言矣。且人常不免为感情所左右，自非豁达大度之人，于他人之言行，不慊吾意，则辄引似是而非之理以纠弹之，冲突之弊，多起于此。于是乎有礼让以为之调和，而彼此之感情，始不至于冲突焉。

　　人之有礼让，其犹车辖之脂乎，能使人交际圆滑，在温情和气之间，以完其交际之本意。欲保维社会之平和，而增进其幸福，殆不可一日无者也。

　　礼者，因人之亲疏等差，而以保其秩序者也。其要在不伤彼我之感情，而互表其相爱相敬之诚，或有以是为虚文者，谬也。

　　礼之本始，由人人有互相爱敬之诚，而自发于容貌。盖人情本不相远，而其生活之状态，大略相同，则其感情之发乎外而为拜揖送迎之仪节，亦自不得不同，因袭既久，成为惯例，此自然之理也。故一国之礼，本于先民千百年之习惯，不宜辄以私意删改之。盖崇重一国之习惯，即所

孔子问礼老聃图
　　相传孔子曾向老聃（老子）问礼，此图描绘的就是这一历史传说。

以崇重一国之秩序也。

夫礼，既本乎感情而发为仪节，则其仪节，必为感情之所发见，而后谓之礼。否则意所不属，而徒拘牵于形式之间，是刍狗耳。仪节愈繁，而心情愈鄙，自非徇浮华好谄谀之人，又孰能受而不斥者，故礼以爱敬为本。

爱敬之情，人类所同也，而其仪节，则随其社会中生活之状态，而不能无异同。近时国际公私之交，大扩于古昔，交际之仪节，有不可以拘墟者，故中流以上之人，于外国交际之礼，亦不可不致意焉。

让之为用，与礼略同。使人互不相让，则日常言论，即生意见，亲旧交际，动辄龃龉。故敬爱他人者，不务立异，不炫所长，务以成人之美。盖自异自眩，何益于己，徒足以取厌启争耳。虚心平气，好察迩言，取其善而不翘其过，此则谦让之美德，而交际之要道也。

排斥他人之思想与信仰，亦不让之一也。精神界之科学，尚非人智所能独断。人我所见不同，未必我果是而人果非，此文明国宪法，所以有思想自由、信仰自由之则也。苟当讨论学术之时，是非之间，不能异立，又或于履行实事之际，利害之点，所见相反，则诚不能不各以所见，互相驳诘，必得其是非之所在而后已。然亦宜平心以求学理事理之关系，而不得参以好胜立异之私意。至于日常交际，则他人言说虽与己意不合，何所容其攻诘，如其为之，亦徒彼此纷争，各无所得已耳。温良谦恭，薄责于

雍正先农坛亲耕图

威仪，古代帝王的威仪显现于各个方面。

人，此不可不注意者。至于宗教之信仰，自其人观之，一则为生活之标准，一则为道德之理想，吾人决不可以轻侮嘲弄之态，侵犯其自由也。由是观之，礼让者，皆所以持交际之秩序，而免其龃龉者也。然人固非特各人之交际而已，于社会全体，亦不可无仪节以相应，则所谓**威仪**也。

威仪者，对于社会之礼让也。人尝有于亲故之间，不失礼让，而对于社会，不免有粗野傲慢之失者，是亦不思故耳。同处一社会中，则其人虽有亲疏之别，而要必互有关系，苟人人自亲故以外，即复任意自肆，不顾取厌，则社会之爱力，为之减杀矣。有如垢衣被发，呼号道路，其人虽若自由，而使观之者不胜其厌忌，可谓之不得罪于社会乎？凡社会事物，各有其习惯之典例，虽违者无禁，犯者无罚，而使见而不快，闻而不慊，则其为损于人生之幸福者为何如耶！古人有言，满堂饮酒，有一人向隅而泣，则举座为之不欢，言感情之相应也。乃或于置酒高会之时，白眼加人，夜郎自大，甚或骂座掷杯，凌侮侪辈，则岂非蛮野之遗风，而不知礼让为何物欤。欧美诸国士夫，于宴会中，不谈政治，不说宗教，以其易启争端，妨人欢笑，此亦美风也。

凡人见邀赴会，必预审其性质如何，而务不失其相应之仪表。如会葬之际，谈笑自如，是为幸人之灾，无礼已甚，凡类此者，皆不可不致意也。

乾隆南巡启程图

第四章 国家

第一节 总论

国也者,非徒有土地有人民之谓,谓以独立全能之主权,而统治其居于同一土地之人民者也。又谓之国家者,则以视一国如一家之故。是故国家者,吾人感觉中有形之名,而国家者,吾人理想中无形之名也。

国为一家之大者,国人犹家人也。于多数国人之中而有代表主权之元首,犹于若干家人之中而有代表其主权之家主也。家主有统治之权,以保护家人权利,而使之各尽其本务。国家亦然,元首率百官以统治人民,亦所以保护国民之权利,而使各尽其本务,以报效于国家也。使一家之人,不奉其家主之命,而弃其本务,则一家离散,而家族均被其祸。一国之民,各顾其私,而不知奉公,则一国扰乱,而人民亦不能安其堵焉。

凡有权利,则必有与之相当之义务。而有义务,则亦必有与之相当之权利,二者相因,不可偏废。我有行一事保一物之权利,则彼即有不得妨我一事夺我一物之义务,此国家与私人之所同也。是故国家既有保护人之义务,则必有可以行其义务之权利;而人民既有享受国家保护之权利,则其对于国家,必有当尽之义务,盖可知也。

人之权利,本无等差,以其大纲言之,如生活之权利,职业之权利,财产之权利,思想之权利,非人人所同有乎!我有此权利,而人或侵之,则我得而抵抗之,若不得已,则借国家之权力以防遏之,是谓人人所有之权利,而国家所宜引为义务者也。国家对于此事之权利,谓之公权,即国家所以成立之本。请详言之。

权漫无制限，则流弊甚大。如二人意见不合，不必相妨也，而或且以权利被侵为口实。由此例推，则使人人得滥用其自卫权，而不受公权之限制，则无谓之争阋，将日增一日矣。

于是乎有国家之公权，以代各人之自卫权，而人人不必自危，亦不得自肆，公平正直，各得其所焉。夫国家既有为人防卫之权利，则即有防卫众人之义务，义务愈大，则权利亦愈大。故曰：国家之所以成立者，权力也。

国家既以权力而成立，则欲安全其国家者，不可不巩固其国家之权力，而慎勿毁损之，此即人民对于国家之本务也。

《人权宣言》封面

第二节 法律

吾人对于国家之本务，以遵法律为第一义。何则？法律者，维持国家之大纲，吾人必由此而始能保有其权利者也。人之意志，恒不免为感情所动，为私欲所诱，以致有损人利己之举动。所以矫其偏私而纳诸中正，使人人得保其平等之权利者，法律也；无论公私之际，有以防强暴折奸邪，使不得不服从正义者，法律也；维持一国之独立，保全一国之利福者，亦法律也。是故国而无法律，或有之而国民不遵也，则盗贼横行，奸邪跋扈，国家之沦亡，可立而待。否则法律修明，国民恪遵而勿失，则社会之秩序，由之而不紊，人民之事业，由之而无扰，人人得尽其心力，以从事于职业，而安享其效果，是皆法律之赐；而要非国民恪遵法律，不足以致此也。顾世人知法律之当遵矣，而又谓法律不皆允当，不妨以意为从违，是徒启不遵法律之端者也。夫一国之法律，本不能悉中情理，或由议法之人，知识浅隘，或以政党之故，意见偏颇，亦有立法之初，适合社会情势，历久则社会之情势渐变，而法律如故，因不能无方凿圆枘之弊，此皆

乙辑　中学修身教科书

国家所不能免者也。既有此弊法，则政府固当速图改革，而人民亦得以其所见要求政府，使必改革而后已。惟其新法未定之期，则不能不暂据旧法，以维持目前之治安。何则？其法虽弊，尚胜于无法也，若无端抉而去之，则其弊可胜言乎？

《唐律》残片

法律之别颇多，而大别之为三，政法、刑法、民法是也。政法者，所以规定政府之体裁，及政府与人民之关系者也。刑法者，所以预防政府及人民权利之障害及罚其违犯者也。民法者，所以规定人民与人民之关系，防将来之争端，而又判临时之曲直者也。

官吏者，据法治事之人。国民既遵法律，则务勿挠执法者之权而且敬之。非敬其人，敬执法之权也。且法律者，国家之法律，官吏执法，有代表国家之任，吾人又以爱重国家之故而敬官吏也。官吏非有学术才能者不能任。学士能人，人知敬之，而官吏独不足敬乎？

官吏之长，是为元首。立宪之国，或戴君主，或举总统，而要其为官吏之长一也，既知官吏之当敬，而国民之当敬元首，无待烦言，此亦尊重法律之意也。

第三节 租税

家无财产，则不能保护其子女，惟国亦然。苟无财产，亦不能保护其人民。盖国家内备奸宄，外御敌国，不能不有水陆军，及其应用之舰垒器械及粮饷；国家执行法律，不能不有法院监狱；国家图全国人民之幸福，不能不修道路、开沟渠、设灯台、启公囿、立学堂、建医院及经营一切公益之事。凡此诸事，无不有任事之人。而任事者不能不给以禄俸。然则国家应出之经费，其浩大可想也，而担任此费者，厥维享有国家各种利益之人民，此人民所以有纳租税之义务也。

人民之当纳租税，人人知之，而间有苟求幸免者，营业则匿其岁入，不以实报，运货则绕越关津，希图漏税，其他舞弊营私，大率类此。是上则亏损国家，而自荒其义务；下则卸其责任之一部，以分担于他人。故以国民之本务绳之，谓之无爱国心，而以私人之道德绳之，亦不免于欺罔之罪矣。

第四节 兵役

国家者，非一人之国家，全国人民所集合而成者也。国家有庆，全国之人共享之，则国家有急，全国之人亦必与救之。国家之有兵役，所以备不虞之急者也。是以国民之当服兵役，与纳租税同，非迫于法律不得已而为之，实国民之义务，不能自已者也。

国之有兵，犹家之有阍人焉。其有城堡战堡也，犹家之有门墙焉。家无门墙，无阍人，则盗贼接踵，家人不得高枕无忧。国而无城堡战舰，无守兵，则外侮四逼，国民亦何以聊生耶？且方今之世，交通利便，吾国之人，工商于海外者，实繁有徒，自非祖国海军，游弋重洋，则夫远游数万里外，与五方杂处之民，角什一之利者，亦安能不受凌侮哉？国家之兵力，所关于互市之利者，亦非鲜矣。

国家兵力之关系如此、亦夫人而知之矣。然人情畏劳而恶死，一旦别父母，弃妻子，舍其本业而从事于垒舰之中，平日起居服食，一为军纪所

人民英雄纪念碑浮雕（局部）

黄埔军校旧址
位于广州黄埔。

束缚，而不得自由，即有事变，则挺身弹刃之中，争死生于一瞬，故往往有却顾而不前者。不知全国之人，苟人人以服兵役为畏途，则转瞬国亡家破，求幸生而卒不可得。如人人委身于兵役，则不必果以战死，而国家强盛，人民全被其赐，此不待智者而可决，而人民又乌得不以服兵役为义务欤？

方今世界，各国无不以扩张军备为第一义，虽有《万国公法》以为列国交际之准，又屡开**万国平和会**于海牙，若各以启衅为戒者，而实则包藏祸心，恒思蹈瑕抵隙，以求一逞，名为平和，而实则乱世，一旦猝遇事变，如飓风忽作，波涛汹涌，其势有不可测者。然则有国家者，安得不预为之所耶？

万国平和会，即海牙和平会议。1899年和1907年在荷兰海牙召开的两次国际和平会议，又称海牙会议。

第五节　教育

为父母者，以体育、德育、智育种种之法，教育其子女，有二因焉：一则使之壮而自立，无坠其先业；一则使之贤而有才，效用于国家。前者为寻常父母之本务，后者则对于国家之本务也。诚使教子女者，能使其体魄足以堪劳苦，勤职业，其知识足以判事理，其技能足以资生活，其德行足以为国家之良民，则非特善为其子女，而且对于国家，亦无歉于义务矣。

清代国子监
　　当时的国家最高学府。

　　夫人类循自然之理法，相集合而为社会，为国家，自非智德齐等，殆不足以相生相养，而保其生命，享其福利。然则有子女者，乌得怠其本务欤？

　　一国之中，人民之贤愚勤惰，与其国运有至大之关系。故欲保持其国运者，不可不以国民教育，施于其子弟，苟或以姑息为爱，养成放纵之习；即不然，而仅以利己主义教育之，则皆不免贻国家以泮涣之戚。而全国之人，交受其弊，其子弟亦乌能幸免乎？盖各国风俗习惯历史政制，各不相同，则教育之法，不得不异。所谓国民教育者，原本祖国体制，又审察国民固有之性质，而参互以制定之。其制定之权，即在国家，所以免教育主义之冲突，而造就全国人民，使皆有国民之资格者也。是以专门之教育，虽不妨人人各从其所好，而普通教育，则不可不以国民教育为准，有子女者慎之。

第六节　爱国

　　爱国心者，起于人民与国土之感情，犹家人之爱其居室田产也。行国之民，逐水草而徙，无定居之地，则无所谓爱国。及其土著也，划封疆，皇路当清夷，含和吐明廷。
时穷节乃见，一一垂丹青。
在齐太史简，在晋董狐笔。

文天祥像及其《正气歌》法帖

辟草莱，耕耘建筑，尽瘁于斯，而后有爱恋土地之心，是谓爱国之滥觞。至于土地渐廓，有城郭焉，有都邑焉，有政府**百执事**焉。自其法律典例之成立，风俗习惯之沿革，与夫语言文章之应用，皆划然自成为一国，而又与他国相交涉，于是乎爱国之心，始为人民之义务矣。

  人民爱国心之消长，为国运之消长所关。有国于此，其所以组织国家之具，虽莫不备，而国民之爱国心，独无以副之，则一国之元气，不可得而振兴也。彼其国土同，民族同，言语同，习惯同，风俗同，非不足以使人民有休戚相关之感情，而且政府同，法律同，文献传说同，亦非不足以使人民有协同从事之兴会，然苟非有爱国心以为之中坚，则其民可与共安乐，而不可与共患难。事变猝起，不能保其死而靡他也。故爱国之心，实为一国之命脉，有之，则一切国家之原质，皆可以陶冶于其炉锤之中；无之，则其余皆骈枝也。

  爱国之心，虽人人所固有，而因其性质之不同，不能无强弱多寡之差，既已视为义务，则人人以此自勉，而后能以其爱情实现于行事，且亦能一致其趣向，而无所参差也。

  人民之爱国心，恒随国运为盛衰。大抵一国当将盛之时，若垂亡之时，或际会大事之时，则国民之爱国心，恒较为发达。国之将兴也，人人自奋，思以其国力冠绝世界，其勇往之气，如日方升。昔罗马暴盛之时，名将辈出，士卒致死，因而并吞四邻，其已事也。国之将衰也，或其际会大事也，人人惧祖国之沦亡，激励忠义，挺身赴难，以挽狂澜于既倒，其悲壮沉痛

百执事，指百官。

上篇第四章 国家

独慎

亦有足伟者，如**亚尔那温克特里**之于瑞士，**哥修士孤**之于波兰是也。

由是观之，爱国心者，本起于人民与国土相关之感情，而又为组织国家最要之原质，足以挽将衰之国运，而使之隆盛，实国民最大之义务，而不可不三致意者焉。

第七节　国际及人类

大地之上，独立之国，凡数十。彼我之间，聘问往来，亦自有当尽之本务。此虽外交当局者之任，而为国民者，亦不可不通知其大体也。

以道德言之，一国犹一人也，惟大小不同耳。国有主权，犹人之有心性。其有法律，犹人之有意志也。其维安宁，求福利，保有财产名誉，亦犹人权之不可侵焉。

国家既有不可侵之权利，则各国互相爱重，而莫或相侵，此为国际之本务。或其一国之权利，为他国所侵，则得而抗拒之，亦犹私人之有正当防卫之权焉。惟其施行之术，与私人不同。私人之自卫，特在法律不及保护之时，苟非迫不及待，则不可不待正于国权。国家则不然，各国并峙，未尝有最高之公权以控制之，虽有《万国公法》，而亦无强迫执行之力。故一国之权利，苟被侵害，则自卫之外，别无他策，而所以实行自卫之道者，战而已矣。

战之理，虽起于正当自卫之权，而其权不受控制，国家得自由发敛之，故常为野心者之所滥用。大凌小，强侮弱，虽以今日盛唱国际道德之时，犹不能免。惟列国各尽其防卫之术，处攻势者，未必有十全之胜算，则苟非必不得已之时，亦皆惮于先发。于是国际龃龉之端，间亦恃《万国公法》之成文以公断之，而得免于战祸焉。

然使两国之争端，不能取平于樽俎之间，则不得不以战役决之。开战以后，苟有可以求胜者，皆将无所忌而为之，必屈敌人而后已。惟敌人既屈，则目的已达，而战役亦于是毕焉。

开战之时，于敌国兵士，或杀伤之，或俘囚之，以杀其战斗力，本为战国应有之权利，惟其妇孺及平民之不携兵器者，既不与战役，即不得加

亚尔那温克特里，今通译威廉·退尔（Wilhelm Tell），瑞士传说中的英雄。他代表了14世纪瑞士人民反抗奥地利哈布斯堡王室残酷统治的愿望。德国诗人、剧作家席勒曾根据这一传说创作话剧《威廉·退尔》，意大利作曲家罗西尼也曾创作歌剧《威廉·退尔》。

哥修士孤，今通译珂斯修士哥（Thaddeus Kosciuszko，1746～1817），18世纪波兰爱国志士，曾参加美国独立战争。1794年，发动和领导了反对俄国占领军的起义，后被捕入狱。

以戮辱。敌国之城郭堡垒，固不免于破坏，而其他工程之无关战役者，亦不得妄有毁损。或占而有之，以为他日赔偿之保证，则可也。其在海战，可以捕敌国船舰，而其权惟属国家，若纵兵掳掠，则与盗贼奚择焉？

在昔人文未开之时，战胜者往往焚敌国都市，掠其金帛子女，是谓借战胜之余威，以逞私欲，其戾于国际之道德甚矣。近世公法渐明，则战胜者之权利，亦已渐有范围，而不至复如昔日之横暴，则亦道德进步之一征也。

国家者，积人而成，使人人实践道德，而无或悖焉，则国家亦必无非理悖德之举可知也。方今国际道德，虽较进于往昔，而野蛮之遗风，时或不免，是亦由人类道德之未尽善，而不可不更求进步者也。

人类之聚处，虽区别为各家族，各社会，各国家，而离其各种区别之界限而言之，则彼此同为人类，故无论家族有亲疏、社会有差等，国家有与国、敌国之不同，而既已同为人类，则又自有其互相待遇之本务可知也。

人类相待之本务如何？曰：无有害于人类全体之幸福，助其进步，使人我同享其利而已。夫笃于家族者，或不免漠然于社会，然而社会之本务，初不与家族之本务相妨。忠于社会者，或不免不经意于国家，然而国家之本务，乃适与社会之本务相成。然则爱国之士，屏斥世界主义者，其未知人类相待之本务，固未尝与国家之本务相冲突也。

譬如两国开战，以互相杀伤为务者也。然而有红十字会者，不问其伤者为何国之人，悉噢咻而抚循之，初未尝与国家主义有悖也。夫两国开战之时，人类相待之本务，尚不以是而间断，则平日盖可知矣。

南丁格尔

近代护理专业先驱。

独慎

第五章 职业

第一节 总论

凡人不可以无职业，何则？无职业者，不足以自存也。人虽有先人遗产，苟优游度日，不讲所以保守维持之道，则亦不免于丧失者。且世变无常，千金之子，骤失其凭借者，所在多有，非素有职业，亦奚以免于冻馁乎？

有人于此，无才无艺，袭父祖之遗财，而安于怠废，以道德言之，谓之游民。游民者，社会之公敌也。不惟此也，人之身体精神，不用之，则不特无由畅发，而且日即于耗废，过逸之弊，足以戕其天年。为财产而自累，愚亦甚矣。既有此资财，则奚不利用之，以讲求学术，或捐助国家，或兴举公益，或旅行远近之地，或为人任奔走周旋之劳，凡此皆所以益人裨世，而又可以自练其身体及精神，以增进其智德；较之饱食终日，以多财自累者，其利害得失，不可同日而语矣。夫富者，为社会所不可少，即货殖之道，亦不失为一种之职业，但能善理其财，而又能善用之以有裨于社会，则又孰能以无职业之人目之耶？

人不可无职业，而职业又不可无选择。盖人之性质，于素所不喜之事，虽勉强从事，辄不免事倍而功半；从其所好，则劳而不倦，往往极其造诣之精，而渐有所阐明。故选择职业，必任各人之自由，而不可以他人干涉之。

自择职业，亦不可以不慎，盖人之于职业，不惟其趣向之合否而已，又于其各种凭借之资，大有关系。尝有才识不出中庸，而终身自得其乐；或抱奇才异能，而以坎坷不遇终者；甚或意匠惨淡，发明器械，而绌于资财，赍志以没。世界盖尝有多许之**奈端**、瓦特其人，而成功如奈端、瓦特者卒鲜，良可慨也。是以自择职业者，慎勿轻率妄断，必详审职业之性质，与其义务，果与己之能力及境遇相当否乎，即不能辄决，则参稽于老成练达之人，其亦可也。

凡一职业中，莫不有特享荣誉之人，盖职业无所谓高下，而荣誉之得否，仍关乎其人也。其人而贤，则虽屠钓之业，亦未尝不可以显名，惟择其所宜而已矣。

承平之世，子弟袭父兄之业，至为利便，何则？幼而狎之，长而习之，耳濡目染，其理论方法，半已领会于无意之中也。且人之性情，有所谓遗传者。自高、曾以来，历代研究，其官能每有特别发达之点，而器械图书，亦复积久益备，然则父子相承，较之崛起而立业，其难易迟速，不可同年而语。我国古昔，如历算医药之学，率为世业，而近世音律图画之技，亦多此例，其明征也。惟人之性质，不易揆以一例，重以外界各种之关系，亦非无龃龉于世业者，此则不妨别审所宜，而未可以胶柱而鼓瑟者也。

自昔区别职业，士、农、工、商四者，不免失之太简，泰西学者，以

奈端，今通译牛顿。

牛顿像

计学之理区别之者，则又人自为说，今核之于道德，则不必问其业务之异同，而第以义务如何为标准，如劳心、劳力之分，其一例也。而以人类生计之关系言之，则可大别为二类：一出其资本以营业，而借劳力于人者；一出其能力以任事，而受酬报于人者。甲为佣者，乙为被佣者，二者义务各异，今先概论之，而后及专门职业之义务焉。

第二节　佣者及被佣者

佣者以正当之资本，若智力，对于被佣者，而命以事务给以佣值者也，其本务如下：

凡给于被佣者之值，宜视普通工值之率而稍丰赡之，第不可以同盟罢工，或他种迫胁之故而骤丰其值。若平日无先见之明，过啬其值，一遇事变，即不能固持，而悉从被佣者之所要求，则鲜有不出入悬殊，而自败其业者。

佣者之于被佣者，不能谓值之外，别无本务，盖尚有保护爱抚之责。虽被佣者未尝要求及此，而佣者要不可以不自尽也。如被佣者当劳作之时，猝有疾病事故，务宜用意周恤。其他若教育子女，保全财产，激励储蓄之法，亦宜代为谋之。惟当行以诚恳恻怛之意，而不可过于干涉，盖干涉太过，则被佣者不免自放其责任，而失其品格也。

佣者之役使被佣者，其时刻及程度，皆当有制限，而不可失之过酷，其在妇稚，尤宜善视之。

凡被佣者，大抵以贫困故，受教育较浅，故往往少远虑，而不以储蓄为意，业繁而值裕，则滥费无节；业耗而佣俭，则口腹不给矣。故佣者宜审其情形，为设立保险公司，储蓄银行，或其他慈善事业，为割其佣值之一部以充之，俾得备不时之需。如见有**博弈**饮酒，耽逸乐而害身体者，宜恳切劝谕之。

凡被佣者之本务，适与佣者之本务相对待。

被佣者之于佣者，宜挚实勤勉，不可存嫉妒猜疑之心，盖彼以有资本之故，而购吾劳力，吾能以操作之故，而取彼资财，此亦社会分业之通

博弈，又称博戏，是一门古老的游戏。

乘车坐轿的清代富家子弟

例，而自有两利之道者也。

被佣者之操作，不特为对于佣者之义务，而亦为自己之利益。盖怠惰放佚，不惟不利于佣者，而于己亦何利焉？故挚实勤勉，实为被佣者至切之本务也。

休假之日，自有乐事，然亦宜择其无损者。如沉湎放荡，务宜戒之。若能乘此暇日，为亲戚朋友协助有益之事，则尤善矣。

凡人之职业，本无高下贵贱之别。高下贵贱，在人之品格，而于职业无关也。被佣者苟能以暇日研究学理，寻览报章杂志之属，以通晓时事，或听丝竹，观图画，植花木，以优美其胸襟，又何患品格之不高尚耶？

佣值之多寡，恒视其制作品之售价以为准。自被佣者观之，自必多多益善，然亦不能不准之于定率者。若要求过多，甚至纠结朋党，挟众力以胁主人，则亦谬矣。

有欲定划一之佣值者，有欲专以时间之长短，为佣值多寡之准者，是亦谬见也。盖被佣者，技能有高下，操作有勤惰，责任有重轻，其佣值本不可以齐等，要在以劳力与报酬，相为比例，否则适足以劝惰慢耳。惟被佣者，或以疾病事故，不能执役，而佣者仍给以平日之值，与他佣同，此则特别之惠，而未可视为常例者也。

孟子有言，无恒产者无恒心。此实被佣者之通病也。惟无恒心，故动辄被人指嗾，而为疏忽暴戾之举。其思想本不免偏于同业利益，而忘他人之休戚，又常以滥费无节之故，而流于困乏，则一旦纷起，虽同业之利

上篇第五章　职业

獨慎

益,亦有所不顾矣,此皆无恒心之咎,而其因半由于无恒产,故为被佣者图久长之计,非平日积恒产而养恒心不可也。

农夫最重地产,故安土重迁,而能致意于乡党之利害,其挚实过于工人。惟其有恒产,是以有恒心也。顾其见闻不出乡党之外,而风俗习惯,又以保守先例为主,往往知有物质,而不知有精神,谋衣食,长子孙,囿于目前之小利,而不遑远虑。即子女教育,亦多不经意,更何有于社会公益、国家大计耶?故启发农民,在使知教育之要,与夫各种社会互相维系之道也。

我国社会间,贫富悬隔之度,尚不至如欧美各国之甚,故均富主义,尚无蔓延之虑。然世运日开,智愚贫富之差,亦随而日异,智者富者日益富,愚者贫者日益穷,其究也,必不免于悬隔,而彼此之冲突起矣。及今日而预杜其弊,惟在教育农工,增进其智识,使不至永居人下而已。

第三节 官吏

佣者及被佣者之关系,为普通职业之所同。今更将专门职业,举其尤重要者论之。

官吏者,执行法律者也。其当具普通之智识,而熟于法律之条文,所不待言,其于职务上所专司之法律,尤当通其原理,庶足以应蕃变之事务,而无失机宜也。

为官吏者,既具职务上应用之学识,而其才又足以济之,宜可称其职矣。而事或不举,则不勤不精之咎也。夫职务过繁,未尝无日不暇给之苦,然使日力有余,而怠惰以旷其职,则安得不任其咎?其或貌为勤劬,而治事不循条理,则顾此失彼,亦且劳而无功。故勤与精,实官吏之义务也。世界各种职业,虽半为自图生计,而既任其职,则即有对于委任者之义务。况官吏之职,受之国家,其义务之重,有甚于工场商肆者。其职务虽亦有大小轻重之别,而其对于公众之责任则同。夫安得漫不经意,而以不勤不精者当之耶?

勤也精也，皆所以有为也。然或有为而无守，则亦不足以任官吏。官吏之操守，所最重者：曰毋黩货，曰勿徇私。官吏各有常俸，在文明之国，所定月俸，足以给其家庭交际之费而有余，苟其贪黩无厌，或欲有以供无谓之糜费，而于应得俸给以外，或征求贿赂，或侵蚀公款，则即为公家之罪人，虽任事有功，亦无以自盖其愆矣。至于理财征税之官，尤以此为第一义也。

官吏之职，公众之职也，官吏当任事之时，宜弃置其私人之资格，而纯以职务上之资格自处。故用人行政，悉不得参以私心，夫征辟僚属，诚不能不取资于所识，然所谓所识者，乃识其才之可以胜任，而非交契之谓也。若不问其才，而惟以平日关系之疏密为断，则必致偾事。又或以所治之事，与其戚族朋友有利害之关系，因而上下其手者，是皆徇私废公之举，官吏宜悬为厉禁者也。

官吏之职务，如此重要，而司法官之关系则尤大。何也？国家之法律，关于人与人之争讼者，曰民事法；关于生命财产之罪之刑罚者，曰刑事法。而本此法律以为裁判者，司法官也。

凡职业各有其专门之知识，为任此职业者所不可少，而其中如医生之于生理学，舟师之于航海术，司法官之于法律学，则较之他种职业，义务尤重，以其关于人间生命之权利也。使司法官不审法律精意，而妄断曲直，则贻害于人间之生命权至大，故任此者，既当有预蓄之知识；而任职以后，亦当以暇日孜孜讲求之。

司法官介立两造间，当公平中正，勿徇私情，勿避权贵，盖法庭之上，本无贵贱上下之别也。若乃妄纳赇赃，颠倒是非，则其罪尤大，不待言矣。

宽严得中，亦司法者之要务，凡刑事裁判，苟非纠纷错杂之案，按律拟罪，殆若不难，然宽严之际，差以毫厘，谬以千里，亦不可以不慎。至于民事裁判，尤易以意为出入，慎勿轻心更易之。

大抵司法官之失职，不尽在学识之不足，而恒失之于轻忽，如集证不完，轻下断语者是也。又或证据

穿补服的清代官员

尽得，而思想不足以澈之，则狡妄之供词，舞文之辩护，伪造之凭证，皆足以眩惑其心，而使之颠倒其曲直。故任此者，不特预储学识之为要，而尤当养其清明之心力也。

第四节 医生

医道图

医者，关于人间生死之职业也，其需专门之知识，视他职业为重。苟其于生理解剖、疾病症候、药物性效，研究未精，而动辄为人为诊治，是何异于挟刃而杀人耶？

医生对于病者，有守秘密之义务。盖病之种类，抑或有惮人知之者，医生若无端滥语于人，既足伤病者之感情，且使后来病者，不敢以秘事相告，亦足以为诊治之妨碍也。

医生当有冒险之性质，如传染病之类，虽在己亦有危及生命之虞，然不能避而不往，至于外科手术，尤非以沉勇果断者行之不可也。

医生之于病者，尤宜恳切，技术虽精，而不恳切，则不能有十全之功。盖医生不得病者之信用，则医药之力，已失其半，而治精神病者，尤以信用为根据也。

医生当规定病者饮食起居之节度，而使之恪守，若纵其自肆，是适以减杀医药之力也。故医生当勿欺病者，而务有以鼓励之，如其病势危笃，则尤不可不使自知之而自慎之也。

无论何种职业，皆当以康强之身体任之，而医生为尤甚。遇有危急之病，祁寒盛暑，微夜侵晨，亦皆有所不避。故务强健其身体，始有以赴人之急，而无所濡滞。如其不能，则不如不任其职也。

第五节 教员

教员所授，有专门学、普通学之别，皆不可无相当之学识。而普通学教员，于教授学科以外，训练管理之术，尤重要焉。不知教育之学，管理之法，而妄任小学教员，则学生之身心，受其戕贼，而他日必贻害于社会及国家，其罪盖甚于庸医之杀人。愿任教员者，不可不自量焉。

教员者，启学生之知识者也。使教员之知识，本不丰富，则不特讲授之际，不能详密，而学生偶有质问，不免穷于置对，启学生轻视教员之心，而教授之效，为之大减。故为教员者，于其所任之教科，必详博综贯，肆应不穷，而后能胜其任也。

知识富矣，而不谙教授管理之术，则犹之匣剑帷灯，不能展其长也。盖授知识于学生者，非若水之于盂，可以挹而注之，必导其领会之机，挈其研究之力，而后能与之俱化，此非精于教授法者不能也。学生有勤惰静躁之别，策其惰者，抑其躁者，使人人皆专意向学，而无互相扰乱之虑，又非精于管理法者不能也。故教员又不可不知教授管理之法。

清代私塾

教员者，学生之模范也。故教员宜实行道德，以其身为学生之律度，如卫生宜谨，束身宜严，执事宜敏，断曲直宜公，接人宜和，惩忿而窒欲，去鄙倍而远暴慢，则学生日熏其德，其收效胜于口舌倍蓰矣。

第六节　商贾

商贾亦有佣者与被佣者之别。主人为佣者，而执事者为被佣者。被佣者之本务，与农工略同。而商业主人，则与农工业之佣有异。盖彼不徒有对于被佣者之关系，而又有其职业中之责任也。农家产物之美恶，自有市价，美者价昂，恶者价绌，无自而取巧。工业亦然，其所制作，有精粗之别，则价值亦缘之而为差，是皆无关于道德者也。惟商家之货物，及其贸易之法，则不能不以道德绳之，请言其略。

正直为百行之本，而于商家为尤甚。如货物之与标本，理宜一致，乃或优劣悬殊，甚且性质全异，乘购者一时之不检，而矫饰以欺之，是则道德界之罪人也。

且商贾作伪，不特悖于道德而已，抑亦不审利害，盖目前虽可攫锱铢之利，而信用一失，其因此而受损者无穷。如英人以商业为立国之本，坐握宇内商权，虽由其勇于赴利，敏于乘机，具商界特宜之性质，而要其恪守商业道德，有高尚之风，少鄙劣之情，实为得世界信用之基本焉。盖英国商人之正直，习以成俗，虽宗教亦与有力，而要亦阅历所得，知非正直必不足以自立，故深信而笃守之也。**索士比亚**有言："正直者，上乘之策略。"岂不然乎？

索士比亚，今通译莎士比亚。

《威尼斯商人》剧照

《威尼斯商人》这部莎翁喜剧中的主角夏洛克，是一个昧着良心图财害命的家伙。

下篇

第一章 绪论

人生当尽之本务，既于上篇分别言之，是皆属于实践伦理学之范围者也。今进而推言其本务所由起之理，则为理论之伦理学。

理论伦理学之于实践伦理学，犹生理学之于卫生学也。本生理学之原则而应用之，以图身体之健康，乃有卫生学；本理论伦理学所阐明之原理而应用之，以为行事之轨范，乃有实践伦理学。世亦有应用之学，当名之为术者，循其例，则惟理论之伦理学，始可以占伦理之名也。

理论伦理学之性质，与理化博物等自然科学，颇有同异，以其人心之成迹或现象为对象，而阐明其因果关系之理，与自然科学同。其阐定标准，而据以评判各人之行事，畀以善恶是非之名，则非自然科学之所具矣。

原理论伦理学之所由起，以人之行为，常不免有种种之疑问，而按据学理以答之，其大纲如下：

问：凡人无不有本务之观念，如所谓某事当为者，是何由而起欤？

答：人之有本务之观念也，由其有良心。

问：良心者，能命人以某事当为，某事不当为者欤？

答：良心者，命人以当为善而不当为恶。

问：何为善，何为恶？

答：合于人之行为之理想，而近于人生之鹄者为善，否则为恶。

问：何谓人之行为之理想？何谓人生之鹄？

答：自发展其人格，而使全社会随之以发展者，人生之鹄也，即人之行为之理想也。

问：然则准理想而定行为之善恶者谁与？

答：良心也。

问：人之行为，必以责任随之，何故？

答：以其意志之自由也。盖人之意志作用，无论何种方向，固可以自由者也。

问：良心之所命，或从之，或悖之，其结果如何？

答：从良心之命者，良心赞美之；悖其命者，良心呵责之。

问：伦理之极致如何？

答：从良心之命，以实现理想而已。

伦理学之纲领，不外此等问题，当分别说之于后。

第二章 良心论

第一节 行为

良心者，不特告人以善恶之别，且迫人以避恶而就善者也。行一善也，良心为之大快；行一不善也，则良心之呵责随之，盖其作用之见于行为者如此。故欲明良心，不可不先论行为。

世固有以人生动作一切谓之行为者，而伦理学之所谓行为，则其义颇有限制，即以意志作用为原质者也。苟不本于意志之作用，谓之动作，而不谓之行为，如呼吸之属是也。而其他特别动作，苟或缘于生理之变常，无意识而为之，或迫于强权者之命令，不得已而为之。凡失其意志自由选择之权者，皆不足谓之行为也。

是故行为之原质，不在外现之举动，而在其意志。意志之作用既起，则虽其动作未现于外，而未尝不可以谓之行为，盖定之以因，而非定之以果也。

法律之中，有论果而不求因者，如无意识之罪戾，不免处罚，而虽有恶意，苟未实行，则法吏不能过问是也。而道德则不然，有人于此，决意

屈子行吟图
　　明人陈洪绶绘。

欲杀一人，其后阻于他故，卒不果杀。以法律绳之，不得谓之有罪，而绳以道德，则已与曾杀人者无异。是知道德之于法律，较有直内之性质，而其范围亦较广矣。

第二节　动机

　　行为之原质，既为意志作用，然则此意志作用，何由而起乎？曰：起于有所欲望。此欲望者，或为事物所惑，或为境遇所驱，各各不同，要必先有欲望，而意志之作用乃起。故欲望者，意志之所缘以动者也，因名之曰动机。

　　凡人欲得一物，欲行一事，则有其所欲之事物之观念，是即所谓动机也。意志为此观念所动，而决行之，乃始能见于行为，如学生闭户自精，久而厌倦，则散策野外以振之，散策之观念，是为动机。意志为其所动，而决意一行，已而携杖出门，则意志实现而为行为矣。

　　夫行为之原质，既为意志作用，而意志作用，又起于动机，则动机也者，诚行为中至要之原质欤！

　　动机为行为中至要之原质，故行为之善恶，多判于此。而或专以此为判决善恶之对象，则犹未备。何则？凡人之行为，其结果苟在意料之外，诚可以不任其责。否则其结果之利害，既可预料，则行之者，虽非其欲望之所指，而其咎亦不能辞也。有人于此，恶其友之放荡无行，而欲有以劝阻之，此其动机之善者也，然或谏之不从，怒而殴之，以伤其友，此必非欲望之所在，然殴人必伤，既为彼之所能逆料，则不得因其动机之无恶，而并宽其殴人之罪也。是为判决善恶之准，则当于后章详言之。

第三节　良心之体用

　　人心之作用，蕃变无方，而得括之以智、情、意三者。然则良心之作用，将何属乎？在昔学者，或以良心为智、情、意三者以外特别之作用，其说固不可通。有专属之于智者，有专属之于情者，有专属之于意者，亦皆一偏之见也。以余观之，良心者，该智、情、意而有之，而不囿于一者也。凡人欲行一事，必先判决其是非，此良心作用之属于智者也。既判其是非矣，而后有当行不当行之决定，是良心作用之属于意者也。于其未行之先，善者爱之，否者恶之，既行之后，则乐之，否则悔之，此良心作用之属于情者也。

由是观之，良心作用，不外乎智、情、意三者之范围明矣。然使因此而谓智、情、意三者，无论何时何地，必有良心作用存焉，则亦不然。盖必其事有善恶可判者。求其行为所由始，而始有良心作用之可言也。故伦理学之所谓行为，本指其特别者，而非包含一切之行为。因而意志及动机，凡为行为之原质者，亦不能悉纳诸伦理之范围。惟其意志、动机之属，既已为伦理学之问题者，则其中不能不有良心作用，固可知矣。

良心者，不特发于己之行为，又有因他人之行为而起者，如见人行善，而有亲爱尊敬赞美之作用；见人行恶，而有憎恶轻侮非斥之作用是也。

良心有无上之权力，以管辖吾人之感情。吾人于善且正者，常觉其不可不为，于恶且邪者，常觉其不可为。良心之命令，常若迫我以不能不从者，是则良心之特色，而为其他意识之所无者也。

良心既与人以行为、不行为之命令，则吾人于一行为，其善恶邪正在疑似之间者，决之良心可矣。然人苟知识未充，或情欲太盛，则良心之力，每为妄念所阻。盖常有行事之际，良心与妄念交战于中，或终为妄念所胜者，其或邪恶之行为，已成习惯，则非痛除妄念，其良心之力，且无自而伸焉。

幼稚之年，良心之作用，未尽发达，每不知何者为恶，而率尔行之，如残虐虫鸟之属是也。而世之成人，抑或以政治若宗教之关系，而持其偏见，恣其非行者。毋亦良心作用未尽发达之故欤？

良心虽人所同具，而以教育经验有浅深之别，故良心发达之程度，不

爱国学者闻一多

下篇第二章　良心论

能不随之而异，且亦因人性质而有厚薄之别。又竟有不具良心之作用，如肢体之生而残废者，其人既无领会道德之力，则虽有合于道德之行为，亦仅能谓之耦合而已。

以教育经验，发达其良心，青年所宜致意。然于智、情、意三者，不可有所偏重，而舍其余，使有好善恶恶之情，而无识别善恶之智力，则无意之中，恒不免自纳于邪。况文化日开，人事日繁，识别善恶，亦因而愈难，故智力不可不养也。有识别善恶之智力矣，而或弱于遂善避恶之意志，则与不能识别者何异？世非无富于经验之士，指目善恶，若烛照数计，而违背道德之行，卒不能免，则意志薄弱之故也。故智、情、意三者，不可以不并养焉。

第四节　良心之起源

朱自清
"抗战"结束后，国民党挑起内战，国统区经济危机，物价飞涨，美国通过《援华法案》，向中国提供钱粮，以图控制中国。朱自清面对生活压力，宁可饿死，决不领美国的"救济粮"。

乙辑　中学修身教科书

人之有良心也，何由而得之乎？或曰：天赋之；或曰：生而固有之；或曰：由经验而得之。

天赋之说，最为茫然而不可信，其后二说，则仅见其一方面者也。盖人之初生，本具有可以为良心之能力，然非有种种经验，以涵养而扩充之，则其作用亦无自而发现，如植物之种子然。其所具胚胎，固有可以发育之能力，然非得日光水气之助，则无自而萌芽也。故论良心之本原者，当合固有及经验之两说，而其义始完。

人所以固有良心之故，则昔贤进化论，尝详言之。盖一切生物，皆不能免于物竞天择之历史，而人类固在其中。竞争之效，使其身体之结构，精神之作用，宜者日益发达，而不宜者日趋于消灭，此进化之定例也。人之生也，不能孤立而自存，必与其他多数之人，相集合而为社会，为国家，而后能相生相养。夫既以相生相养为的，则其于一群之中，自相侵凌者，必被淘汰于物竞之界，而其种族之能留遗以至今者，皆其能互相爱护故也。此互相爱护之情曰同情。同情者，良心作用之端绪也，由此端绪，而本遗传之理，祖孙相承，次第进化，遂为人类不灭之性质，其所由来也久矣。

第三章 理想论

第一节 总论

权然后知轻重,度然后知长短,凡两相比较者,皆不可无标准。今欲即人之行为,而比较其善恶,将以何者为标准乎?曰:至善而已,理想而已,人生之鹄而已。三者其名虽异,而核之于伦理学,则其义实同。何则?实现理想,而进化不已,即所以近于至善,而以达人生之鹄也。

持理想之标准,而判断行为之善恶者,谁乎?良心也。行为犹两造,理想犹法律,而良心则司法官也。司法官标准法律,而判断两造之是非,良心亦标准理想,而判断行为之善恶也。

夫行为有内在之因,动机是也;又有外在之果,动作是也。今即行为而判断之者,将论其因乎?抑论其果乎?此为古今伦理学者之所聚讼。而吾人所见,则已于良心论中言之,盖行为之果,或非人所能预料,而动机则又止于人之欲望之所注,其所以达其欲望者,犹未具也。故两者均不能

归去来辞图
元人钱选所绘的这幅画,反映了陶渊明对理想生活的追求。

专为判断之对象，惟兼取动机及其预料之果，乃得而判断之，是之谓志向。

吾人既以理想为判断之标准，则理想者何谓乎？曰：窥现在之缺陷而求将来之进步，冀由是而驯至于至善之理想是也。故其理想，不特人各不同，即同一人也，亦复循时而异，如野人之理想，在足其衣食；而识者之理想，在餍于道义，此因人而异者也。吾前日之所是，及今日而非之；吾今日之所是，及他日而又非之，此一人之因时而异者也。

理想者，人之希望，虽在其意识中，而未能实现之于实在，且恒与实在者相反，及此理想之实现，而他理想又从而据之，故人之境遇日进步，而理想亦随而益进。理想与实在，永无完全符合之时，如人之夜行，欲踏己影而终不能也。

惟理想与实在不同，而又为吾人必欲实现之境，故吾人有生生不息之象。使人而无理想乎，夙兴夜寐，出作入息，如机械然，有何生趣？是故人无贤愚，未有不具理想者。惟理想之高下，与人生品行，关系至巨。其下者，囿于至浅之乐天主义，奔走功利，老死而不变；或所见稍高，而欲以至简之作用达之，及其不果，遂意气沮丧，流于厌世主义，且有因而自杀者，是皆意力薄弱之故也。吾人不可无高尚之理想，而又当以坚忍之力向之，日新又新，务实现之而后已，斯则对于理想之责任也。

理想之关系，如是其重也，吾人将以何者为其内容乎？此为伦理学中至大之问题，而古来学说之所以多歧者也。今将述各家学说之概略，而后以吾人之意见抉定之。

第二节　快乐说

自昔言人生之鹄者，其学说虽各不同，而可大别为三：快乐说，克己说，实现说，是也。

以快乐为人生之鹄者，亦有同异。以快乐之种类言，或主身体之快乐，或主精神之快乐，或兼二者而言之。以享此快乐者言，或主独乐，或主公乐。主公乐者，又有舍己徇人及人己同乐之别。

以身体之快乐为鹄者，其悖谬盖不待言。彼夫无行之徒，所以丧产

春夜宴桃李园图
　　明人仇英所绘的这幅画反映了唐代人的宴享之乐。

　　业，损名誉，或并其性命而不顾者，夫岂非殉于身体之快乐故耶？且身体之快乐，人所同喜，不待教而后知，亦何必揭为主义以张之？徒足以助纵欲败度者之焰，而诱之于陷阱耳。血气方壮之人，幸毋为所惑焉。

　　独乐之说，知有己而不知有人，苟吾人不能离社会而独存，则其说决不足以为道德之准的，而舍己徇人之说，亦复不近人情，二者皆可以舍而不论也。

　　人我同乐之说，亦谓之功利主义，以最多数之人，得最大之快乐，为其鹄者也。彼以为人之行事，虽各不相同，而皆所以求快乐，即为蓄财产养名誉者，时或耐艰苦而不辞，要亦以财产名誉，足为快乐之预备，故不得不舍目前之小快乐，以预备他日之大快乐耳。而要其趋于快乐则一也，故人不可不以最多数人得最大快乐为理想。

　　夫快乐之不可以排斥，固不待言。且精神之快乐，清白高尚，尤足以鼓励人生，而慰藉之于无聊之时。其裨益于人，良非浅鲜。惟是人生必以最多数之人，享最大之快乐为鹄者，何为而然欤？如仅曰社会之趋势如是而已，则尚未足以为伦理学之义证。且快乐者，意识之情状，其浅深长短，每随人而不同，我之所乐，人或否之；人之所乐，亦未必为我所赞成。所谓最多数人之最大快乐者，何由而定之欤？持功利主义者，至此而穷矣。

　　盖快乐之高尚者，多由于道德理想之实现，故快乐者，实行道德之效果，而非快乐即道德也。持快乐说者，据意识之状况，而揭以为道德之主义，故其说有不可通者。

第三节 克己说

反对快乐说而以抑制情欲为主义者，克己说也。克己说中，又有遏欲与节欲之别。遏欲之说，谓人性本善，而情欲淆之，乃陷而为恶。故欲者，善之敌也。遏欲者，可以去恶而就善也。节欲之说，谓人不能无欲，徇欲而忘返，乃始有放僻邪侈之行，故人必有所以节制其欲者而后可，理性是也。

又有为良心说者，曰：人之行为，不必别立标准，比较而拟议之，宜以简直之法，质之于良心。良心所是者行之，否者斥之，是亦不外乎使情欲受制于良心，亦节欲说之流也。

遏欲之说，悖乎人情，殆不可行。而节欲之说，亦尚有偏重理性而疾视感情之弊。且克己诸说，虽皆以理性为中坚，而于理性之内容，不甚研求，相竞于避乐就苦之作用，而能事既毕，是仅有消极之道德，而无积极之道德也。东方诸国，自昔偏重其说，因以妨私人之发展，而阻国运之伸张者，其弊颇多。其不足以为完全之学说，益可知矣。

第四节 实现说

快乐说者，以达其情为鹄者也；克己说者，以达其智为鹄者也。人之性，既包智、情、意而有之，乃舍其二而取其一，揭以为人生之鹄，不亦偏乎？必也举智、情、意三者而悉达之，尽现其本性之能力于实在，而完成之，如是者，始可以为人生之鹄，此则实现说之宗旨，而吾人所许为纯粹之道德主义者也。

人性何由而完成？曰：在发展人格。发展人格者，举智、情、意而统一之光明之之谓也。盖吾人既非木石，又非禽兽，则自有所以为人之品格，是谓人格。发展人格，不外乎改良其品格而已。

人格之价值，即所以为人之价值也。世界一切有价值之物，无足以拟之者，故为无对待之价值，虽以数人之人格言之，未尝不可为同异高下之比较；而自一人言，则人格之价值，不可得而数量也。

人格之可贵如此，故抱发展人格之鹄者，当不以富贵而淫，不以贫贱而移，不以威武而屈。死生亦大矣，而自昔若颜真卿、文天祥辈，以身殉国，曾不蹰躇，所以保全其人格也。人格既堕，则生亦胡颜；人格无亏，则死而不朽。孔子曰："朝闻道，夕死可矣。"良有以也。

自昔有天道福善祸淫之说，世人以**跖蹻**之属，穷凶而考终；**夷齐**之伦，求仁而饿死，则辄谓天道之无知，是盖见其一而不见其二者。人生数十寒暑耳，其间穷通得失，转瞬而逝；而盖棺论定，或流芳百世，或遗臭万年，人格之价值，固历历不爽也。

人格者，由人之努力而进步，本无止境，而其寿命，亦无限量焉。向使孔子当时为**桓魋**所杀，孔子之人格，终为百世师。苏格拉底虽仰毒而死，然其人格，至今不灭。人格之寿命，何关于生前之境遇哉。

发展人格之法，随其人所处之时地而异，不必苟同，其致力之所，即在本务，如前数卷所举，对于自己、若家族、若社会、若国家之本务皆是也。而其间所尤当致意者，为人与社会之关系。盖社会者，人类集合之有机体。故一人不能离社会而独存，而人格之发展，必与社会之发展相应。不明乎此，则有以独善其身为鹄，而不措意于社会者。岂知人格者，谓吾人在社会中之品格，外乎社会，又何所谓人格耶？

跖蹻，亦作"跖蹻"，指盗跖与庄蹻，为古代传说中的两个大盗。

夷齐，指伯夷、叔齐，春秋时期的贤人。

桓魋，春秋时宋国司马，曾想杀死孔子。

颜真卿像及其书法作品

乙辑　中学修身教科书

第四章 本务论

第一节 本务之性质及缘起

本务者，人生本分之所当尽者也，其中有不可为及不可不为之两义，如孝友忠信，不可不为者也；窃盗欺诈，不可为者也。是皆人之本分所当尽者，故谓之本务。既知本务，则必有好恶之感情随之，而以本务之尽否为苦乐之判也。

人生之鹄，在发展其人格，以底于大成。其鹄虽同，而所以发展之者，不能不随时地而异其方法。故所谓当为、不当为之事，不特数人之间，彼此不能强同，即以一人言之，前后亦有差别，如学生之本务，与教习之本务异；官吏之本务，与人民之本务异。均是忠也，军人之忠，与商贾之忠异，是也。

人之有当为不当为之感情，即所谓本务之观念也。是何由而起乎？曰自良心。良心者，道德之源泉，如第二章所言是也。

良心者，非无端而以某事为可为某事为不可为也，实核之于理想，其感为可为者，必其合于理想者也；其感为不可为者，必背于理想者也。故本务之观念，起于良心，而本务之节目，实准诸理想。理想者，所以赴人生之鹄者也。然则谓本务之缘起，在人生之鹄可也。

本务者，无时可懈者也。法律所定之义务，

包拯像
  包拯是北宋名臣，断案铁面无私，人称"包青天"。

人之负责任于他人若社会者，得以他人若社会之意见而解免之。道德之本务，则与吾身为形影之比附，无自而解免之也。

然本务亦非责人以力之所不及者，按其地位及境遇，尽力以为善，斯可矣。然则人者，既不能为本务以上之善行，亦即不当于本务以下之行为，而自谓已足也。

人之尽本务也，其始若难，勉之既久，而成为习惯，则渐造自然矣。或以为本务者，必寓有强制之义，从容中道者，不可以为本务，是不知本务之义之言也。盖人之本务，本非由外界之驱迫，不得已而为之，乃其本分所当然耳。彼安而行之者，正足以见德性之成立，较之勉强而行者，大有进境焉。

法律家之恒言曰：有权利必有义务，有义务必有权利。然则道德之本务，亦有所谓权利乎？曰有之。但与法律所定之权利，颇异其性质。盖权利之属，本乎法律者，为其人所享之利益，得以法律保护之，其属于道德者，则惟见其反抗之力，即不尽本务之时，受良心之呵责是也。

第二节 本务之区别

人之本务，随时地而不同，既如前说。则列举何等之人，而条别其本务，将不胜其烦，而溢于理论伦理学之范围。至因其性质之大别，而辜较论之，则又前数卷所具陈也，今不赘焉。

今所欲论者，乃在本务缓急之别。盖既为本务，自皆为人所不可不尽，然其间自不能无大小轻重之差。人之行本务也，急其大者重者，而缓其小者轻者，所不待言，惟人事蕃变，错综无穷，置身其间者，不能无歧路亡羊之惧，如**石奢**追罪人，而不知杀人者乃其父；**王陵**为汉御楚，而楚军乃以其母劫之，其间顾此失彼，为人所不能不惶惑者，是为本务之矛盾，断之者宜审当时之情形而定之。盖常有轻小之本务，因时地而转为重大；亦有重大之本务，因时地而变为轻小者，不可以胶柱而鼓瑟也。

石奢，春秋末年楚国官员，其父杀人，而按古时礼制，他又不能亲手抓获父亲，后石奢因此而自杀。

王陵，汉初名臣，辅佐刘邦攻打项羽，项羽抓其母为人质，为打消儿子的顾虑，王陵的母亲自杀而死。

第三节 本务之责任

人既有本务，则即有实行本务之责任，苟可以不实行，则亦何所谓本务。是故本务观念中，本含有责任之义焉。惟是责任之关于本务者，不特在未行之先，而又负之于既行以后，譬如同宿之友，一旦罹疾，尽心调护，我之本务，有实行之责任者也。实行以后，调护之得当与否，我亦不得不任其责。是故责任有二义。而今之所论，则专属于事后之责任焉。

夫人之实行本务也，其于善否之间，所当任其责者何在？曰在其志向。志向者，兼动机及其预料之果而言之也。动机善矣，其结果之善否，苟为其人之所能预料，则亦不能不任其责也。

人之行事，何由而必任其责乎？曰：由于意志自由。凡行事之始，或甲或乙，悉任其意志之自择，而别无障碍之者也。夫吾之意志，既选定此事，以为可行而行之，则其责不属于吾而谁属乎？

自然现象，无不受范于因果之规则，人之行为亦然。然当其未行之先，行甲乎，行乙乎？一任意志之自由，而初非因果之规则所能约束，是即责任之所由生，而道德法之所以与自然法不同者也。

本务之观念，起于良心，既于第一节言之。而责任之与良心，关系亦密。凡良心作用未发达者，虽在意志自由之限，而其对于行为之责任，亦较常人为宽，如儿童及蛮人是也。

责任之所由生，非限于实行本务之时，则其与本务关系较疏。然其本原，则亦在良心作用，故附论于本务之后焉。

守边战士

作为军人，守卫边疆是他们的神圣职责。

第五章 德论

第一节 德之本质

凡实行本务者，其始多出于勉强，勉之既久，则习与性成。安而行之，自能欣合于本务，是之谓德。

是故德者，非必为人生固有之品性，大率以实行本务之功，涵养而成者也。顾此等品性，于精神作用三者将何属乎？或以为专属于智，或以为专属于情，或以为专属于意。然德者，良心作用之成绩。良心作用，既赅智、情、意三者而有之，则以德之原质，为有其一而遗其二者，谬矣。

人之成德也，必先有识别善恶之力，是智之作用也。既识别之矣，而无所好恶于其间，则必无实行之期，是情之作用，又不可少也。既识别其为善而笃好之矣，而或犹豫畏葸，不敢决行，则德又无自而成，则意之作用，又大有造于德者也。故智、情、意三者，无一而可偏废也。

第二节 德之种类

德之种类，在昔学者之所揭，互有异同，如孔子说以智、仁、勇三者，孟子说以仁、义、礼、智四者，董仲舒说以仁、义、礼、智、信五者；希腊**柏拉图**说以智、勇、敬、义四者，**雅里士多德**说以仁、智二者，

拍拉图，今通译柏拉图。
雅里士多德，今通译亚里士多德。

乙辑 中学修身教科书

果以何者为定论乎？

吾侪之意见，当以内外两方面别类之。自其作用之本于内者而言，则孔子所举智、仁、勇三德，即智、情、意三作用之成绩，其说最为圆融。自其行为之形于外者而言，则当为自修之德，对于家族之德，对于社会之德，对于国家之德，对于人类之德。凡人生本务之大纲，即德行之最目焉。

第三节 修德

柏拉图像

修德之道，先养良心。良心虽人所同具，而汩于恶习，则其力不充，然苟非梏亡殆尽。良心常有发现之时，如行善而惬，行恶而愧是也。乘其发现而扩充之，涵养之，则可为修德之基矣。

涵养良心之道，莫如为善。无问巨细，见善必为，日积月累，而思想云为，与善相习，则良心之作用昌矣。世或有以小善为无益而弗为者，不知善之大小，本无定限，即此弗为小善之见，已足误一切行善之机会而有余，他日即有莫大之善，亦将贸然而不之见。有志行善者，不可不以此为戒也。

既知为善，尤不可无去恶之勇。盖善恶不并立，去恶不尽，而欲滋其善，至难也。当世弱志薄行之徒，非不知正义为何物，而逡巡犹豫，不能决行者，皆由无去恶之勇，而恶习足以掣其肘也。是以去恶又为行善之本。

人即日以去恶行善为志，然尚不能无过，则改过为要焉。盖过而不改，则至再至三，其后遂成为性癖，故必慎之于始。外物之足以诱惑我者，避之若浼，一有过失，则幡然悔改，如去垢衣。勿以过去之不善，而遂误其余生也。恶人洗心，可以为善人；善人不改过，则终为恶人。悔悟者，去恶迁善之一转机，而使人由于理义之途径也。良心之光，为过失所壅蔽者，到此而复焕发。缉之则日进于高明，炀之则顿沉于黑暗。微乎危乎，悔悟之机，其慎勿纵之乎。

獨慎

人各有所长，即亦各有所短，或富于智虑，而失之怯懦；或勇于进取，而不善节制。盖人心之不同，如其面焉。是以人之进德也，宜各审其资禀，量其境遇，详察过去之历史，现在之事实，与夫未来之趋向，以与其理想相准，而自省之。勉其所短，节其所长，以求达于中和之境，否则从其所好，无所顾虑，即使贤智之过，迥非愚不肖者所能及，然伸于此者诎于彼，终不免为道德界之畸人矣。曾子有言，吾日三省吾身。以彼大贤，犹不敢自纵如此，况其他乎？

然而自知之难，贤哲其犹病诸。徒恃返观内省，尚不免于失真；必接种种人物，涉种种事变，而屡省验之；又复质询师友，博览史籍，以补其不足。则于锻炼德性之功，庶乎可矣。

周处像

周处是晋代名臣，也是历史上改过自新的典型。

第六章 结论

　　道德有积极、消极二者：消极之道德，无论何人，不可不守。在往昔人权未昌之世，持之最严。而自今日言之，则仅此而已，尚未足以尽修德之量。盖其人苟能摒出一切邪念，志气清明，品性高尚，外不愧人，内不自疚，其为君子，固无可疑，然尚囿于独善之范围，而未可以为完人也。

　　人类自消极之道德以外，又不可无积极之道德，既涵养其品性，则又不可不发展其人格也。人格之发展，在洞悉夫一身与世界种种之关系，而开拓其能力，以增进社会之利福。正鹄既定，奋进而不已，每发展一度，则其精进之力，必倍于前日。纵观立功成事之人，其进步之速率，无不与其所成立之事功而增进，固随在可证者。此实人格之本性，而积极之道德所赖以发达者也。

　　然而人格之发展，必有种子。此种子非得消极道德之涵养，不能长成；而非经积极道德之扩张，则不能蕃盛。故修德者，当自消极之道德始，而又必以积极之道德济之。消极之道德，与积极之道德，譬犹车之有两轮，鸟之有两翼焉，必不可以偏废也。

《四书》书影
　　四书在中国古代被认为是修身进德的根本教材。

丙辑

伦理学原理

伦理学原理序

泡尔生氏，名腓立（F.Paulsen），德意志晚近之大哲学家也，以西历千八百四十六年生于兰根匈（Langenhorn）。初治神学，既而专修哲学、文学，以千八百七十一年毕业于柏林大学，越四年而任柏林大学教授，又越四年而被推为哲学博士，及去年而殁于柏林，年六十有三也。氏之哲学为康德派而参取斯宾那莎及叔本华两氏之说，又于并世大家若冯德（Wundt）、若台希耐（Techner）亦间挹其流也。其著述颇多。皆关于伦理学若教育学，而以《伦理学大系及政治学、社会学之要略》（System der Ethik mit einem Umriss der Staats-und Gesellschaftslehre）为最著，其书冠以序论 Einleitung 而分为四编，曰：伦理学史（Umriss einer Geschichte der Lebensanschauung und Moralphilosopheie），曰伦理学原理（Grundbegriffe und Prinzipienfragen），曰德论及义务论（Tugend ungd Pflichtenlehre），曰社会之形态（Die Formen des Gemei uschaftslebcns）。千八百九十九年，纽约已有英译，而日本蟹江义丸君，则于明治三十二年据第五版译其《伦理学原理》而冠以序论（名其原理，本编曰本论），以列于博文馆之《帝国百科全书》中，以限于篇幅，而删其第三章之厌世主义。及明治三十七年，又改订之并补译厌世主义章，而与藤井健治郎君所译之《伦理学史》、深作安文君所译之《德论及义务论》合之，以为《伦理学大系》依仿英译删其第四编并节去其"政治学、社会学要略"之名焉。蟹江

泡尔生

泡尔生（1846~1908），今通译弗里德里希·包尔生，德国哲学家、伦理学家、教育家，思想上属康德派，是当时所谓形而上学泛心论的代表。著有《哲学导论》、《教育学》、《教育史》、《哲学史》、《康德传》、《伦理学体系》等。其中，《伦理学体系》是其伦理学代表作，1889年柏林初版，以后多次修订再版。该书第二编在1909年由蔡元培根据日译本译为中文，由商务印书馆出版后多次再印，在旧中国产生过广泛影响。

兰根匈，位于德国汉堡市。

冯德

冯德（1832~1920），今通译冯特·威廉，德国哲学家、心理学家，构造主义心理学创始人。著有《对感官知觉理论的贡献》、《生理心理学原理》、《心理学大纲》、《民族心理学》等。

氏于本书中散见之文若驳尼采主义者，若征引德国诗歌者，皆有所删削，以其专为德人而发于他国学者无甚裨益，而转足以扰其思想也，而又附"西洋伦理学家小传"于其后。今之所译，虽亦参考原本，而详略则一仍蟹江氏之旧。蟹江氏之译此书也，曰取其能调和动机论、功利论两派之学说，而论议平实、不兹流弊也。今之重译犹是意也，其"伦理学史"、"德论"及"义务论"当续译之，以公于世。

宣统二年五月译者识

序　论

一　伦理学之概念

伦理学（Ethik）之名，本于希腊语，其本义为研究风习之科学也。

研究风习之法有二：（甲）以证明为鹄者，（乙）以实践为鹄者。甲之法，考各民族在各时代之风俗习惯而记述之，是为历史派人类学，如**海罗德**（Herodot）及**斯宾塞尔**（Herbert Spencer）之叙事社会学之类是也。乙之法，则在研究人生行为之价值，以指示吾人处世之正道，是则希腊人之所谓伦理学也。序以条理，而锡以伦理学之名，实始于雅里士多德勒（Aristoteles）。兹之序论，即所以说明实践伦理学之性质者也。

> **海罗德**，约前484~前425），今通译希罗多德。古希腊历史学家。著有《历史》。
>
> **斯宾塞尔**（1820~1903），今通译赫伯特·斯宾塞。英国哲学家。著有《心理学原理》等。

二　科学统系中伦理学之位置

科学有二别，一主理论者，二主实践者。前者谓之学，后者谓之术；前者属于知识而已，后者又示人利用其能力以举措事物，而适合于人生之正鹄者也。

由是观之，伦理学之属于术，无疑矣。盖伦理学者，所以示人之生活，必如何而后能适合于人生之正鹄者也。故伦理学者，位于诸术之上，而广言之，直可以包含诸术。何则？凡所谓术者，皆人所资以达其完全之生活者也，自商工业以至教育政治，何一不然？故虽谓诸术皆隶属于伦理学，而悉为伦理学之一部，殆无不可也。

凡术皆以学为基，盖应用学理以解释其所实践之条目者也，而伦理学之所基，则为人类学及心理学。盖伦理学之鹄，在预定人类性质及人生规则之知识，而用以解释人类全体及各人之生活及行为，如何则有助于人性之发展，如何则反益其障碍。此其关系，得以他术比例而明之。如医术以却病为鹄，在因人身之生活，而为之助其发达，去其障碍，是为卫生及治病之术，故以物理科之人类学为基，医术与物理科人类学之关系，犹伦理学与人类学全体之关系也。医术者，本人身之知识，而用以发展人身之生活，使达于康强；伦理学者，本人性全部之知识，而尤注重于其关乎精神、关乎社会之两部，用以发展人类种种之生活，使达于完全。故伦理学者，可谓之完全之卫生术。不惟医术，即其他教育、政治诸术，亦可视为伦理学之一部分，或视为辅助之术焉。创设伦理学之**雅里士多德勒**，其见解亦若是也。

术与学之区别如此，而不得以术为独立之新科学，何则？科学所以研究事物之性质，而事物之变化，由人力所生者，不得径视为性质之一部也。惟科学之书，亦得附记其应用之术。如著物理学者，于蒸气理论后，附记气机之作用，此以技术为学说之余论，固甚当也。

使人类之本体，属于学理之一方面，则吾人研究学理而已足，而其实不然。所谓本体者，乃属于实践之方面也，凡实践问题，其发生常在学理问题之前，而尤为重要；所谓科学者，率由求实践问题之解释而后起，如解剖学、生理学起于医术，几何学起于量地术，而哲学则亦起于求人生之意义及职分也。要之驱人类全体，而讨究宇宙之性质者，无问古今，不外乎各即其生活之现象，而绎其本义，溯其缘起，指其正鹄，然则谓一切哲学之原因及归宿，悉隶于伦理学焉可也。

亚里士多德勒像
雅里士多德勒（前384~前322），今通译亚里士多德。古希腊哲学家。著有《工具论》、《物理学》、《形而上学》、《伦理学》等。

三　伦理学之职分

伦理学之职分有二，一曰定人生之正鹄，二曰所以达于其正鹄之道。人生之正鹄者，至善也，具足之生活也，以善论定之。善论之职分，在论定一普通之形式，其内而身心能力之发展，外而国家天下之关系，悉得其所，而无毫发之遗憾，使人类得据以为正鹄而奔赴之者也。若是者谓之至善，亦谓之安宁。安宁也者，并形容其主观之状，盖谓具足之生活，必有快乐之感随之也。然不可因是而谓人生之所以能有价值者，其内容仅此快感。何则？快感者，至善之体所感觉享受之形式，而非可以此为善也。

伦理学之第二职分，在指示吾人由何等行为，养何等品性，而后可以达于至善，此则义务论及德论所由作也。义务论者，准至善之鹄，而立普通形式，以范围各种之行为者也。德论者，揭养成性格之道，而证明敬义勇信诸吉德，何以与至善相迎；诈慢怯懦诸凶德，何以与至善相背者也。

行为及品性，非徒为达于至善之作用，而即为内容之要素，如动作休憩，为卫生术之作用，而亦即人身生活之内容也。不观诸诗乎？积章而为篇，各章之诗，虽为构成全篇主义之作用，而亦自有其各章之价值。伦理亦然，由诸德之组织而为至善，而有公同之价值；又由至善之分现于诸德，而各有其作用之价值。且各章之诗，得视其关于全篇主义之远近，而价值不同。种种之德，亦得视其关于至善之轻重，而次第其价值焉。义务之等差亦然。

四　伦理学之研究法

吾人之知识，可别为二种，一曰得之于经验者，二曰得之于直觉者。直觉之知识，可以数学为模型，盖先立单元，而演绎之以为种种之公例，以论理证明之，据思想中之原理，而指示其必然之因果者也。经验之知识，则反是，若物理学，若化学，必先观察事物之状态，求得其自然相应之规律，而后敢揭以为普通之法式，因果律是也。其所揭之法式，所以可据者，由其非以论理之法，结合于预想之定义，而实诉合于观察所得之因果也。

伦理学之研究法，不类数学，而类于理化学，余之所不疑也。盖伦理学者，非由概念而演绎之以为定义，实由经验而确指其事实之关联者。如一人有何等动作，则于其人及外界各关系，必生何种之效果，此伦理学中证明事理之通式也。苟转而言之，则为凡人欲得何等之效果，或欲免之者，不可不有何等之作用。是岂非各种技术中因果关联之成法耶？培根有言，实践之规则，生于因果律。顾实践规则之所以可信，由其以因果之关联证明之，而因果之关联，必由经验而得之。如清洁、运动，呼吸新空气，宜于卫生，否则为害，非经验无以证明之。吉德有以助人类生活之发展，而凶德适以破坏之，此亦非经验不能证明者也。

持直觉论者，以伦理学为无关于经验之知识，以为设道德之条目者，不可以恃经验，且亦无待乎经验焉。伦理学中之命令，出于人类之良心，是即天命之性，本具有立法决事之能力者也。且为之说曰：凡人屏除一切经验，而尚有善恶之观念者，事实也，何者为利，何者为害，诚待经验而后知；而何者为善，何者为恶，则于未经验之前，固已知之。是故人之实际行事，与其行事时各种因果关系之观念，决不能于其直觉之知识，有所增损焉。

直觉论者之说如此，然核之于实际，则人类非以判别善恶之故，而有待于道德哲学。所谓道德者，夙已先道德哲学而发见，苟其初无所谓道德，则决不能有道德哲学；以道德哲学，必以现在之积极道德管理吾人之生涯及意志者，为其思考之对象，而后能建设也。吾人内有其心，诚若有何事当行、何事不当行之命令，于是名之曰良心。良心之起源及其与人生正鹄之关系，当详述于本论。若欲先明道德哲学之性质，不必等于直觉知识之科学也。特援卫生术以证之如下：

吾人不待道德哲学之发明，而始能判别善恶，犹之不待卫生术之发明，而始能摄养身体也。当医术未作以前，饥者求食，寒者求衣，业已足以自存，使有询以何故食能疗饥、衣能疗寒者，其人必大诧异，如询今之

培根像

（Francis Bacon, 1561~1626），英国哲学家、科学家，被马克思称为"英国唯物主义和整个现代实验科学的真正始祖"。著有《新工具》、《论说随笔文集》等。

小学生徒以欺诈窃盗何故不可为也。彼以为此等人人能解之事，曾何足深求云尔。取自昔人不屑深求之事，以为问题而研究之，由是科学作焉。盖人类循自然能解之术，以卫其生，既不知经历几何年，而始有根据科学之医术。且其进步亦复甚缓，以观察及实验二法，知人身之构造机能，及其与外界各种生活之关系，然后能举昔日种种自然卫生之举动，而别其果合于卫生之正鹄否也。

道德哲学亦然，当其未发见也，固已有不思而得之道德，为众所公认。盖社会之生活，如身体然，亦有由良能之指导，而无俟乎科学者。此其良能，即所以综合各种生活而构成社会者也。且道德之规则，亦若有不可思议之命令，临于吾人意识之上，与卫生规则无异。例如毋杀人，毋盗窃，毋欺诬，皆良心中无上之命令，有不必叩其原因之何在，而自不能不遵者，与饥而求食、寒而求衣，无以异也。

然则所谓道德哲学者，将不过缀集良心中各种积极或消极之命令，而不能谓之为科学乎？曰：否、否！不然。凡自然道德，常萌芽其真理，以寓于俚谚之中，例如"杖莫如信"之类是也。夫"杖莫如信"之言，非命令也，而其中确含真理。若解析而言之，曰：汝必守信，汝知杖之可恃，而不知信之可恃乃过乎？则真理显矣。本此等自然道德所含之真理，而发挥之，以论定各种行为之得失，是则道德哲学之本职也。道德哲学，亦犹卫生科学然，在举人类自昔习惯之行为，而为之指别其损益之所在，使人人得循是以为取舍。例如欺诬者，足以伤人之信用，施者、受者，均受其害，而社会全体，亦失其信用之一分子；又如窃盗者，自丧其品格，又使被窃盗者损失其资财，而社会全体之秩序，且为之紊乱——此其所以为恶也。一切行为，或善或恶，皆循此例以示其所由，于是人类之行为，变其纯任自然者，而益之以思虑，由无意识之道德，而进于有意识者，斯则道德哲学之赐也。

且道德哲学之职分，犹不止此。卫生科学，既本自然卫生术以为基，又进而补正之；道德哲学，既因自然道德以为基，则亦从而扩充之。一行为也，既示其可否矣，而又为之规定其行止之界域，如指示欺诈之不可为，而又指示以不能不用欺诈之事是也。且自然道德，于事物错综之际，恒不免多歧，必其人谙练有素，而判决始能屡中。道德哲学，为规定一切谙练之法则，于是临事者虽亦不能不本谙练以为判决，而较之自然道德，则津涯较著矣。

谙练之规则，德论及义务论之职分也。凡德论及义务论之条目，无不指正鹄而综因果，即所谓欲达某某正鹄者，不可不有某某动作是也。然此正鹄与吾人知识之关系果如何乎？伦理学者何自而得此具足生活之意识乎？又何以证明至善规则之必无谬误乎？

一及此等问题，而持论不能无稍异，盖吾人所以决定至善之性质者，非悟性之职分，而实意志之职分也。吾人常若有具足生活之理想，涌现目前，而又无思无虑，直认为无尚之正鹄，此等理想，虽明现于意识之域，然必非得之于悟性，而实出于吾人本体之映像也。有人于此，其思想与我大异，我欲匡其谬误，而论理之法则，事变之经验，俱不足以动之，乃表我无尚之理想，以动其感情，而其人或幡然自悟。当此之时，其所以核定理想之价值者，不在其人之悟性，而全由意志之力也。盖悟性者，所以核真伪而非所以别善恶也。

道德者，源于理性乎，抑源于感情乎？此自昔伦理学者所聚讼也，而二者，实皆有关系。惟所以决定具足生活之何若者，则全在乎不可思议之感情，吾人虽有何等论证，不能由是而发生崇敬理想之感情，犹之尝苦味时，不能由论证之力而使之变苦为甘也。夫吾人于食物之趣味，间可由习惯而稍变，道德之趣味亦然。然亦恃所味者之变化其内容而始能，若乃至善之理想既已确立，则凡一切动作，孰者足为实现至善之作用，孰者为之障碍，以悟性核定之，至易易矣。

至善理想之所以为最溥博、最正当者，势不能以科学之法则论证之；所可得论证者，恃人类意志有同一确定之方向而已。人类之能力，及其生活之规则，互相类似，故常有一种程度，可以互相忖度，如同一程度之下等动物，其欲望互相类似也。而研究是等意向者，属于自然史，自然史之职分，在即人类全体所以实现其至善之理想者，而发见其普通之法式。方伦理学者之为此也，乃遂无异于治生物学，盖其职分，不在施命令于人类之意向，惟发见之而已。果能发见人类普通之意向，则其间偶有一二与众人意向大违者，势不得不视为变例。例如荒淫之人，其嗜欲几与吾辈悬殊，而要不能不认为实事，生理学者亦仅能谓之变例，而不能谓其无是例也。意向之变例亦然，人皆有高尚之快乐，本于良知及理想者，或乃徇口腹之欲，而不知其他；人皆有运动身体、练习世事之好尚，而或惟癖于偷惰；人皆有人我苦乐之同情，而或以他人之苦痛引为愉快——凡若此者，吾人当视为变例者也，而要不能直指其为错乱。何则？吾人求所以证其为错乱者而不可得也；以彼其人，不惟不自知其异于普通之人，且以为普通人之意向，皆若是焉。

五 道德律与自然律之比较

吾人见自然界各种现象，常循有定之规则而变化，于是立一通普之法式以表之，是为自然律。自然律有广、狭二义。以狭义言之，有是因必有是果，物无可以自遁者，如物理学中两物相摄之例，得以算理规定之者，是也；以广义言之，其法式虽足以范围万物，而亦不保其无一二端之出入。如生物学之法式，所以表动植物之体制及其生活机能之规则者，即属于广义之自然律者也。卫生术之法式亦然，为何等动作，恒有何等影响，如冷水沐浴，足以固肤理而增体温；如身体机能、神经系统，运动之则足以增进其势力，否则日即于痿废；又如酒精、鸦片之利害。是皆以人事错综，偶有变例，不能以算理规定如物理学各法式之精密，然其大例，固足以包最大多数之现象矣。

由是观之，道德律者，亦未尝不可谓之自然律。盖伦理学之法式，大抵即人类生活之状态，而表明其有何等行为，则常有何等影响者也。例如欺诈足以破信用，信用破则社会之交际将受其障害，是犹酒精之搅乱神经也。又如怠惰之习，足以蒙理性而弱意志，此亦循生理学之公例，以施于心理学者。故曰：道德律者，亦广义之自然律也。或疑道德律所以明其当然，而非如自然律之明其必然，然如勿欺诈之律，虽不免有一二变例，而究不失为普通之正式也。或又以道德律与法律有密切之关系，而自然律不然为疑，然道德律固关于法律，且纯正之法律，或不过道德律之一部分，而要不足以绝道德律与自然律之关系也。盖法律亦所以明其当然者，其间亦不免有一二变例，然举其正例而观之，实所以表明人民各种实际之动作而已。使有一规则焉，实为全世界人民之所蹂躏，则岂得复视之为法律者？故法律者，非徒文告，而确为实际动作之规则所由表，不得以其不能密合于数理而外视之也。且法律之原始，虽由于吾人之意志，而实以行为与事效相关联之因果为基本。例如律曰"勿欺诬，勿偷盗，欺诬、偷盗者罚之"，此即以欺诬、偷盗始害社会之因果律为基本者也。偷盗者，紊财产之秩序；欺诈者，伤人我之信用，此即自然律也。而兹之自然律，即为法律所自出，盖凡人均有保障社会中各种生活规则之志向，法律者，本此志向而设规律以管束凡人之动作云尔。

惟道德律亦若是，不徒明其当然，而且明其必然者也。文明史家必将曰：道德律者，以正当之规则，表彰凡人正当之动作，而又为判断各种动作之原理也。设有一民族于此，无真理、外道之别，无正直、诈伪之分，语之以道德之规则，则曰"子之言非吾所能解，毋乃妄乎？"如是，则可谓无道德律矣。然而世界亦乌有如是之民族耶？夫人之所以致疑于道德律者，徒以诈伪之属，并非必不能为，而仅为不正之动作耳。然而诈伪之属，得以变例视之；且如诈伪者，亦自然律之一端，盖非伦理学之规则，而心理学之规则也。非人人言语本有信用，则诈伪无自而生；非人人言语本有适合于自然律之真理，则信用无自而生。故信用与真理之关系，诈伪与不信用之关系，始也结合于吾人之动作，继也结合于吾人之意识，而于是毋诈伪之道德成立。然则道德律之以因果律为基本，正与医术、法学相同，苟因之与果，一人或一社会之动作与生涯，并无适合于自然律之关键，则道德律亦无由而存立。故道德律者，非人所自造，亦非由神意及良心之无端而制定，实人类自有固结乎生涯而适合于自然律之一性质，借道德律以表彰之耳。盖人之生活，必其含有人道及精神进化史之内容，在表彰各人正当动作之道德律范围以内，而道德律乃与生物学之自然律诉合也。凡违背道德律者，小而一人，大而社会，无不有障害其生活之势。苟有一民族焉，全失其道德律，则即破坏其人类进化之生涯，终且求如他种动物之生存而不可得矣。

道德律之所以为范畴也，以文典比例之而可知。文典者，普通之人所认为明其当然者也，然吾人试研究言语之历史，则所谓文典者，非创设语法以示人，特表示言语所具之规则云尔。文典家之于**峨特语**，若**中古高德意志语**，常探究当时实际言语之形式而叙述之，不啻古生物学家探究古物生活之形式而叙述之也。其探究今日言语之规则者亦然。夫言语者，常亦随人随事而差别，惟其间必有互相类似之点，如名词、动词之变化等是也；而亦有不能以一定之形式限之者，于口语中尤视文词为多。故文典家

峨特，今通译哥特。原指西欧的日耳曼部族，后演变为一种文化现象。

峨特语，今通译哥特语，日耳曼语的一支，现已消失。

中古高德意志语，"中古高地德意志语"的简称，是12世纪之后，在德国南部高地以上德意志诸方言（阿勒曼尼方言、巴伐利亚方言）为基础兴起的一种标准语，并成为官方书面语言。中古高地德意志语产生了大量文学作品，以13世纪早期的史诗《尼伯龙根之歌》为代表。

丙辑　伦理学原理

欲叙述实际之言语，而得其普通之规则，不能不合种种之形式而有所取舍；又不能不准诸常用者，及名人著作之受多数人信从者，以为可取之形式，于是此形式遂为标准，而文典遂为标准之科学。吾人于言语文章之正误，得标准文典以判定之，其间又有一大关系，则所以需此形式之正鹄是也。盖言语之正鹄，在使人了解；不合文典之言语，人不能了解，则不得不以为谬误而排斥之。

道德哲学亦然，常人每以道德哲学之职分，在以生活之规则命令吾人，而以人类学、历史学之证据核之，则道德哲学之职分，初不在施如何行动、如何判断之命令于吾人，实不过举实际之生活，而取其最普通之形式以叙述之耳。而欲叙述最普通之形式，不可不洞察各各道德之正鹄，与其法则之形式及方向，而叙述之科学，遂为标准之科学矣。其中条目，既以表彰人类之安宁为主，则其由是而为判断之原理，与夫行为之训诫，亦固其所也。

六 具足之概念

前者，吾言道德之正鹄，在至善，而至善即具足之生活。夫具足生活者何耶？盖谓人类之体魄及精神，其势力皆发展至高而无所歉然之谓也。此其实质之条目，当别论之，而兹先言其形式之关系。难者或曰：形式者虚位也，无论何等实质，均可以充其内容，彼如快乐派伦理学所谓快乐为至善者，非既有其形式乎？又奚必排快乐派之说而又别立形式为？吾于快乐派之得失，当论于后章，兹所欲明者，即自形式以外别无可以说明至善之法是也。不观卫生术乎？具普通之图式，而于康强身体之事实，不能一一举似也。伦理学之于处世之道亦然，夫仅有具足生活之形式，诚不能构成生活之价值，生活之价值，实在乎充此形式内容之实质，而充此形式内容之实质，则又决非各派伦理学如快乐派等所能证明之者也。

盖人人为同状之具足生活，势所不能。苟有一民族焉，其间人人果有同一之具足生活，则意味索然；且其民族中之各人，性质同，生涯同，而仅仅以某甲某乙为分别，亦复成何民族耶？故所谓人类具足之生活者，乃合各人各种之具足生活以成之，而非取其雷同者也。由是而欲明具足生活之实质，势不得不由人类之观念；而悉举其观念中所必不可缺之形式以充之，自一人而家族，而民族，各各因其若何之资性而发展其若何之生活，皆当罗举而无遗，此则历史哲学家之以建设为鹄者之职分也。然吾人即仅取历史中过去人物之生活，及种种民族之生活，而条举之以构成人类之观念，已不易能，况欲构成未来之历史与人类之新状态乎？

譬之美学，欲举绘画、雕塑、诗歌、音乐等一切现象，与其将来应有之事，悉以美术之观念罗举之，世岂有能之者？盖美之实现，天才之事也。美学者取过去天才之所创造，而循迹以考之，其职分在泛论美术中必不可缺之条件。即此一端，在美学者虽不能列举美术现象以贻将来，而能使美术家得预知必不可缺之条件而免于谬误。伦理学亦然，虽不能胪举将来具足生活之内容，而立普通法则以指明具足生活所必不可缺之条件，则亦使吾人各得以其特别之生活，准于所指示之条件，而免于违戾焉。

七　伦理学之普通形式

人类初无所谓普通之道德也，各民族所持以为普通之模范者，恒自有其特殊之道德。如英国人与非洲人，各道其所道而德其所德，彼其生活之状态，现已不同，而道德亦随之以不同，固不可诬之事实也。惟其不同也，为当然乎，为必然乎，又不可以不辨。据昔贤之说，如康德辈，皆以为道德之本义，即在人类理性，必有其普通无异之实质。苟道德可以因地而异，则将男之与女，美术家之与商人，亦将因其体性及职业之不同而各异其道德耶？答之曰：道德之因人而异也，诚然，然不必以此而有妨于具足生活之理想也。夫人类生活之状态，既各各不同，则其所以为生活之规则者，自不能不异。观英人与非洲人，既各有其特别之卫生，则夫统一卫生诸术之道德，亦不得而强同。是故同一动作也，在此则合于时宜，而在彼则否。英人与非洲人之交际，较之英人与英人之交际，既显为特别之动作，其道德之特别也，亦若是而已矣。

虽然，此以广义言之也，若以狭义言之，则虽谓人类本有普通之道德，亦未尝不可。盖人类之本质及其生活法则之基本，既已同一，则所以发展其康健之生活者，则纲纪自不得不同。故卫生术得设普通规则以示人，如饮食之种类及定量，动静之节度，恒可为吾人所遵守。道德亦然，如思患而预防，如幼稚之教育，如夫妇有别之制，如同类相残之禁，皆普通之规则也，有悖之者，其害立见；如杀人、奸通、盗窃、诈伪之所以为恶，正直、慈祥、诚信之所以为善，亦其义也。由此等普通规则，而制为训诫，以直接应用于庶事，则必因其人资禀之异同，与夫平日生活状态之异同，而为之消息。如医家之应用其卫生术，不能强寒带之人与热带之人相同也。道德之通义，若家族相亲睦，邻里相任恤，社会秩序相与维持，虽可放之四海而皆准，至绳检实事，则不能不有所变通矣。如一夫一妇，在文明民族，诚为家族中最善之制，然衡之于非洲人，则以其平日生活状态之不同，而未可以是相绳。故谓一夫一妇为家族最善之形式可也，而必文明程度与是相宜，则得而实践之；否则视其程度之所届，而用特别之形式，亦未为不可。意者，一夫多妻之制，足以繁衍族姓，或为家族进化史所不能不经历之阶级，如权利进化之于杀戮，社会进化之于奴隶云尔。

由是观之，则夫时代既异，而道德亦不能不随之以异，不特其理至明，而其证亦至确也。惟道德何以必随时代而不同，既已随时代而不同，而又何以仍无失其为道德，此则虽圣哲犹难言之。夫常人之情，于古人已事，与今之道德不相容者，往往直斥为悖谬。读中世史，见基督教徒之仇异教也，常捕异教徒及巫觋之属而榜掠之，甚者杀之焚之，则无不极口诋諆者。夫淫刑以逞，诚蛮野矣，然在蛮野之时代，用蛮野之刑法，未为不可。且驱蛮野而进文明，或亦不可无此作用，向使无往昔酷虐之刑法，则中世都市，或未必能跻于今日复杂生活之社会也。今日之刑法及警察，严明平正，一洗中世酷虐之习，诚可喜矣，然缘是而谓中世何

康德像

康德（1724~1804），德国哲学家、天文学家，古典唯心主义创始人。著有《纯粹理性批判》、《实践理性导论》、《判断力批判》等。

以不用是制，则误矣。且今日严明平正之制之所以有效，庸讵知非中世酷虐之制之所致乎？

更进而论之，则虽一民族中之各社会、各人，亦不免各有其特别之道德。既有各种资性，各种生活状态，则必有各种摄卫身体之卫生术，而亦有各种摄卫精神之道德。或在此为益为要，而在彼为无益为非要者，盖常有之，其在实际之决断亦然。同一行为也，或在此人则可，而在彼人则不可，若欲合无数之人而同其行为，世所不能有也。苟知各种行为，非仅其人性质之一方面所由表，而实为其全部意志之所由表，与其人之品格及本性，皆相关联，则无论意向、言语、事业，无不足以见各人特别之印象者。吾人所见各人有大同之动作者，徒观其表耳，苟求其内情，则无一不具特性。夫内情者，人之本质也，其有特性也，正其所以为具足，而不得谓之缺陷。自伦理之本意，以渐消失，而接近于法律之范围，乃始有整齐划一之动作焉。

凡训诫道德之人，于各人之特性，宜视普通性为尤重。盖特性者，人之资禀及性癖所托，而普通法则未有顾及性癖者也。夫人者，各持其特别之资禀，以应外界之事物，各本其特别之性质，以与其在社会之地位相习，则常欲求有特别之道德，而于他人之判断，与其良心之源于最高道德之观察者，皆有格格不相入之势，此其至易见者。夫然，而康德之严格主义，最足以矫其枉。康德之主义，务使感官之意志，隶属于普通法则，此诚各人实现最高道德之肇端也。夫实现最高道德之事，得以基督教典之言形容之，盖不谓之法则之解释，而谓之适应也。然道德非以适应命人，观上文而可知。道德者，特指示普通法则而已，若本此法则而用以适应于特别之事，则各人之良心及知识所职也。然各人亦不免有待于指导，故必有训诫道德之人；犹之吾人之于卫生术，

《圣经》书影

亦不免有需于医生也。不惟此也，精神之生活，比于身体之生活，其情事更为复杂，其问题更为纠葛，其相需尤殷，而其障碍亦愈多，好恶喜惧之情，参错混淆，又更甚焉。百战不殆之人，于摄卫身体之道，常任其良能与习惯，而独于精神生活，必秉承于专门研究、多方经验之教士，诚重之也。而观之今日，则医生之数与年递增，而训诫道德之人，则日形其少，岂人人重身体而轻精神乎？抑欲以医术补精神之缺乎？将由思维感觉，日益复杂，而摄卫精神之职分，竟无由而胜任乎？

然更端而观之，则道德哲学之规则，实有不能普及之征。盖所谓人类普通之道德，属于理性之实现者，虽人人可以想象之，而卒未能有实行之者也。道德哲学家之感觉及思想，不能蝉蜕于其民族、其时代之外，而反不免为其所规定，其故有二：一则自其幼稚之时，取民族之理想以渐构为自己之理想者；二则彼其善恶之观念，终不能不受时代之制限。此为十八世纪之合理论者所未见及，故皆不免于误谬，即康德亦然。及十九世纪，为历史学时代，则未有置信于人类普通之道德者矣。是故道德哲学最适之范围，常被限于起此道德之文化，而不能超越乎其外。其道德家之明此界限与否，非所问也，道德哲学家之职分，惟在为同一文化之同胞，指示其最宜之生活法式，以共进于康宁幸福之域而已矣。

八 伦理学之所以为实践科学

问者曰：伦理学者，将不惟以其处置实践之方法，而又大有影响于实践之方面，故号为实践科学耶？曰：然。伦理原始之本义，固如是。雅里士多德勒曰："伦理学之正鹄，在实践，而非在讲求也。"**叔本华**（Schopen hauer）氏，于其所著《伦理学之发端》，亦持此说，以为一切哲学，皆以学理为正鹄；其以实践为正鹄，务指导人人之行事而陶冶其品性，则自昔为伦理学之职分，而有识者所公认也。盖道德者，非概念所能构，而理性之所断也。道德之不可由教学而成，犹天才之不可由教学而得。故道德哲学之不能使人为高士、为君子、为神圣，亦犹美学之不能使人为大诗人，及雕塑、绘画、音乐诸名工也。

叔本华（Schopen hauer，1788~1860），德国哲学家，唯意志论的创始人。主要著作有《作为意志和表象的世界》《论自然意志》《伦理学的两个根本问题》等，有《叔本华全集》传世。

尼采像

尼采（1844~1900），德国后现代主义哲学家、诗人、作家。著有《快乐的科学》、《查拉图斯特拉如是说》等。

然伦理学者，决不可以此而沮丧其意气。伦理学最要之职分，在贻人以关于行为之知识，即所谓何等之行为，必与其外界之事物及方向有何等关系，且于小己及社会之生活状态，有何等影响者也。夫人之知识，本皆有裨于其行为，则夫伦理学之知识，何独不然？医师说清洁之适于康健，过饮之害及神经，则因而勤洗涤戒、沉湎者盖多有之。然则道德家所阐行为与利害之关系，何故而无影响于人类之动作耶？人苟于怠惰、愤怒、轻率、猜忌、诈伪诸恶德，知其足以为生活之障碍，又于慎重、恭敬、节制、正直、亲睦诸吉德，知其足以裨生活之发展，安能无加损于其意志耶？夫意志固不能全决于知识，彼其资性、教育、习惯，及外界之成例，或毁誉，皆有左右意志之力，然知识之有助于意志，则亦未有能反对之者也。

伦理学之所以有裨于躬行，在能使吾人于人生正鹄之所在，不惟口说之而实心领之也。不知康强之益者，虽有医师，日说以卫生之术，而无效；不知道义之乐者，虽有道德哲学家，日聒以伦理之要，亦必无功。然使其一旦解悟，洞见人生正鹄之所在，则安知其不幡然悔改，遂去恶而从善耶？难者或曰：此宗教家之所有事，而非道德哲学家之职分也。然吾抑不知宗教家与道德哲学家，果若是其不相谋耶？使宗教家无伦理学之知识，则无以尽其职；道德哲学家历举人生动作与苦乐之关系，虽无演说宗教之形式，而亦乌能无裨于躬行耶！

难者或又曰，道德哲学者，非恃无益于躬行，而反贻之以危险。何则？人之由道德也，循良心及习惯之势力，而笃信之、服从之耳，必探究其原本、及意义、及价值，则信仰之力杀矣！余曰：是又不然。凡探究之为，非生于哲学，而实为哲学所由生也。人之情虽欲避探究而不可得，如遇一行事，一判断，而欲辨其得失是非，势不能不探究其原理。道德哲学者，循此探究之趋向，而为之阐明其原理云尔。不宁惟是，阐明此等原理，在今日尤为当务之急。近今社会心理，日趋革新，几欲举往昔所持之天命主义而悉扫之。此其趋向，征之各种事物而无不然。如尼采（Nietzsche）之说，欲尽革青年时代之见解；社会主义，欲悉改国家及社会之旧习——此其最铮铮者矣。当今之时，无论其为思想，为道德，为生活之法式，一切舍旧而谋新；至于宗教之权，与夫古昔之传说，人人视为弁髦。此由受太过之压制，忽反动而为怀疑派，其主观之思想，遂溃裂而四出。实往昔学而不思之学派，及有信仰而无诘难之教会，所激而成之。是为开放时代之特征。昔之开放时代，尚已，而今乃复见，其始袭于少年，今则渐波及于普通人民。彼等厌忌往昔之思想及生活法式，为以盲导盲，必欲以其独立之意见，别辟世界，此实彼等自由之权利也。自由思想，自由生活，本人生第一之权利，而亦第一之义务也。盖精神界最贵之特权，固未有尚于自立者也；而自立之精神，在其思想之自由，而不倚于预定之见。伦理学之问题，则所以使陷于怀疑派之人，得于生活之正鹄及职分，得一自由探究之基础而已矣。

本 论

导言关乎纯理学及心理学者

余于本论之端，先述余平日所持纯理学及心理学之见解如下。

（一）吾人之实际，所恃以表现者，有两方面：其一，外界之为感官所见者，是谓物理；其一，内界之为意识所见者，是谓精神之生活。

（二）两方面之实现，本非异域，精神生活之进化，在外界有与之相当者；物理之进化，在内界亦有与之相当者。

（三）有形之物，皆精神生活之现象及标识；而精神生活，则不外乎实际之表现也。

（四）精神生活之直接者，即吾人内界之生活，具于有生之初者也，其现象则为吾身。

（五）吾身之外，各种之精神生活，皆以吾身之形状及动作比例而得之，惟人类知识之精密，始足以语此耳。故精神生活，与人类进化史一致。

（六）统一切精神生活而言之，是谓神，神之实际之全量，超于吾人知识之外，强以吾人精神生活最高之形式及内容，拟议而道之，于是宗教家之**拟人论**起焉。（拟人论者，拟议神之言动如人然，如基督教所言造物之类是也。）

（七）精神生活，亦有两方面，意志及知识是也。意志之动，为冲动，为感情；知识之动，为感觉，为知觉，为思维。

（八）以生理学之进化史考之，精神生活之根本，实在意志之一方面。盖意志者，不待有正鹄及作用之模像，而能以无意识之冲动规定生活者也。其在智力，则属于第二级之进化，犹生理现象之神经系统及脑也。

（九）以心理学考之，亦当以意志为精神生活之根本。盖凡生物，皆有一种意向，以一定之特别生活为正鹄者，是为意志之趋向，而即生物

> **拟人论**，将非人的事物比作人并赋予它们包括心理特点在内的人类特征的理论。

内界之本质也。此其趋向，初非由知识或感情，经验于生活之价值而始得之。

（十）意志之进化有三级，一曰无意识之冲动；二曰感官之欲望；三曰理性之意志。而其意向，则通三级而以小己及种族之保存及进步为鹄者也。

（十一）意志原始之形式，即无意识之冲动也。由无意识之冲动，而现于意识中，则为有意识之冲动。吾人若增进其生活之动作，而有以餍其冲动，则快感随之；若障碍其动作，而逆其冲动，则不快之感随之。

（十二）感官之欲望，即冲动而伴以动作之模像者也。欲望之前提，为智力发展之一程度与夫意志及模像之交错，而欲望之餍足与障碍，则亦有快与不快之感随之。

（十三）理性之意志，即欲望而被规定于人生正鹄之思想，若原理、若理想者也，亦谓之狭义之意志。意志进化，以此为最高之形式，亦犹智力进化，而达于理性之思维也。生活理想之实践，即以意志身体为对象，其本体及形状及动作能合于理想，则满足之感随之，不合则不满之感亦随之。

（十四）吾人既有理性之意志，而其所基之自然意志，若冲动、若欲望，势不能寂灭也。于是理性之意志，任评判之选择之之务。此评判选择之务，谓之良心。理性意志之能力，所以训练下级意志而培养之者，谓之意志之自由。循是道以管辖内界生活之实际，谓之人格之实际。

（十五）意志与感情之关系，其始至密切也，各意志发动，而感情必随之；各感情发动，而积极或消极之意志亦必随之。意志及意志之方向、若状态，皆在于感情及感情表现之中；或以感情为因，意志为果，谬矣。

（十六）精神界进化，而意志与感情之关系，乃与前不同。意志之规定，或不关于感情之发动。吾人当计划一事，或决定一策，常有不顾感情者，且有反对直接之感情而为之者。至于特别之感情，如关乎美术者，虽未尝不含意志之分子，而要不能谓之意志之冲动也。

第一章 善恶正鹄论与形式论之见解

一 善恶之见解之别

伦理学之思想，何自生乎？曰：生于两问题。其一曰：道德价值之差别，其究竟之基本何在乎？其二曰：人生究竟之正鹄何谓乎？此两问题者，常诱掖富于思想之人，而使就伦理学之途径者也。前之一问题，由于道德界判断之职能而出；后之一问题，则由执意及行为而起也。

第一问题之答案，有相反之两见解，正鹄论及形式论是也。正鹄论之见解，在求行为及意向之性质，视其影响于小己及社会之本质若生活者如何，而以为善恶之区别。其于人类之本质及生活，有保存之、发达之之倾向者，谓之善；其或有障碍之、破坏之之倾向者，谓之恶。形式论之见解，则不然。彼以为道德界善恶之概念，不关于行为之效果，而出于意志中超绝之性质；此其性质，确然独立，而非由他种性质孳生者。近世之康德（Kaut），代表形式论者也，其说曰："凡意志被规定于尊敬义务之意识者，善也；其被规定于反对义务之意识者，恶也。"余于以上两见解之中，取正鹄论。

第二问题，亦有多数见解，而可以大别为二：快乐论及势力论是也。快乐论之见解，以为人之意志，无不求快乐而避苦痛，故快乐者至善也。势力论之见解，则否，以为人之意志，并非以快乐为鹄，而实鹄于客观之生活内容，夫生活不外乎实行，而人之正鹄，遂不外乎生活动作之具体者。

余于第二问题，取势力论之见解。故余所持伦理学之见解，谓之正鹄论家之势力宗，余之所谓善，即所以达于最高正鹄之行为方法及意志决定也。而达于最高正鹄者，谓之安，即有以完成其生质及生活之动作者也。

余将于次之二章，述余所以持此见解之故；先即上文所用之学语而定其义如下：

自昔学者恒称正鹄论为**功利论**，余之所以定名为正鹄论者，以功利论之名，其造语时本不免有误点也。此语本起于**边沁**（Bentham）学派，**约翰·穆勒**（John Stuart Mill）于其自叙中，言用功利论之名，自己始。然则此语自创用时，已与快乐论有不可离之关系。而世之论者，遂以余论与快乐论同年而语之，此余所以别用正鹄论之名也。且用正鹄论之名又有一利，则余所谓伦理学开山柏拉图及雅里士多德勒之世界观，常得因正鹄之名而联想之。盖二氏之见解，以为一切实在，一切人类之在宇宙，各有其职分，是即其伦理学中根本之直觉，而伦理学之种种问题，要不外阐明此等职分，与夫由是而生之生活状态及生活动作也。

势力论之名，亦余所创用，以示反对快乐论之意。所谓意志之鹄，不在感情之内容，而在生活之动作也。此语亦本于雅里士多德勒之所谓势力云。

余之以至善为安者，以其得由两方面形容至善也。一则至善者，即客观之生活内容，由人类精神能力，为完全之动作而成之；二则此等生活之内容，其主体常有快乐之感随之，故知此等快感，即含于具足之生活内容，而不在其外也。

二　正鹄论见解之意义及权利

世人普通之见解，多近于形式论，以为行为之善恶，不在其效果，而在其原本之性质。其在道德界价值之区别，亦观其意向，而不论其影响。

边沁像

边沁（1748~1832），英国政治思想家、法学家、经济学家，功利主义哲学的创立者。著有《道德与立法原理》、《谬误集》、《政府片论》等。

功利论，一种道德理论。主张人的行为道德与否，要看行为的结果。凡结果给行为者及相关者带来好处，或利大于弊的行为，是道德的，否则是不道德。功利论又分行为功利论与规则功利论。

约翰·穆勒（1806~1873），全名约翰·斯图亚特·穆勒，英国哲学家、经济学家和联想主义心理学家。著有《逻辑体系》、《汉密尔敦爵士的哲学研究》等。

如《福音书》所载**散马利亚**（Samariter）人之慈悲，其于被盗之旅人，不但不能救助，而反误害其生命，然而无损于道德之价值也。又有诽谤人者，或反以彰被诽谤者之懿行，而自丧其信用，其效果可为至良，而诽谤之为恶德，不以是而变也。

余答之曰：事诚如是，然此不足以难正鹄论之考察法也。正鹄论所以判定特别行为之善恶者，不在其事实之效果，而在其行为之性质有可以生何等效果之倾向也。诽谤之性质，含有可以毁人信用及名誉之效果，即偶有效果相反，如上文所述者，此自有特别原因，如闻者之良心，及慎重，及具有洞悉人情世故之知识，而决非诽谤之性质所固有，是即雅里士多德勒所谓诽谤者善果之偶因而非其真因也。故道德者，不在其事实之效果，而在其行为之性质所应有之效果也。物理学中研究重力之自然律，非取实际变化无量之降下运动而悉该之，盖仅言重力，固未足以赅物体实际运动之各规则，然物理学固无害其为研究重量之规则也。医学中之研究药剂及毒物，常规定其性质所含之效果，然当其特别之时地，则常不免有多数之原因，能变化其效果，或薄弱之，甚且有与其本质相反对者，药剂及毒物之价值自若也。道德亦然，惟研究行为性质中所包含之倾向，而其实行特别生变化无量之效果，非所计也。故伦理学若专为规定诽谤之效果，则第问其及于人类之影响，而已可决其为无价值。由此例推，则如慈悲者，亦以其性质本在救人之不幸，而保存其生活，或又增进之，故得而决其为善也。

或曰：是果无误耶？慈悲者，不问其效果如何，而本体必善耶？狠戾者亦不问其效果如何，而本体必恶耶？然则如散马利亚人者，不能救遇盗之人，又或有救人之心，而卒为贫病所困，高卧室中，将仍不失为慈善家耶？余答之曰：然。虽然，是固与正鹄论之见解，非有所矛盾也。于是时也，其行为外界之效果，诚不可见，而要其倾向则自若也，此其所以为善也。然或又辨曰：吾将设一人类性质本不能救助他人之境界，如使居此行星之人，能见他种行星中居人之灾厄，而无所施其救助，当是之时，苟有同情，尚足以为善乎？彼其同情，直无益之情耳，不过于彼苦痛者之外，别增一我之苦痛耳，是诚不如不见彼苦痛者之为愈也，而持正鹄论者，将犹以彼之同情为善乎？余答之曰：然。于是时也，彼于不知不识之间，固以为苟得近彼行星而救助其居人之灾厄，则诚慈善之行为也。夫学理之科

散马利亚，今通译撒马利亚，古代巴勒斯坦城名，以色列王国的首都。

学，尝亦有类是者。吾人常不免举预想中至正至信之关系点，度外置之，而自陷于误谬。如人皆曰：星辰有光，若以光为星辰特占之性质也者，然人若一用认识论之思想，则知星辰之光，自有一关系点之预想，即吾人能感觉光线之目是已。世人或又言，人类虽尽瞑其目，而星辰必仍灿烂。余答曰：然。虽然，是亦由再开其目，而仍见有灿烂之星辰，故云尔耳。使其一瞑而不复视，则又乌有所谓光点耶？行为亦然，使人类意识，无互相影响之能力，如**拉比尼都**（Leibniz）所言之元子，各各独立而无交感之作用，则夫慈悲为善、狠戾为恶之说，真全无意义矣。

莱布尼茨像

拉比尼都
（1646~1716），今通译莱布尼茨，德国自然科学家、哲学家、数学家。著有《形而上学论》《神正论》《单子论》《数学全书》等。

三　主观形式之判断与客观质料之判断

反对者或尚进而难余曰：事实决不如是。道德之判断，关乎意向，而不关乎行事，行事之动机善，则其意向之善可知也。盖其意向，苟发生于义务之意识，则内容及效果，皆可不问。如康德所谓自一切善意外，别无所谓善者，是也。

余曰：此言亦非无理，盖道德界之判断，固必先意向而后行为也。凡人即一行为而定其道德之价值，则必先究其行为何由发生，而后问其动机。有医于此，为人抉疡，而患者因以致死，舆论断之曰：彼歆于利而强为之乎？曰：否。患者甚贫，非能厚酬之也。然则彼殆骛虚名而妄为之乎？曰：否。彼尝屡试其技，而奏奇功，而兹则意外之变也。然则彼或轻心而为之乎？曰：否。彼终日踌躇而后毅然为之，以为此冒险之举，实医者之义务也。如是，则其人之行事，以道德言之，盖无可指斥者。

虽然，犹有进。彼之抉疡，以医术核之，果无误乎？此医学专家之事也。使据医学专家所见，彼以此时，施此险术，自足以致患者之死，则其人虽居心无他，而要不得辞其咎。于斯时也，所以判断其善恶者，不在其意向，而在其效果；惟所谓效果者，不在其实际所表见，而在其行事之性质所应有者耳。

吾人又有不可不致意者，则于一行为之评论，常有二方面，是也。一为人格之评论，以主观之形式为对象，而关于其人之意向；一为本事之评论，以客观之质料为对象，而关于其人之动作。前者专问其动机如何，后者则专问其行为性质中应有之效果如何也。

此二种评论，本各自独立，而易生反对之结论。常有某某行为，以事实论之，不无谬误，而以人格论之，则全为无罪者。如**克里斯披奴斯**（Crispinus）尝盗人皮革，为贫者制靴，果将以克氏为盗乎？是必不然。克氏初未尝为己而妄取于人，特见贫儿赤足立雪中，意大不忍，遂盗富商皮革以救之。盖克氏固守盗窃之戒者，其甘犯绞刑而为此，诚为不忍人之心所迫耳。克氏且以为彼守钱虏多蓄皮革，置之无用之地，而坐视他人之寒，适滋其罪，余今盗之以饷贫儿，安知非天父之命，使余为守钱虏赎罪者耶？夫是以盗之而不疑，然则以主观之形式评之，克氏本于良心之命令，牺牲其身，以济他人之厄，其意志之善，无待言矣。

虽然，行事之评论，不能限于此一方面，以其行事之本体，亦当为评判之对象也。由行事本体而评之，则不徒问其为果否善意，而尤当问其为果否善行。世亦多有意善而行恶者，如克氏之事，以客观之事实评之，不能免于盗窃之名。何则？不经物主之承诺，而私用其物，非盗窃而何？凡此类行事，无论动机如何，而其本来性质，有害于人生之安宁。苟人人以是为口实，谓私占他人财产以行利人之事，则虽不经物主之承诺而无害，则其流弊，有不堪设想者。盖财产制度，由此破坏，人人无储蓄之心，而人生之安宁，亦不可保矣。故此等行事，实具有破坏之性质，此其所以为恶，而且不免于盗窃之惩罚者也。使当时克氏对簿法庭，则司法官不能不按律处之。即立法者亦不能曲为解免，而附设法文曰："窃人财物以施人者，苟被窃者所损无几，而被施者获益良多，则不论其罪"云云。盖盗窃论罪，至为允当，非可以他故解免；惟按其情状，而量为轻减，则可耳。在司法官既按律论罪，则又不妨以私人资格，就其人而告之曰："余之论罪，余甚不忍。余明知君之行事，悉出善意，而事实则害于社会安宁，势不免为有罪。君当知余之论罪，实出于不得已也。"如是，则情理两得其平矣。

克里斯披奴斯，今通译克里斯庇努斯，公元前3世纪罗马执政官。

历史家之评论，亦常有类此者。如罪其事而不罪其人，或罪其人而不罪其事，是也。请援一事以为证。昔刺客**山德**（K.L.Sand）之暗杀**科次布**（Kotzbul）也（德国千八百十九年之事），据其手柬，及其友人所述之证据，诚牺牲其身以去国民之公敌者也。然以客观之方面论之，则其暗杀之举，不得谓之无罪。何则？充其义，则人人有裁判他人生死之权利，有一人焉，吾视为全社会之害，吾得而擅杀之，则保障权利之法，为之瓦解，而世界大乱矣。无论何人，即或有官职者，苟他人以其人为社会之害而擅杀之，谓足以增进社会之幸福，非余所能解也。余以昔之法吏，处山德以死刑，实为至当。即往昔宗教监察官，往往大索异教徒，而处以死罪，彼其心非必以他人之苦痛为快，盖本其履行义务之习惯，以为杀少数异教之徒，可以使全国人民，无惑于邪说，实不得已而为之。故自主观之一方面而论，则与论死山德之法吏，同为无咎。惟其行事，则有当别论者，盖自吾人观之，取异教徒而尽死之者，实无裨益于社会也。

不知主客方面观察之异者，论人评事，动生纠葛。不慊于其事者，辄因而诋其品性，如以中古之宗教监察官为暴虐，以山德为好名者，是也。其或能知其品性之无玷矣，则又举其行为之瑕点而亦袒庇之，历史家准道德以为褒贬者，大率类此。如评论一事，则必推测其有何名义，有何动机，以诱掖读者爱恶之感情者，皆是也。

客观之判断，实具有正鹄论之基础，以其甄别行为方法之价值，于生

山德（1795~1820），今通译桑得，德国爱国学生。1819年3月23日，桑德刺杀德国反动作家、沙皇俄国间谍科采布，因此被处死刑。后来，他的坟墓成了德国进步青年瞻仰的圣地。

科次布，今通译科采布。

宗教裁判所
西班牙画家戈雅绘。

第一章 善恶正鹄论与形式论之见解

赫尔巴特像

海尔巴脱（1776~1841），今通译赫尔巴特，德国哲学家、心理学家和教育家。著有《普通教育学》等。

罗次（1817~1881），今通译洛采、陆宰，德国心理学家、哲学家，价值哲学创始人。著有《医学心理学》、《心理学大纲讲演录》等。

丙辑　伦理学原理

活状态大有影响故也。伦理学之职分，在规定客观之行为，而非在判定主观之品性；偶有判别动机及意向之事，然非科学分内事。即所以定此等判别之原理者，亦非科学分内事也；即欲强纳之于职分，亦不过一小部分耳。夫所谓判定主观品性之原理者，谓行为之发生，由于义务意识所规定之意向者谓之善，否则谓之恶。然则仅言顺良心者为善而逆良心者为恶已耳，良心之内容如何，非所问也。而伦理学之研究，不能以此自画，必进而求之，义务之实际何谓耶？此伦理学家所不可不解释之问题也。仅仅研究其特别之范围，伦理学无由而成立。伦理学之职分，不惟教人人各从其良心，而实在指导良心，故所以规定良心之标准，不可不揭示也。由是科学家之伦理学，不能如神学家之伦理学，援不可思议之神意以自遁；又不能如**海尔巴脱**（Herbart）及**罗次**（Lotze）之伦理学，不循科学公例，惟以一切条目归宿于适合之法式，而以一己之良心为人类良心之标准。然则如何而可，则必由客观之标准，而定良心之内容。客观之标准如何，则以至善为中心，而各种行为，视其与至善关系之疏密而定其价值，是也。

要而言之，即主观形式之判定，亦不能不归宿于正鹄论。盖行为之从良心而守义务者，谓之善，是主观形式论之中坚也。然何以从良心者为善乎？在人或以此为无谓之问题，而余谓不然。盖所以答此问题者，即从于良心之行为，乃客观方面之所谓善也。何则？良心之倾向，在规定吾人之行为，使吾人及其外界之安宁，皆赖此而有保持增进之效者也。人之性癖，虽不能无殊别，而良心则一民族中人人有同度之状，故行为之被规定于良心者，有适合普通规则之性质。不宁惟是，吾人良心之内容，悉由所属民族之积极道德，借教育、事例、清议以输入之者，而普通道德之内容，亦不外乎一民族或全文明社会之道德法律而已。据人类学家所考察之结论，凡所谓道德者，各人交际之良能，所以使其行为能维持小己及社会之生活者也。是故良心者，吾人以自己最深之生趣及其所附属社会之生趣，规定吾人行为之原理云尔。吾当于第五章详言之。

读者既通览前文，则可知正鹄论势力宗之原理当如下，曰：客观行为之价值，视其关系于至善之疏密而定之；服从良心之意志，亦视其标准至善，以规定行为之动力如何，而定其价值焉。

四 正鹄与作用之关系

余将进而论至善之内容，先举反对派数说而答辩之如下。

难者曰：正鹄论势力宗之原理，非即**耶粹登**（Yesuit）（此为中世天主教之一派，盛行于西班牙，其略**吕宋**等地，皆由此派教徒之力，其言行颇有可斥者。今已废而不行。）教徒所谓正鹄神圣作用之言乎？行为之价值，既视其效果，则夫各种之行为，不皆视其效果以为价值乎？余答之曰：耶粹登教徒之道德，所谓正鹄能神圣其作用者，本有二解，其一曰：正鹄既善，则无论以何等作用以达之，其作用无不为善也。果尔，则虽不正非义之事，无一不可以为善耶？例如为身家积财，正鹄之善者也，吾不惟勤业以达之，而且可以窃盗。为朋友讼冤，亦正鹄之善者也，吾不惟正言以争之，而且可以伪誓。此等解义，实往昔反对耶粹登教者所用，彼以为耶粹登教实以此为圭臬。故彼教以扑灭异教而申教皇之权为正鹄，则虽杀戮异教之君主，不履盟誓，皆可为之云尔；然彼教固未尝以此等猖狂之言，为其道德之原理也。

吾人若于正鹄神圣作用之言，别为解义，谓人生归宿之正鹄，能神圣一切作用，则又谁能反对之耶？盖行为之价值，定之以至善，至善者，人类具足生活无二之正鹄也。苟吾人行事，不失此鹄，则必有善而无恶，而且至为重要。此其义，自一二回护成见之哲学家外，举世之人，未有不认可者也。惟聚讼之点，不在普通善事，而在各种之行为，盖正鹄不失，则虽与普通道德相反之事，亦不失为善事。苟明其义，则未有不以此类行事为善者。虚伪，非善也，虚伪而有益于人（如父为子隐、子为父隐之类），

耶粹登，今通译耶稣。

吕宋，今菲律宾群岛。

则不能以欺诈斥之。占他人之财产，非善也，然使其无害于主人，无损于公司，无伤于他人，而或且用诸裨益社会之事，则不得不以窃盗罪之。医者之治疾也，或以救一目而去其他之一目，或以救全身而截去其一手若一足，则不得以残贼目之，孰非正鹄神圣作用之理乎？又如有归自外国者，夙染疾疫，不可救药，彼以恐传染国人之故，而属医生以毒药死之，医生果如其嘱，则以法律衡之，医生不免为有罪，盖杀人者抵，律有明文，不能为一人枉也。而衡之以道德，则此医生所为，乃无异于官吏之戮贼渠，盖杀一人以益社会，其功用正同也。使必以杀人为绝对之恶事，则虽有国家法令，亦不能一旦变恶而为善，如黑白之不能变乱矣。（言如是，则法令中亦不宜有杀戮罪人之例也。）

或曰：然则欺诈、杀人等事，苟确知其有裨于社会之公益，将悉认为善事乎？吾侪不得即答之曰：然。其故有二，一曰语意之矛盾。凡杀人、欺诈等语，不惟指称客观中有意杀人、有意欺诈之事实，而并含有摈斥之意。故所谓杀人为恶者，分析之评判也，此其评判，又可以应用于法律道德所不认为恶之杀人者也。而欲为纯粹之评判，则必于其杀人之语意中，去其摈斥之意，而专以客观中有意杀人之事实，为评判之对象。如是，则其中之可以为善者自见；不宁惟是，且得著之法令，而强人实行之焉。然而普通之人，则自非正当防御之际，不得杀人；苟有杀人者，不问其所杀之为本国人或外国人，皆罪之。盖所以保维社会之安宁，诚不得不然也。

或曰：然则吾人苟以保维社会之安宁而杀人，岂非善欤？答曰：欲认可此等行事，仅以社会安宁之关系为断，未足也，必加以客观中必不能有反对之效果。于是吾人揭不敢悉认之第二故，曰正鹄神圣作用者。在学理虽若可据，而在实际则不能应用之，是也。例如以一私人而刺杀误国之奸臣，若作乱之渠魁，若暴虐之君主，是岂非问者所认为有益于社会之安宁者乎？然其裨益社会之效力，大小轻重，实无从而决算。方**拿坡仑**第一以帝制临欧洲，谋

拿破仑像
拿坡仑（1769~1821，今通译拿破仑·波拿巴，法兰西帝国的缔造者，卓越的军事家、政治家。先后多次打垮了欧洲各国组织的"反法同盟"，保卫了法国大革命的胜利果实。颁布《拿破仑法典》，确立了资本主义社会的立法规范。

杀之以解欧人之倒悬者，盖不止一二人。向使千八百八年间，在**欧夫**（Erfurt）谋杀拿坡仑之人，竟达其志，果能有大造于受压制之人民若人类全体乎？其时多数之人，尽作是想；而吾侪自今日观之，则转幸其志之不遂，而得使欧洲人民，以堂堂正正之战争，得自由也。且使拿坡仑果毙于刺客之手，不但此等事例，使数百年间道德之评判，为之淆乱，而国民之关系，受其破坏之影响，且德国人民，亦何由愤激淬厉，以恢复国民之意识，而成中兴之业乎？要之，一事例之效果，实非吾人之智力所能证明而决算也。

或又曰：使当拿坡仑未逞暴力以前，有刺杀之者，不惟百万生灵，免于战祸，而且神圣同盟可以不起，今日欧人所疾苦之国家主义，亦无由而发生，非吾人之利福乎？答曰：此其利害得失，亦无从而决算者也。如人人以**师丹**（Sedan）之捷，为德国国民之大幸，未有能证明其故者，吾人惟信其为然而已。凡信以意志为本，物理学不能举尚未静止之一冲突，而决算其影响之大小；道德哲学，亦不能即客观特殊之一事实，而决算其于人类正鹄中所占有价值之分数，以其影响之所涉，溥博悠久，无自而区划也。是故吾人所得研究者，在物理学，止于普通运动之趋向；在道德哲学，亦止于某种行为有增进幸福或破坏幸福之趋向而已。

然自又一方面观之，则亦非无特别之事。如毒物之可为药品者，此等事例，道德界有之，政治界亦有之。凡政治家及历史家，皆以为不得已之时，自有不能不干犯形式之法律以行其志者，然如置身党人以外，而以学理静判之，则所谓某某革命万不可避之故，亦无自而得其确证，惟人人信以为然而已。凡干犯法律之流弊，本非吾人所能决算，革命之业，常使一切法制，解散其效力，轻损其威信，然其实见于何时何处，则非计算所能罄。盖犯法之弊，其影响恒数百年而未已，酿成一种习惯，使法律效力，无自而确定也。夫善果、恶果之总量，既不可决算，则所谓善果多于恶果者，决不能于客观界确定之，甚明。违犯道德之举亦然，自当有不能不违犯之时，然吾人不能于客观界证明之。盖比较善果、恶果之数量，而证明其善多于恶，势非吾人所能也。惟是干犯规则者多危，而遵守规则者恒安，以安身为志者，必非豪杰之士，历史中惊天动地之举，率皆不为法律道德所囿，以尽瘁于其理想之人之所为也。

世人于正鹄神圣作用之语，所以不能无疑者，盖泥于直接之效果，而

欧夫，今通译埃尔富特，德国西部城市。

师丹，今通译色当，法国东北部城市。普法战争（1870—1871）中，普军与法军在色当交战，法军惨败，普鲁士最后完成了德国的统一。

忽于间接之效果故也。如政党欲其党人之被选为议员，则诽毁反对党之候补者，曰正鹄神圣作用也。君相欲肆其威权，以为苟利于民，虽欺诬之，压制之，何害？曰正鹄神圣作用也。宗教家欲自伸其教派之势力，则举异教徒而虐待之，污辱之，曰正鹄神圣作用也。凡此，皆党人以其私意牵强附会而解释之，以自利其党耳。党人之道德，恒以己党之利益，与国民若人类全体之安宁，同日语之，以为己党之所为，无一不然。夫如是，虽天下至不道德之事，亦何不可以谓之道德耶？

五　论各种行为之重要

世人又有怀疑于正鹄论之道德哲学者，曰：自实际之道德感情言之，往往视各种之行为悉重要无比，苟道德律之不可蹂躏，仅以其行为之效果为断，则何以罪恶之中，乃有效果甚小，而当局者若旁观者，对于其事之感情，顾异常剧烈者耶？**沛斯太洛溪**（Pestaiozzi）之著作，尝记一事，云：一圬者，家奇贫，有子数人，不得食，其长者窃邻家马铃薯炙之，与诸弟共食，其祖母滨死，知其事，大戚，白其孙之罪于邻人，得其容认，乃瞑目。读者或以为其祖母之行为，虽适合于道德，然其感情之剧动，与其孙之罪，若大小悬绝者，邻人既富，虽失少许之马铃薯，何关痛痒？以幼儿窃取此物，而谓财产制度为之紊乱，亦未免杞人之忧，云云。夫使泥于行为之效果，则将使此等评论，普及各种行为，其弊也，必妨道德律之威信，而世人畏罪之情，为之灭杀矣。

怀疑者之见如此，夫人当违犯道德律时，其感情反动如何，当以心理学为之解释，余当于义务论详言之。兹于怀疑者之见，所可致意者，惟所谓感情之反动，并非由较量行为之效

沛斯太洛溪（1746~1827），今通译裴斯泰洛奇，瑞士教育家，一生从事贫民教育。著有：《林哈德和葛笃德》、《隐者夕话》、《论教学方法》、《天鹅之歌》、《葛笃德怎样教育她的孩子们》等。

裴斯泰洛奇像

丙辑　伦理学原理

果而起云尔。余则以为羞耻悔悟之情，由违犯道德律而起者，其强大无限之故，于正鹄论伦理学中非有所矛盾也。

相传希腊有一贤人，见其子之小过而苛责之，其友询其故，答曰："子以习惯为琐事乎？"是语也，可以答怀疑者之诘难矣。盖各种之行为，苟其与他种行为毫无关系，则诚不妨以琐事视之，其所以重要者，以能诱起同类之行为也。幼儿窃取微物，无损于邻人，亦无伤于他人，其事殆无人顾问，然而幼儿心中，则确有余毒矣。彼记忆方穷困时，曾窃他人财物以自给，他日再际穷困，或不免试其故技，由一度之窃，而成为习惯，有终身以之者；即幸而中道觉悟，不复以此为业，然其盗窃之趋向，已无自而讳饰矣。世未有立志为盗贼者，徒以拯急之故，一试盗窃之技，而此一试者，遂开终身盗贼之端。世未有愿为奸人而始诈伪者，亦未有愿为醉人而始饮酒者，其始皆偶一为之耳。凡嗜酒者，一醉以后，常立志不再醉，其再饮也，亦曰吾姑饮此一杯耳，然由此姑饮一杯之决心，而一而再，再而三，非醉不止。诈伪、窃盗之习惯也亦然。是故无罪云者，虽消极之语，而实积极之事也。第一之罪恶，足以破其障隔善恶之壁垒，此证之男女之欲而最易明。无论何人，苟一投情网，鲜有能自脱者，人人以悬崖勒马自期，而临时殆不能自主。所谓始也自由，继也奴隶者，诚犯罪之规则也。虽然，此规则者，亦得转而用之于行善。苟能慎之于始，则第二次犯罪之趋向，已去其半。盖第一次之自克，人所最难，其后以渐容易，卒至行所无事，而自不为恶矣。

凡各种之行为，所以关系道德如是其大者，以其足启各种罪恶之端也。每一行为，不特关系现状，而且影响于全体之生活。故其第一之决行，固最为重要，而第二次以下，亦复与此相当。苟其反复不已，则印象愈深，而习与性成矣。

不宁惟是，凡一种行为，为之者固能蔓延为类似之行为，以成为习惯，而其习惯又能传染于亲炙之人，于是由一人之习惯，而成种族之性质。是其发生，盖有二道，曰摹仿，曰报复。

行事之势力，无论善恶，无不有之，此尽人所知也。譬犹植物种子，由空气传播，散落各地，凡值其所宜之土性者，必乘机而萌芽。善恶之行为亦然，以道德之空气传播之，由人人之耳目而印入于其精神，苟值其相宜之性质，则亦乘机而萌芽，是即摹仿之道也。

至于报复之法，则凡受人损害者，恒先施其法于损害之之人，其次则遇无关此事之人而亦妄施之。**达尔文**（Darwin）尝记一事曰：有一澳洲人，失其妻，无可泄愤，则杀他种人之妻以为偿。此诚无理之尤，而人类之行为，乃多有类此者。受人之侮辱，若欺诈，若压制，而不能复仇，则恒不免迁怒于他人，此吾人所稔知，而务避其锋者也。购物于市，适以贵价而得劣品，则虽廉直之人，亦不免欲按其原值以转售于人，以为公众既已欺我，则我即以此欺公众而为报复，亦正当防御之道也。其于乐事及善意之传播也，亦然。例如余当应付车赁之际，而适未携钱，颇为窘迫，乃有素不相识之人，为余给之，则余不惟感谢此人，而且于其他素未相识之人，亦由是而加亲矣。

行为之传播，以家族中为最剧。事例之效力，报复之确实，均未有过于家庭者。父母之所领受，悉报复于其子女，而教育之善良与否，亦未有不遗传者也。

然则吾人无论自何等方面观察之，道德原理，盖未有不以保维人类之安宁及利福为正鹄者也。

六　略论利己主义

自道德哲学一方面观察之，亦可以补前说所未具。如曰意志所归宿之正鹄何耶，是亦不外乎小己及其他人类之安宁云耳。

亦有反对此说者，谓意志之性质，以小己之安宁为鹄。而非以普及之安宁为鹄，其言曰：人皆自求其愉快若利益耳，其有无损益于他人之安宁，殆非所愿也。由是意见而组成学说，是谓利己主义，亦谓之一人之功利主义。**霍布士**（Hobbs）者，于近世哲学之初纪，代表此说者也。其言曰：凡动物实际之意志，皆以自存为鹄，此自然律也。故有利于动物自体之实际者，善也。其利于其他之实际者，要亦间接自保之作用，是间接之善云尔。

余以为是说也，苟欲以事实证明之，恒不免牵强附会。利己心之冲动，以自保为鹄，诚人生所不可少者，人亦未尝无偏重利己而无暇顾他人之休戚者。然无论何人,有但知一身之利害,而不知有他人之利害者乎?人恒有视其亲戚朋友之利害,若躬受之者。且吾人关切社会利害之情,固有显而易见者,如于卖国自利之人,无不愤激异常,是足以见其事与吾人之良知,固绝不相容者矣。吾故曰:人之意志,以小己及他人之安宁为鹄,而安宁之属于小己者与属于他人者,其间错综最甚。无论何事,殆未有不两两相关者,故所谓博爱家者,乃偏重利他主义之人,而所谓自利派者,亦不过偏重利己主义之人耳。

吾人意识之中,小己之刺激,与社会之刺激,利己之感情,与利他之感情,常杂然而并存。故人者,非能离群而索居者也,必列于全社会之一体,而后可以生存,此生物学界昭著之事实也。生物学界客观之事例,发现于心理学之主观界,而为意志及感情之构造。不观动物乎,其自存之冲动,固已与保存种族之冲动并存矣。

动物进化而为人类,则保存种族之冲动,益以强大。凡人无不自认为全社会之一体,无不自认为属于家族若社会若国民者也。故人恒以社会之正鹄为小己之正鹄,诚知小己之利害,与社会之利害,互相错综,而无由界别也。由是吾人意志之正鹄,可谓之小己与社会公共之安宁,亦可谓之社会安宁中所赅之小己安宁也。夫世界诚亦有全无利他感情之人,于旁人之利害,熟视无睹,甚且有以他人之苦痛为乐者,然不足以摇动吾说。是犹人类有理性、有言语之公理,决不以世界偶有颠狂之人,而遂为之摇动也。人之无利他感情者,为伦理学之畸人,亦犹颠狂之人,在医学及人类学为畸人云耳。

利己主义与利他主义之反对,余将于后章规定安宁概念以后畅论之,兹惟明余之意见,非若当世伦理学者,于此两主义之反对,特别重视而已。叔本华氏及其徒,以此义为道德哲学之基础,其言曰:"自然之人类,有利己性而已,故无道德之价值。道德之价值,必以他人之利害为其行为之动机者也,而此等动机,必非循自然秩序之人类所能有。故道德者,超乎自然者也。"余以为不然。吾人所生存之世界,宁若是其污下者?

霍布斯像

第一章 善恶正鹄论与形式论之见解

所谓善意，固亦存于自然秩序以内矣；惟厌世派如叔本华之流，则以善意为超乎自然耳。叔本华尝曰："自然之人类，如必不得已，小己之生存与世界之生存，不可得兼，则必以自保为第一义，而世界之灭亡，有所不顾。"夫危机所迫，急不暇择，或不免有作此妄念之人。然使世界果灭，而吾身果独存乎，则将不堪其无聊，鲜不转悔其取舍之误，而求速死者。斯时即利己主义之人，亦知离群索居之不堪矣。凡人之欲为可惊异可恐怖可欣羡之事者，无不有待于他人，不惟有待于他人；且亦知无论何人，未有全漠然于他人之利害，而徒能拂人之性者也。

小己之安宁与他人之安宁，互相错综。小之家族朋友，大之乡党国家，苟他人不安，则小己亦无自而安，此大多数之人所承认者也。此不惟客观之事例而已，其在主观之感情亦然。若夫纯粹利己主义之人，则学说中虽有之，其实际则不可得。盖皆利己派伦理学者，虚构是人，以证成其谬说焉尔。

自一方面言之，利己感情，为人生所不能免，虽所谓全无利己主义之人，而所以利他者，即为知有利己之证，盖使人去苦而就乐，则己亦因而踌躇满志焉。如曰不然，则将瞢然于他人之苦乐，而无以为其意志之对象。盖我之意志，非由我之感情不能动，而我又不能代表他人之感情而有所感动，然则小己者，确为事物之中心点矣。惟世人之所谓利己主义，则非指此义，彼盖谓见他人之不幸而不为之悲，见他人之利福而不为之乐者耳。抽象派伦理学者，以自然意志之自相冲突，为义务实行之特质，又以屏除自己快感，为道德价值之条目，往往见奖励他人幸福者，恒有自己之快感随之，因而挟疑于其间，要为彼等回护其学说之谬见，而于事实之解释无关也。

又有当附论者。世人恒谓杀身成仁之事，非功利论之道德哲学所能阐明，如所传罗马人**列格路**（Regulus）之轶事，即与功利论之主义，不能无矛盾者也。

虽然，吾人苟不以纯粹之利己主义，为功利论之中坚，则亦未有所谓矛盾者。原列格路始为迦太基人所虏，及两国媾和而释之，及其归罗马也，痛陈和议之非计，使罗马人背盟宣战，而己则束身赴迦太基，从容就死。此其事，在正鹄论之伦理学，优足以阐明之，无异于形式论之伦理学也。列格路之就义，确有高尚伟大之正鹄，盖既欲以舍身为国之义，模范

列格路（？～约前248），今通译雷古鲁斯，古罗马军事家，第一次布匿战争（前264～前146年古代罗马与迦太基之间的三次战争。罗马人称迦太基人为布匿，故名）时期的统帅。

丙辑　伦理学原理

其国人；而又欲以罗马人高尚伟大之品性，昭示于敌国也，如谓仅恃区区盟约不渝之意识，而能成此伟举，则余所未敢信也。

且一切杀身成仁之事，亦皆含有保存小己之义，即所以保存其观念中之小己者也。彼列格路何尝不以生活为鹄？惟其所鹄者，非形质界之生活而精神界之生活耳。其效力国家，无论和战，必鞠躬尽瘁，死而后已，固以为非使罗马民族品位崇高，名誉发扬，则己之职分固有所未尽焉，此其所以与罗马民族之名俱不朽于千载者也。

七　结论

凡人之动作，苟自客观界言之，能增进人我之幸福，而有达于具足生活之倾向；自主观界言之，又有自尽其义务之意识，则道德界之所谓善也。反之则为邪恶，仅缺客观界之特质者谓之恶，而并缺主观界之特质者谓之邪。

然在人类，则所谓善恶者，即以其客观界特质之有无为断，德与不德，亦由是而得以善恶种种之方面阐明之。盖人类生活之条目，既有种种，则其与之相当之意志力，必随之而复杂，德与不德之复杂，亦如之。

是故善之概念，乃预想各事物中，有一可以为善之关系点而得之。人之恒言，于物品以适用者为善，于人则以能尽其职分者为善。例如善商、善吏、善父、善友云云者，谓其能尽商、吏若父、友之职分云尔。道德界亦然，所谓善者，即某事适当之谓；所谓善人，则能尽人类职分之人之谓。此皆即其关系之一点而言之也，是故以某事为善，并非域于某事，乃以其为全社会具足生活之一方面而善之。惟各种之行为，各种之道德，各种之人，皆各有其善之关系点，合此诸点而成为职分，能尽其职分而后谓之善人焉。

又有当附论者。人类之在道德界，各为全道德界之一体，则即各为至善之一部分。苟与不相关系之正鹄相对而言之，则至善之一部分，亦即我之正鹄也。惟德亦然，凡德各为善人之一方面，故与不相关系之正鹄相对而言之，则亦不但为外部之作用，而又为至善之一部分，即又为一种正鹄。是故道德之行为，既已实行，则亦不但为具此作用，而又可谓之达此正鹄矣。试以工艺品及诗歌证之，其中各部分，且为作用，且为正鹄。道德之各部分亦然，故无可专指为外部之作用者。然自最终之正鹄而言之，则工艺品也，诗歌也，道德也，皆在其全体，而各部之价值，则由其与全体之关系而得之者。如吾人读诗歌而知其一节之重要者，以其为全篇所不可缺是也。然则道与义务之所以重要，岂非以其于小己及全社会之具足生活所不可缺者乎？

惟是吾人之动作，非必有此正鹄之关系于意识中，而始有道德之价值。如前文所述，老妇畏忌盗窃之事，彼徒以其背于基督第七戒耳，非有他理想也，然其事实，则诉合善意。维哲学家洞悉人类生活之规则，财产制度之重要者，亦无以过之。要之彼之所为，非由知识而由其良能，然其于道德之价值，固不以是而贬之。

第二章 至善快乐论与势力论之见解

一 评功利主义快乐非行为之鹄

既有前章之论，则余当进而规定安宁之概念。安宁非他，即余所谓意志究竟之正鹄，而亦评判人生行为之价值者所持以为究竟之关系点者也，故亦谓之至善。然则安宁也，至善也，果何由而成立乎？

余不尝言之乎，至善之对于一人若全社会也，由其本质状态及生活动作之具足而成立，此其纯然为形式之规定，所不待言。然由此形式而充之以内容，则亦非不可得为之事。惟是具足生活，吾人势不能猝下定义，如动植物之模型然，惟叙述之而已，而详悉叙述之者，德论及义务论之职分也。

余今即至善之本质，先述他一种见解，以与余说相比，而后详密规定之。盖世有一种学说，视余说较为广行者。其言曰："至善之成立，不由客观之生活内容，而由其生活所生之快感。快感之本体，自有价值，其他一切事物，则惟有能生快感之价值而已。"是说也，吾人通例称之为快乐主义，而反对此说者则为势力主义。

此二种见解之对峙，自昔已然。通希腊全部哲学之中，无不见有对峙之历史，前者有**基勒奈**（Kyrene）**派**及**伊壁鸠鲁**（Epikturos）派，后者有柏拉图及雅里士多德勒之学风，及包含**斯多噶**（Stoiker）**派**。至近世而对峙之迹又显，一则为经验论之心理学派，一则为十七、十八两世纪之合理论及祖述康德之德意志哲学也。前者所谓至善，在主观中快感之发生，而其快感何自而发生，则非其所计；后者所谓至善，则在一人及全社会之客观状态，而不及计快感之有无，但以为按之事实，主观中必有满足之念随之。

基勒奈派，又称昔勒尼学派、克兰尼学派。公元前4至3世纪苏格拉底的弟子阿里斯提普斯（Aristippos，约前435～约前360）创建于北非昔勒尼的哲学流派，主张快乐主义伦理原则。

伊壁鸠鲁（前341～前270），古希腊哲学家、无神论者，伊壁鸠鲁学派的创始人。著有《论自然》《准则学》《论生活》和《论目的》等，多亡佚。

斯多噶派，又称斯多亚学派、斯多葛学派。公元前4世纪古希腊哲学家芝诺（约公元前336～前264）创立的哲学流派，相信预言和占卜。

格代（1749～1832），今通译歌德，德国作家、诗人。著有《葛兹·冯·伯里欣根》、《少年维特之烦恼》、《浮士德》等。

歌德像

欲稽核快乐论之见解，有不可不注意者，即吾等之疑问，在快乐论之见解，果为真理与否，而不在其有无价值是也。学者证快乐论之不合真理，动以无价值为言久矣，而斯多噶哲学之格言，则又并快乐论及无神论为一谈而排斥之，是皆非坚确之证明也。学说之无价值，恒以其非真理故，若欲证其非真理，而以无价值为言，是颠倒之论也。况快乐主义之代表者，非无君子其人，伊壁鸠鲁，一生纯洁而无疵，边沁及穆勒皆终身矻矻发见其实践之观察者也。

论者何由而证明快乐之为至善乎？余揣其意，不外乎由人之天性言之，确见快乐为可贵之事实云尔。果如其说，则是伦理学者，不在立法家之地位，而仅有说明自然界之职分也。且人之天性，自喜快乐，而非即以为至善，今乃谓不可不以是为至善，是何理耶？凡快乐论者之论证法，大率类是。彼等皆谓一切人类，一切生物，均常求快乐，凡求快去苦之事，即为人生最大之愿望，而其余一切事物，则不遇人生求快去苦之作用而已。

余以为此等见解，全不合于事实。余今所先欲证明者，即人之意志，并不以快乐为鹄，而其所鹄者，乃在客观之生活内容，即所谓精神若道德之内容者也。

夫一切事物，若何而现于吾之意识乎？将吾之正鹄，惟有快乐而一切事物皆为作用之现象乎？吾人于是当先明正鹄与作用之关系。余寒则欲暖，而此欲暖之鹄，得借种种之作用以达之，运动也，袭衣也，燃火也；而燃火一事，或以薪，或以炭，或以煤，又有种种之作用。于是正鹄与作用之关系，至为易见。盖欲暖者，余之正鹄也，而其他种种可以得暖之作用，则不过以得暖而始欲之。故余于各种作用中，惟择其费力最少、收效最速而已达正鹄者用之。不知人生种种活动之与快乐，其关系亦果如此乎？将谓吾饥而欲食，吾实以快乐为鹄，而食则为其作用，如取暖时之薪炭乎？**格代**（Goethe）（德文大诗家，笃信穆勒之说，谓凡人实行一事时，必以最大量之快感为准）之赋诗也，慕少艾也，游历也，研究自然科学及历史也,其皆以为得最大快感之作用乎?此其不合于条理也明矣。格代之性质中,自有一种之冲动及能力,借以促其发展及实行焉。此等冲动能力,直与植物萌芽中所包含者相同,方其发展而实行焉,自必有快感随之,然决非素有此等快感之正鹄,独存于**写象**之中,而其余一切事物,皆为其手段焉。盖冲动及其实行之欲望,皆在快乐写象未现以前,而快乐之写象,必先于发起快感之冲动而存立也。世间放肆怠慢之徒,非无先感于普通快乐之欲望,而后索其发生快乐之手段者;而康强之人,不如是也。

将无曰:此等龃龉之点,皆皮相之见,而按之真理,则一切欲望,固未尝以事实及行为为鹄,而专以快乐为鹄耶?以约翰·穆勒之通明,而信以为然,其所著《**人心现象之解剖**》第十九节曰:"欲望者,快乐之异名也。"又曰:"渐历观念连合之途,而杂以暧昧之义,于是有引申欲望之义以用于快乐之原因者。如曰余欲饮水,若精核之,则此不过喻言耳。盖其欲望本无关乎水,亦无关乎饮,而惟在一种之快乐。所谓饮水者,特其快乐之原因耳,而吾人遂曰吾欲饮水,此则由观念之联合而生谬误者也。"余读穆勒此语,而因忆某报所记之新闻,有曰:有一英人临水而钓鱼,一德人过之,曰:是水无鱼,奚钓为?英人从容答曰:余之钓,非欲鱼也,欲快乐耳。此英人者,诚超乎观念连合之途,以快乐为鹄,而仅以鱼若钓为作用者矣。然其所谓欲快乐而不欲鱼者,果人人同此感情乎?余以为无论何人,闻此英人之言,盖未有不哑然失笑者,优足以证其所见之不同矣。以余观之,人之意志及欲望,决非以快乐为鹄,而尝鹄于其事实若行为若状态之变化。盖事实之写象,虽尝有见于欲望之前者,而快乐之写象,则必不在意识之中,且由欲望而发生者,亦未有先于事实之写象者也。

且也,快乐写象之不足以动意志,又得以事实证之。盖使快乐之写象,诚足以动意志,则快乐者,必随其写象之活泼明晰,而益为强烈之印象。今快乐写象之最活泼、最明晰者,常在享受以后,然则享受以后,其快乐之欲望,将由是而益剧,而按之事实,乃适相反。例如饱食以后,其享受快乐之写象,了不足以动意志,是则冲动先于快乐之明证也。是故快乐之写象,并非冲动之原因,而现在之冲动,当其达于客观正鹄之时,则转为快乐之原因焉。

写象,指对于客体对象的现象的摹拟,或对于事物形象的描写。亦称象性分析。

《**人心现象之解剖**》,今通译《人心现象的分析》,作者应为英国功利主义经济学家詹姆斯·穆勒(James Mill, 1773~1836),而非约翰·穆勒。

第二章 至善快乐论与势力论之见解

于是快乐论者，稍变其说曰：快乐者，非写象界之鹄，而事实界之鹄也。事实之鹄，虽不现于意识，而其为鹄也如故。如机械之有锤，非外观者所见，而其力足以动机械也。饮食也，富贵也，名誉也，其现于意识也，虽若为最后之鹄，然不过借以为诱导知力之口实耳，而意志之正鹄，实惟快乐。彼夫慕少艾者，因事外出，而往往不知不觉，抵其所慕者之家，则大自诧，乃知前之因事外出者，其冲动之作用，所以防理性之障碍而饵之者耳。洵如是也，将快乐者，譬如意志中所慕之人，而意志则转借他事以欺理性乎？

反对吾说者，欲证明此说之不谬，则必吾人之一切事实，皆不达于所借为口实之鹄，而适达其素所欲望之鹄。如慕少艾者之借口于他事，而不知不觉，觅其所慕之人焉，是也。余以事实证之，而大不然。人之意志，恒达其所借口之鹄而止，不能达于根本之欲望也。贪者虽积资巨万，而其所预期之快乐，渺不可得；热中者虽显贵，而患失之苦，或甚于患得；色欲者，传播种姓之饵也，当其满足，则欢乐竭而哀情多——此非其彰明较著者耶！

或又曰：诚如子言，然吾人之所以勤动者，以满足为的，苟无所谓满足，则谁复孳孳焉惟日不足者？盖满足与不满足之差别既泯，则人类将无所用其勤动，是则区别一切事实之价值，又乌能不以快感为标准欤！

余亦云然。使满足与不满足之感悉泯，则一切事实，无价值之可别，而善恶之名为无义，将无所用之矣。故所谓意志满足为善，诚颠扑不破之语也。然以是而证人生最终之鹄，即在满足若快乐，则未为切当。满足也，快乐也，非人所欲望之鹄，而意志得其所欲望之时之状态也。今吾询快乐论者，以人生最终之正鹄何在，而彼且曰在满足，在快乐，是犹吾询以意志何由而满足，而答以由满足而满足也，是则蹈同义异语之弊者也。夫所谓由满足而满足，其语何尝不是，然不足以餍问者，以问者之意，欲知意志之满足，必以何等客观之内容充之也。雅里士多德勒盖已于数千年前说明快乐及意志之关系矣，曰："快乐非正鹄也，现象也。当意志遂行之时，而随以一适当之现象，是为快乐。故快乐者，意志达其正鹄之纪号云耳。"吾人所以认识意志之满足者，由快乐，而快乐论者，乃即以此认识为善，犹曰有价值者不在事物，而在其所有之价值；得满足者非在动力，而在其所有之满足，岂非同义而异语耶！

威尼斯大运河
透纳绘。

　　快乐论者，抑或取消极之形式以为言曰：驱生物而使为正当之勤动者，非吾人写象之快乐，而在吾人所感之苦痛，即不满足之感是也。故吾人之勤动，以去苦痛为鹄。

　　余以为循此形式，亦足证快乐主义之不合于事实也。吾人果知有以苦痛若不满意为行为之动机者，如伤病则就医，闲居无事则求娱乐、希劳动，是也。然一切行为之动机，皆如是耶？借曰驱人类而动作者皆由于不满意，则夫格代之赋诗，**都来**（Turer）之作画，其皆由于不满意耶？又如儿童之嬉戏，亦由于苦痛耶？余以为不然。意志之冲动，本无所谓苦痛也，冲动而不满足，于是乎苦痛生。人之由冲动而活动也，往往在苦痛未发之前。农夫之耕也，不待饥渴，彼见旭日之光，呼吸清晨之空气，则不觉负耜而赴田，此果有何等苦痛乎？冲动与满足之间，有一物障碍焉，则苦痛之感生，否则何所谓苦痛，其希望满足之冲动，乃适以奋其愉快耳。

　　故余不信动作原因于感情之说，无论其为快乐，为苦痛也，自行为之本义言之，冲动及意志为第一义，感情为第二义。感情中之快乐，为意志达其正鹄时所生之现象；而苦痛者，意志不能达正鹄时所生之现象。是生物学家之定论，而余所将论述者也。

都来（1775~1851），今通译透纳，英国风景画家，以善绘光与空气的微妙关系而闻名。画有《军舰德美勒尔号》等。

第二章　至善快乐论与势力论之见解

二 论人之冲动有以苦痛之动作为鹄者

快乐论或又变其说曰：人之所以勤动不已而欲得之者，非在形式之快乐，而在于可快之行为。若可以满足之善，故吾人每一瞬时，恒于其可以得最快之写象者而从事焉。至是而快乐论乃渐近于真理矣。然其说尚未能切合于事实，其失有二：一、过重写象之失。昔叔本华谓意志非有预定写象之作用，其言甚是。征之动物，其生活动作之所由规定者，无意识之冲动耳；惟人亦然。故写象者，未为重要，彼未尝示意志以正鹄，亦未尝永导之以实行，而生活动作之指导，实在习惯，故当为之说曰：凡人终始在其正鹄其希望之彀中，而第一瞬时之行为，必其于内部之构造，及外界之关系，皆为最少窒碍者。故虽时时得有所谓满足，而究其所得之满足，果于同一瞬时，得为最大之满足乎，是不能无疑。且或其人惰而不事事，则其时亦将有所谓最大之满足者乎，是尤可疑者也。二、混合希望与执意之失。凡人尝有努力于并无快乐写象之事者，亦有值性癖之诱引而排斥之者。夫此等事实，余亦非谓彼必无说以解明之，然感官之恐怖，与义务之崇敬；动物之性欲，与道义之意执；痼癖之快感，与正当行为之满意，其差别至巨，多数伦理学者悉分别言之，而不能括以共通之概念。**施泰因泰尔**（Steinthal）尝本康德及海尔巴脱二氏之说，而别为形式之快乐与痼癖之快乐者，是也。

更有进者，苦痛及苦痛之动作，实为人生所不可废，故宜扩充其快乐若满足之概念，并苦痛而包含之。此按之事实而无可疑者也。使诚有全智全能之上帝，能置吾人于全无苦痛之域，吾人果乐此不疲乎？吾人当困穷患难之中，恒想望无事之日，为无上之境遇；及其久处顺境无可展布，则转忆其前日之困穷患难，以为不可多得。苟吾人之性情，长此不变，则未有不以全无苦痛之境遇为无聊者。盖使吾人之生涯，举凡苦痛之原因，如一切危难，一切抵抗，一切失策，悉得而远避之，则所谓努力也，竞争也，冒险心也，战争之冲动也，喜胜而恶败也，皆由是而消灭，此自然之理也。然而吾人果此无障碍之满足，无抵抗之成功，则必深厌之，如常胜之游戏焉。夫弈者苟知每局必胜，则无乐乎对局；猎者苟知每射必获，则无乐乎从禽。彼初无觊觎利益之希望，而以弈猎为消遣者，正以其或胜或负，或得或否，不能预必耳；否则兴味索然矣。人之生活亦然。狮之在旷野，饥渴迭至，寒暑交侵，则大苦之，以为我苟得安居岩窟，每日获肉，则吾愿足矣。无何，为人所捕，畜之栅中，饮食有余，而牝牡之欲亦遂，其始彼未尝不乐也，未几，即厌其局蹐而大无聊。人见其然也，乃纵之于广大之囿，俾得搏噬自由，彼又厌其得食之易，而无聊如故。然则彼其所欲望者，不外乎前日之所厌苦，漂泊是已，饥渴是已，争斗是已，旷野是已。**谟罕默德**不云乎，死于兵革之武夫，享天堂快乐三日，则更怀旷野之鏖战，良有以也。

且如诗歌者，吾人之生涯及意志所借以写照者也。吾人所喜者，其为写平和宁静之境，叙快乐幸福之事者乎？然则**维阑**（Wieland）之**《雅里斯替伯》**宜若为吾人所喜诵，其诗中人物，自雅里斯替伯（Aristipp）以下，无不遂其所欲，其家甚富，其居为绮丽之室，而能揽都美之风景，其体质美丽而健康，其思想之敏慧，所思必通，所求必获，其性情至温良，至沉静，喜与人同乐，而于他人急剧之竞争，则淡然若全不经意者——凡吾人所希望之幸福，殆莫不具焉，宜若为吾人所喜诵，然而读之者，殆无不厌倦，是何故乎？将以其皆寓言乎？是或然。然吾人独不喜以此等极乐之寓言自慰藉也，又何故？是无他，吾人本不堪此等生活故耳。此等生活，使吾人天性中最深之冲动，无自而发起，则因而无所谓满足，故无论何人，决不能离抵抗竞争之境而生活也。如真理至可贵也，然使不待极深研几而能得之，不待与外道竞争而能存之，则又何贵之有？竞争也，致身也，皆人生所不可去之原质也。**加里**（Carlyle）氏于其**《英雄及英雄崇拜论》**（On Heroes, hero-worship）尝言其理曰：以今生及来生逸乐之果报为足诱人为善者，侮人也。虽至贱之人，其所贵有甚于逸乐者。彼夫受雇而为兵者，

穆罕默德像

谟罕默德（570~632），今通译穆罕默德，伊斯兰教的创始人。

维阑（1733~1813），今多译微阑、维兰特，德国思想家、学者，启蒙运动后期的重要代表，德国小说的开创者。著有《阿里斯底波和他的几个同时代人》等。

《雅里斯替伯》，今通译《阿里斯底波》，微阑的长篇小说《阿里斯底波和他的几个同时代人》（Aristipp und einige seiner Zeitgenossen）的简称。

加里（1795~1881），今通译卡莱尔，英国作家、历史学家。著有《法国革命》、《过去与现在》等。

《英雄及英雄崇拜论》，卡莱尔《论英雄、英雄崇拜和历史上的英雄业绩》一书的简称。

以杀人为业，诚人人所贱视矣。彼尚不徒以操练及领饷为足，而别有所谓军人之名誉。故知人类者，决非徒贪逸乐，咸欲使其行为高尚而诚笃，以养成人格，而无愧于神明。苟示以门径，则虽愚贱之人，亦一跃而为英雄矣。乃或者欲以逸乐之果报诱之，何其诬人之甚也。诱人之道，曰困难，曰克己，曰死义，曰殉道，是皆足以鼓道义之热情，而熄其计较利害之观念者也。人之所贵，有甚于幸福者，虽区区社会之名誉犹然，况其上焉者乎？凡宗教家之所以能博信用者，亦在其不阿世人之嗜欲，而能激发其高尚之理性焉。

夫人情激刺之机，诚不仅竞争抵抗之境，然而此境之激刺，最为有效，此维阑之小说之所以不耐读。而生离死别之传奇，血战阴谋之稗史，尤为吾人所喜，诚以此等著作，类皆能钩抉生活理想，非若村词之枯寂而无味也。昔雅里士多德勒尝推究人情偏嗜悲剧之故，以为由吾人恐怖与恻隐之情，借是而感动，人之天性，本以此等情感为动机，而悲剧能与之以机会，此其所以有快感也。是说也，犹所谓知其一未知其二者。悲剧之所动，盖尚有种种强烈之感情，愤怒也，野心也，仇恨也，忏悔也，失望也，恋爱也，义勇也，大度也，悲悯也，好胜也，死无畏也。是皆感情若冲动之最深邃者，惟悲剧能激而出之，盖吾人跃跃欲试之隐情，忽有悲剧焉自外而昭揭之，此其惬心为何如耶！

由是观之，则如恐怖若恻隐之感情，诚亦有时而为快感。如悼亡之悲，虽尽世界之珍物，不足与易焉，是殆非苦感而快感乎？虽然，是亦充类至极之言耳，若正言其理，则自吾人意识之根本，观人生意志之正鹄，实不在最大快感、最小苦感之属，而在各从其理想以为生活。快感也，苦感也，于吾人意识中，并无所谓积极、消极之正鹄，不过于意志及意识进步之途，常有此等现象，与吾之生活动作相随而已矣。

三　以生物学之公例正快乐论之见解

至于快乐、苦痛之价值，则当以生物学之说证明之。快乐也，苦痛也，其于人生有何等之关系，是生物学者所洞悉而无疑者也。

苦痛者，生活破坏之现象也。故一切苦痛，每在其未尽破坏之前，而受之者辄逃避焉，或防御焉，以维持其生活也。今有二生物于此，其性质虽略相同，而独其苦痛之感觉，互有敏钝之别。是二者，于其维持生活之道，孰宜孰否，理最易睹，大抵钝于苦感者，不免猝见灭亡，而敏于苦感者，恒得巧避危害。故感觉性能之缺乏，直与感官之缺乏同其效果也。快乐者，关于食色机能之意识，随进步之途而生此现象者也。其始限于饮食若生殖之动作而已，及生物之进化，而饮食以前，若追迹角逐之为，生殖以后，若抚育子孙之事，亦皆有快感随之。是二者，普通动物之所同具，于维持生活有直接之关系，前者所以维持一身之生活，后者所以维持种族之生活者也。凡有机物之所以为生活者，在乎新陈代谢，常分泌其无用之原质，又吸收有用之原质而同化之，苟其吸收、同化之动作中辍，则生物死矣。种族之生活亦然，人皆有死，分泌其无用之原质也，而偿之以继嗣之生殖，继嗣之生殖中止，则种族灭矣。然则快乐之义如何耶？生物学者曰：快乐者，所以诱导吾人，犹苦痛之警告吾人也。吾人由苦痛而知生活之所以被损，即由快乐而知生活之所以裨益，一则戒吾人以退避，而一则导吾人以进取，二者谓之认识善恶之原型可也。

意志若冲动，有不含情智之分子者。鸡雏出卵，即能啄粒，非必苦于饥而快于食，其所由发动者，殆如岩石下坠，水晶凝结，植物生长，悉由自然力之所规定。生殖机能之冲动亦然，在下等动物，初无所谓苦乐之感也，及生活之进化，而感情亦随而发展。自高等动物以至于人，殆无不含有特别之感情者，此其感情，即因其生活动作之或有障碍，或有裨益，而生苦痛若快乐之现象，是也。在生物学别感情为苦感、快感二者，是犹分植物为草、木二类，其理不圆。正言之，则人类有一种感情，与机能之种类相当，而借以意识其机能者，而此等感情，本有苦乐之况味云尔。

精神之生活，以渐进化，则又由

母腹中的胎儿

感情而生智力。智力之职分，在即感情所营之动作而更完美之，使意志知美恶之别，而有所取去是也。凡人官体之感觉，可谓之感情之储材。触觉者，创苦之感之材也。味觉者，消化食物以前之一作用，随吾舌之同化作用而生，所以先验食物之宜否者也，故味觉非快则苦，其于意志冲动也，非相同则相反。嗅觉者，又为味觉以前之一作用，即各物体之微子，流布于空气中，而先验其能否同化，果否宜于健康者也。视觉、听觉，不必摄取物质，仅于其物至微之运动，而认识其为何物，然其原始之职分，亦在识别各物之宜于健康与否，故亦含有快感、苦感之性质，惟不如味觉、嗅觉之明了耳。耳之识别物质，尤与意志冲动，非为直接，特间接识别之以向导意志而已。至于悟性，则由联合作用，本其已知之事物，而推及于所未知者，乃遂脱离感情之范围，而其职分，则亦在以其推知之物宜于健康与否者，向导意志，使知所取去焉。

是故生物学者，不以快乐为人生专一之正鹄，而以之与苦痛对待，同为向导意志之作用。意志者，借快感向导之力，营一种机能以促生活之进步，是则快感也者，渐达至善之征候云耳。而持快感论者，乃即以征候为正鹄，试叩以苦痛之职何在，则未有不穷于置对者。快乐与苦痛，有不可离之关系，苦痛为避害之向导，其理甚明，然则快乐又宁非进取之向导耶？

且又有一种事实，自生物学界观之，有决不能持快乐主义以解释之者，即吾人之冲动既已餍足，则快乐亦随而止是也。醉饱以后，更进酒食，则有苦而无乐；惟其有刺激口舌之力，故苦痛为之稍杀。牝牡之欲亦然，间有以生殖机关为纵欲之具者，障碍疾痛，随之而起，若犹不觉悟，则鲜有不丧其机能而失其生命者。

四　论快乐不足以定行为之价值

人之意志，本不以快乐为至上之正鹄，而局外者之评论，亦不以快乐为有至上之价值。有人于此，发明一种药剂，使服之者能沉醉于极乐之幻境，而其人之身体与在其左右之人，均不至因此而有危险，吾侪其将劝人服之，以为得增益其生活之价值乎？即持快乐论者，亦将不以为然。是何故耶？将以其快乐基于幻象故耶？抑以为梦中之快乐，必不如平时之快乐耶？是皆不然。然则吾人所以反对之者，岂非以其快乐不本于自然，而其所谓圆满之生活，不足以为人生实际之生涯故耶？然则此等生活，虽有无限快乐，而自吾人之意志，及人生之价值评之，实为不足顾问者矣。

论者或曰：此等生活之无价值，由沉酣幻境之人，无所事事，不能裨益于他人，则其一人之快乐虽多，而于最大多数最大量之快乐，则反有所减故也。然则吾请由前喻而扩充之，使其药剂为一经发明，则不待何等劳动，何等费用，而全国民均得沉酣于极乐之幻境，吾人将以彼发明者为人类之慈父乎？意者一民族欲跻于具足生活之境，不得不以其无限之信用，服从于非常恳切之政治乎？使有人焉，如所谓柏拉图派之哲学家，果有秘术，能使民族悉变为无限驯伏之性质，吾人其举全国而委之乎？史称耶粹登（Yesuiten）教徒之于巴拉圭（Paraguay）也，干涉备至，凡作息寝起之属，无问日夜，悉有一定规则，使其效果，果如世人所传，被治者一无异词，然则快乐论者，将以此等政治，在一切社会、一切政治间，为最圆满、最愉快，而彼被治之土人果已跻人生至善之境乎？若是，则彼等必将谓吾德政治家，宜变全国人民为驯良之俗物，使每日治事及饮食游息之时间，皆能服从规则，且将更进而颂**哀耶**（Aia）岛叱人成豕之妖妇**杞尔崔**（Circe）为慈母，而以漂流彼岛之人为最大幸福矣。（此为希腊神话，见**和美耳**〔Homer〕之 Odyssee 篇。）藉曰不然，则以快乐为人生最高正鹄之说，又乌得而不破耶？夫快乐之所以有价值者，由其出于正当动作之成效；若压制人类之天性，以求快乐，惟其耳目而不惟其精神，犹以为得策，则吾将以快乐为人类之玷矣！

哀耶，今通译艾阿亿，为荷马史诗《奥德赛》中的岛名。
杞尔崔，今通译瑟茜，为荷马史诗《奥德赛》中为把人变成猪的妖妇。
和美耳（约前9~前8世纪），今通译荷马，古希腊盲诗人。著有《荷马史诗》。

荷马像

第二章 至善快乐论与势力论之见解

五 至善之积极义

余既排斥快乐论之说，乃即至善而规定其积极之义。盖余之意见，以为吾人之正鹄，苟以最普通之形式表明之，则在使吾人之生活机能为天资之基本者，动作于轨物之中而已。各种动物，无不欲营其适于天性之动作，盖现其天性于冲动，而因以规定其实行焉。惟人亦然。人也者，恒欲尽其精神之能力，以营夫原本至性发挥历史之生活。是故游戏也，学问也，劳力也，货殖也，占有也，享受也，建设也，创作也，皆人之所欲也。又如恋爱也，畏敬也，服从也，王治也，战争也，克捷也，诗歌也，梦寐也，思维也，研究也，亦皆人之所欲也。凡其所欲，无非循生活自然进化之秩序而与之俱进者，人莫不欲有人伦之经验，是故有兄弟则欲与之为兄弟，有朋友则欲与之为朋友，有同僚则欲与之为同僚；在公民之间则欲与之为公民，遇仇敌则欲与之为仇敌；对于所爱，则欲为情人，对于妻、子，则欲为良夫、为慈父——务欲一切经验之，以维持其生活之内容，而又欲字育子女以继述之。苟其所经验者，事事合于轨范，而有以证其为正直之人，则始达人生之正鹄，没世而无憾矣，而究其所以为生活之内容者，乃无一不得自国民生活之历史。故吾人又得谓人间之意志，在以其人之标榜，表彰国民之生活，而又有以维持之、发展之也。

是义也，本人类学及生物学而平心以观察之，至易明了。一生物之意志，不外乎冲动之体系，而实行其冲动，则为其种族生活之内容。故与其谓一生物之所以存，在维持其种族之生活，而又使之进步，则毋宁谓一种族之所以存，由于一生物之有生活，虽谓每一生物，皆为其种族中之一分子，而营其生活之动作焉，可也。人类之异于他生物者，惟能由动物自存之冲动，进而为观念自存之冲动而已。盖人类以下之动物，其所以为意志者，惟恃无意识之冲动，以规定其行为，而人类则能意识之，其正鹄之生活，必如何表彰，如何实行，而后成生活内容之模范，恒结为理想，而现于其心目之间。于是务实现其理想，本之以求完成其本质，发展其生活之动作，而定其价值焉。夫此等理想，在人类诚亦万殊，希腊人与罗马人，斯巴达人与雅典人，各异其理想；男子与女子，军人与学者，农民与渔人，亦各异其理想，而即其模型之原本言之，则要归一致。如人类虽形貌万殊，而自解剖学、生物学之模型观之，则无害为一致也。自精神之生活以渐发展，而理想亦以渐分化，随理想之分化而本之以实现者，亦益因人而殊，于是意识中表彰理想之直觉，各异其明昧之度，抵抗魔障、奋追理想之能力，亦各异其强弱之度。然而人类无不有理想，且无不本其理想以为完成其本质、发展其生活之动作，则无论何人，必不能不承认其事实也。

掷铁饼者
古希腊雕塑。

国民亦然，尝有一种理想，而务实现之。宗教也，文学也，所以印象其理想；神祇也，英雄也，所以表彰其模型。国民益进化，则能采其过去之历史，以构成理想，而实则全世界文明历史之生活，乃皆观念之所管辖也。彼其完成本质、发展生活之动作、之模型，既已发现，则自能制其故见，动其新思，而终实现于动作。试观十五世纪**博爱之义之运动**，非由于当时之生活理想乎？**宗教改革**，非由于信仰基督教及构成新生活之理想乎？法王**路易十四**时代之历史，非由于崇拜势力及品位之理想乎？又若**法国大革命**，非由于适合自然及理性之新生活之理想乎？是等事实，其所由贯彻历史之大业，与夫激动各人之意志，而使之一呼众应者，则皆人类所理想之势力为之也。

于是吾人实现理想之鹄，常非杂以有所觊觎之观念者，其理至易明矣。国民有自由若势力若名誉之理想，而务实现之，必非杂以希图快乐若幸福之见。虽其理想实现之时，未尝无满足之感，而此等满足，果否为人类全体之最大快乐，固非其所计也。国民之有理想也，决不暇计其价值，为自由，则争自由；为势力、为名誉，则争势力、争名誉，其于幸福，有几何之得失，非所计也。国民欲实现其理想，则直前勇往，举各人之利益

博爱之义之运动，指14~16世纪西方的文艺复兴运动。平等、自由、博爱是文艺复兴运动的主题。

宗教改革，16世纪在欧洲出现的以宗教改革为内容的大规模社会政治运动。

路易十四（Louis XIV，1638~1715），法国国王，史称路易大王。他把法国绝对君主制度推到顶峰。但其统治后期，国库空虚，起义频繁，法国封建专制制度开始走向衰落。

法国大革命，1789~1799年在法国爆发的资产阶级革命。代表资产阶级的民主党人和共和党人一起推翻了君主专制政体。

自由引导人民
　　记录法国革命的画作。

腓立大王
（1740~1786），即弗里德里希二世，又译腓特烈大帝，普鲁士国王。在位期间，为维护封建农奴制统治，数度发动侵略战争。

丙辑　伦理学原理

生命以为牺牲，而各人亦愿牺牲其利益、生命而无悔；即使各人未必无吝于牺牲之见，而既为国民之一分子，则必欲以身殉之。且也历史之判断，亦如历史之意志然。以此义标准，凡国民未有以快乐价值为标准，而自判断其过去之历史者，惟置其本质之观念于历史之人物及事变，而据之以定其价值。如吾人尚论**腓立大王**（Firedrich den grossen）及其战事，决不以当时国民所得之苦乐如何为标准而断之，惟视其所得之名誉品位等诸内容，果否近于客观之正鹄。凡历史科学家之说亦然，彼诚知标准快乐之希望，决不可达也。惟哲学家，则有抱此希望者，然以吾所知，能达其希望者，盖无一人焉。

六　历史之论据

　　凡余所论人类意志究竟之正鹄，与夫行为价值究竟之标准，皆非余一人之私言也，昔希腊之道德哲学家，夫既已发挥之；不惟此也，凡道德哲学，自快乐论外，殆无不合于此说者。柏拉图及雅里士多德勒之言曰："至善者，本质状态及生活动作之适合于观念者也。人类之幸福，在执持人类一切之道德而实习之。"斯多噶哲学家亦曰："合于自然之生活，在以一切实验为意志之鹄，故吾人究竟之鹄，在合于理性之生活，而吾人营合于理性之生活，则即吾人之所以求安宁也。"亚基那（Aquino）派之多马（Tomas）亦曰："一切实体，各循其天性而求达于圆满之域，由理性之意志者，思维之实体也；由感官之冲动者，感觉之实体也；由自然之冲动者，无感觉之实体也。"凡此等直觉之观念，至霍布斯及**斯宾那莎**（Spinoza）而再现，二氏皆以为各种实体，皆以维持其本质为鹄，而生物之本质，则生活及实行而已。斯宾那莎且言思维之实体，即以思维为本体焉。索弗特彼格（Chaftesberg）及拉比尼都之所见亦同，皆以为资质之调和发展，即人生及宇宙之轨则也。康德亦赞成此说，其言曰："人类最真最深之本质，即由实践理性（亦谓之义务之意识）所决定之意志而实现之。"**黑智儿**（Hegel）**及修拉玛希**（Schleiermachen）之说亦然，以为人道生活之历史，以客观之正鹄为内容，各人之生活，即所以构成是等历史内容之一部分，是其生活之所以有兴趣、有价值，而又有以满足其本性中最深之欲望焉。

达尔文基本生物学而得一人世观，亦与此相类。彼于思辨哲学之研究，固全本现实之历史见解，而设新法以论究之者，乃于其所著**《人种论》**第四章，检核快乐主义之说，而有大相差违者。其言曰："吾尝思下等动

黑格尔像

亚基那，今通译阿奎那。

多马，今通译托马斯·阿奎那（1225~1274），13世纪意大利神学家，经院哲学家。著有《神学大全》、《反异教大全》等，前者被认为是基督教的百科全书。其哲学和神学体系于1879年被教皇利奥十三世定为天主教官方学说，后世称之为托马斯主义。

斯宾那莎（1632~1677），今通译斯宾诺莎，荷兰哲学家。西方近代唯物论、无神论和唯理论的主要代表。著有《神学政治论》、《伦理学》等。

黑智儿（1770~1831），今通译黑格尔，德国哲学家。他创立了一个完整的客观唯心主义哲学体系。著有《精神现象学》、《哲学全书》、《逻辑学》等。

修拉玛希（1768~1834），今通译施莱尔马赫，德国基督教新教神学家，哲学家。著有《论宗教》、《基督教信仰》等。

《人种论》，今通译《人类起源及性的选择》。

物，皆有交际之本能，即所以发展其全种族之普通幸福者也。何谓普通幸福？即此种物体之最大多数，皆从其生活之条理，而有至大之势力，至健之生涯，以开发其能力，以抵于圆满之域也。人类交际之本能，其发展也亦犹是。吾窃愿以人类之普通幸福（即安宁），为人生究竟之正鹄焉。"不宁惟是，即约翰·穆勒亦尝于不知不觉间为类是之言，而与其所持之快乐主义有不相容者。彼言快感不惟有分量之差，而又有性质之差，于是得一结论曰："与其为满足之豚，毋宁为不满足之人。"余以为是言也，彼不啻自举其所持快乐若满足有无上价值之宗旨而摧破之。盖一言价值，则即脱快乐之本域，而就快乐所自由之机能也。穆勒谓快乐有种种，而实则机能有种种之谓，种种快乐，皆由种种实体，营种种机能，而有是种种感情随之而起云尔。

于是雅里士多德勒说明至善（即究竟之正鹄）之言，所谓幸福者（即安宁），在实行德行，尤在实行最高之德行者，虽至今日，犹不可易也。

七　详论至善之积极义

论者或难曰：若是，则陷于循环论法之弊。前者不尝言道德之所以有价值，由其有裨于生活之发展乎？然则道德之实行，不过一种作用，而今胡又以此为究竟之正鹄也？

答曰：然。余既已言之矣，凡有机体，其各部分，常为作用，而又同时即为其正鹄，以其为全体之一部也。如脏腑官骸，皆所以维持身体生活之机关，而同时即为身体之一部。身体者，非能外各种维持之机关而成立，此等机关之全体，即所以构成身体，故此等机关之活动，本为其维持生活之作用，而又同时即以此等机关之活动为其生活也。美术品亦然，剧之一出，本为其全剧之一部，而同时即为其正鹄之一部。然则道德之生活，何独不然。彼以各种德行为全部之机关，而其实行也，即所以构成内容之一部；既占内容之一部，则乌能不分受其全体名誉之一部乎？吾人精神界之道德生活，本有机体也，其各种势力，各种机能，且为作用，且为正鹄，故各部之内容，皆各自有其无上之价值。然使其绝关系于全体，则

《西厢记》插图
《西厢记》故事反映了人类对爱情的积极追求。

无足道矣。如刚毅之有价值,以其为克尽一定职分之机关,苟其离生活之全体而独立,则价值何在?目之为用,以其为全体中视觉之一机关,而由是更以视觉为其无上价值之内容。刚毅之于战争也亦然,诗人言"不为战士者不得谓之人",以此也。凡积极之道德皆然。消极之道德,若不诈、不盗、不淫,以其对待于真理、财产、婚姻诸善之作用,而始有价值,其本体无所谓善也。若乃守真理,保权利,持家族秩序,是等积极之道德,则皆为圆满生活之一作用,而同时即为其内容之一部。是以各种德行之实行,若研究学问,若兴殖财产,若社会秩序,若家族生活,若子女教育,皆为生活之一作用,而同时于其内容亦为重要之部分也。

彼斯多噶派哲学家,盖尝见及之矣。彼以为道德有三别:一、有无上之价值者;二、有作用之价值者;三、有作用而兼正鹄之价值者。一切外著之德行,有作用之价值者也;因各德行之活动而随之以快感,有无上之价值者也。道德则有作用之价值而又兼正鹄之价值,盖以其影响于幸福之点言之,是谓作用,而以为幸福之一部分言之,则亦究竟之正鹄也。

吾人更进而论之,一切之道德及动力,固既为作用,又为正鹄,而于此二者之间,乃不能无分量之差。生物之各机关,于其全体,关系有重轻之别。剧有各出,于其全剧之中心点,有远近之别。道德生活之各机能,于其正鹄,亦有中边位置之别,或疏于正鹄而切于作用,或疏于作用而密

第二章　至善快乐论与势力论之见解

于正鹄也。此其关系,雅里士多德勒已见及之,以为实际正鹄之中心点,在动作其各种特别之势力,故其对于人类,在使之动作其所受特别之理性。使吾人以科学之规则认识正鹄之中心点者,哲学之领域也。举其基于实践理性之道德而实行之者,于哲学有密接之关系者也;其他经济机能及生物机能,则关系较疏焉。此等皆为自然基础,即人生固有之内容。当有此必然之预想者,而其动作之感情,得以直接断定,则已为生物学之所认可。故人类欲得最大之满足,惟在动作其学理之理性,及实践之理性而已矣。

凡后出之生物,必优于古代者,此**天演**学家、历史学家所几经考察而得此相同之结论者也。最下级之动物,对于外界,务求食而避害,以自全其生活之动作而已。以渐进化,而生殖之机能具,于是种族之爱情生,感官之感觉,进而为高级之智力,于是交际之生活,与知识之生活,始有基础,至于人类而交际及知识之生活发展最高焉。其发展也,为吾人本于记忆历史之能力而直接知之者,即进化史中一部分之内容,所谓人道史者也。人道之历史生活,所恃以为主要之内容者,一则吾人之所认识,益广、益深,而益见其实际;一则吾人之交际益溥博、益密切也。而是二者之所由达,则在发展其理性及交际之道德,以理性认识事物,而示意志,以达其正鹄之方向,以交际之道德,营家族国家社会之交际,而后人生之本质所以为历史之实际者始可完焉。

是故人类之生活,能发展此等最高之能力,而使其下级之能力从属之,则人格益高;否则动植物之机能,感官之冲动,无意识之情欲,得占势力,犹是卑劣之生活而已。所谓圆满之生活者,吾人精神之能力,发展至高,以之思维,以之创作,以之行动,无不达于圆满之度之谓也。以人类历史中之境遇观之,交际之道德,于生活中实为重要之部分,所以平和人生之境遇而使之互相维持者也。故人有恒言曰:"真与善,圆满生活之两方面也。"虽然,读者毋以是而谓余之所见与唯心论同,盖余固非以感官之一方面(即动物机能之一方面)为可忽者,孩提之童,喜直觉,嗜游戏,亦不失为生活之一部分;且如饮食也,快乐也,亦圆满生活中之所应有,特不可以是占生活全部之势力而已。

由是余更得以一人之生活而论其为正鹄为作用之两方面。吾人之圆满生活,吾人之正鹄也,而自吾人为国家或文明社会之一分子观之,则又不过一作用。柏拉图曰:"国家者,大人也。"然则一国之机能,犹之一人

天演,即进化。源于清代翻译家严复所译英国博物学家赫胥黎的《进化论与伦理学》一书,译名《天演论》。

之机能，而国民与一人之关系，犹之正鹄与作用之关系，惟其作用仍为正鹄之一部，盖全体者，固积各部而成立者也。于是吾人又得一评定人格之新标准：人之尽其国民之义务也益多，则所以供国民精神界、历史界之生活者，若学问、若道德、若美术，皆益大，而其历史界之价值，遂亦随之而益大。是则不关于其狭义道德之价值，而惟关于其对于国家之义务者也。虽然，是说也，愿读者毋以唯心论视之。

吾人非仅以哲学、科学、文学、美术之所见，评定国民之价值，凡国民及其生活之动作，未有不属之者。若任保护之军人，若任指导之政治家，若通商外国者，若航海者，若工艺家，若发明新器者，若耕稼者，若佣者，若教育子女之慈母，若嬉戏之婴儿，无不与焉，是非特精神界内容之基础，而实各占其一部分焉。

吾人更由国民而进于更高之境遇，则为世界之一分子，而有所谓人道。人道者，仁之观念所借以为具体之表示，而吾人经验界考察至善之效果，以此为终点者也。圆满之人道，若以基督教之语代表之，则地上之天国是已。是谓至善，是谓人类究竟之正鹄，而于是国民道德，亦对之而为作用，然其作用，亦仍为正鹄之一部分，可知也。各国民之品格，皆以此正鹄为其最高之标准，由其仁之观念发展之程度，而第其品格之高下焉。凡国民及进化之阶级，虽未有全无价值者，而其社会，其政治，其精神，其道德，其美术，其宗教，凡是等生活之发展，去仁之观念之中心点，不能无远近之差，则国民品格优劣之差视之矣。

　　仁之观念，吾人尚不能以具体者表彰之，仅于精神界、历史界生活普遍之概念，想象其轮廓而已。一切人类学、历史界之研究，虽足供吾人以资料，而吾人尚不能有所构成。吾人欲设一观念，使希腊人，罗马人，埃及人，巴比伦人，支那人，日本人，无数黑色人种，无数印度人种等，悉举其生活之内容，向必至之鹄而为互相关系之生活，吾人竟不能构成之。神之理想之人类史，吾人虽能见其断章而比较之，而此种种断章，各有何等作用，非了于其全体之组织，不能知之，而吾人终不能为全体组织之观念。所谓历史哲学者，欲集各种断章而为全部，以窥其组织之概者也；然其所得为者，惟排比断章之次第，于古代、中世及近世初期狭隘之文明社会以内，指示其历史界衔接之迹，而稍稍循必至之鹄以解说之。是等科学之不能终达其希望，固已彰著。吾人仅仅知，历史之断章而已，即使吾人能悉知过去之历史，尚不过全史中之一小部分，而于未来之无穷历史，非所与知也。人类者，恐尚在历史之初期，各国民、各文明社会之历史生活，殆不过人类全体历史生活之初编，而世界贸易，世界邮政，或足为他日人类精神界、历史界统一生活之端绪。吾人在此时期，而欲构成历史哲学，是犹读诗一二章，而即欲推论其全篇之观念，乌可得耶！

　　然而人类生活，尚不过一切实际事物之全生活之一部。一切实际事物

教堂画
　　图为罗马圣科斯坦扎教堂镶嵌图，描绘基督将教堂钥匙交给圣彼得的情景。

丙辑　伦理学原理

之全生活，吾人仅能为形式之概念，而不能以直觉者表彰之，而惟托之于譬喻，是谓不可思议，是谓神，而其精神界、历史界生活之发展，则谓之天国。神也，天国也，非若各种科学概念，可以直觉之，而惟以感情若意志之实在关系之。彼固超越于认识之范围，而惟示实际事物必有最高统一之信念而已。神之观念，既在吾人智力以外，则神之世界之观念，亦必超越智力以外，无待言矣。使必以学理解说之，非如十八世纪之神学家，违因果律，而胪列经验界事实，则如黑智儿派哲学，强以论理规则，附会普通之概念而已。惟吾侪智力，虽不足以理解至善之内容，而尚得由**宗教美术**，以譬喻者想象之。盖宗教美术，皆借有限而可思议之事物，以指示无限而不可思议之境界者也。

> **宗教美术**，指伴随着礼拜、典礼、修身、传教等宗教活动而展开的，以宣扬宗教观念和教育宗教信徒为目的，以宗教的教义、故事和传说为题材的美术。

第二章 至善快乐论与势力论之见解

第三章 厌世主义

一 厌世主义之理论

余将研究伦理学中第二根本概念,即所谓本务之概念者。先举近今思想界之厌世主义而略论之。持此主义者,谓人生本无价值,即使人生含有有价值之原质,而其反对之价值,已占优胜,则其和在零以下,故有生不若无生。此与吾前章之说,所谓吾人一切生活机能,循正则而动作者,其事即有价值云云,正相反对也。

诗人之作,关于厌世观者颇多,如意大利诗人里泊德(Leoparidi)所作《述怀》之类是也;然乐天观之诗,亦复不少,如马鞑义亚尔那(Matthen·Arnolds)所作**《伊的那之唵披铎黎》**（Empedocles on Etna。Empedocles,西西里之哲学家,生于西历纪元前四六〇年,相传投身 Etna 山之喷火口而死云)之类是也。此等诗歌,皆诗人真挚之感兴,无可非难。盖感情者,事实也,不能以绳之是非。故吾人可以分析之,释明之,且或玩赏之,或憎恶之,而独不能诘难之也。然而哲学界之厌世主义,则异是。如叔本华(Schopenhauer)者,不特为厌世感情之诗歌,乃以理论证明人生之无价值,且证明人生价值之论之为谬误者也。其说亦持之有故,而实不免于谬误,吾人不能不诘辩之。吾人之诘辩,非能转移厌世家之感情也,惟暴露其学说之谬见而已。以余所见,厌世主义者,未必有至溥至当可为根据之学说,大抵本于其人厌世之感,而引以为主观界之真理云尔。

厌世主义有二别:感觉界之厌世观(亦谓之快乐主义之厌世观)及道德界之厌世观,是也。前者谓吾人之生涯,苦痛多于快乐,故不若无生;

里泊德（1798~1837),今通译莱奥帕尔蒂,意大利厌世派诗人。著有《致意大利》、《但丁纪念碑》、《道德小品集》等。

马鞑义亚尔那（1822~1888),今通译马修·阿诺德,英国维多利亚时期著名的诗人、批评家。著有《新诗集》、《评论一集》《评论二集》、《文化与无政府状态》、《索拉与罗斯教》等。

《伊的那之唵披铎黎》,今通译为《恩培多克勒在爱特拿》,为马修·阿诺德的一首诗。

后者又增以客观道德界之考察，而见为并无价值，因而谓人生之不幸，不惟其事如是，而亦理所当然者也。二者以外，又有历史哲学之厌世观，则谓人类日益进化，而苦痛及罪恶之增加，与之为正比例者，是也。

二 感觉界厌世观之证明

此之证明，以数量之关系为根据者也。其说曰：人之生涯，苦感常多于快感。然则欲证明其说，不得不用算学及统计学之方式。而最近之厌世文学，有习用之语，即所谓"快乐决算"，所以定人生之价值者也。是言也，比例商业而为之，盖商人决算财产之式，常检其簿记中所存、所负之数而互消之以定赢绌也，厌世论者既袭用此名，将亦尝设一簿记，列记人生苦感、快感之数，而后决算之，乃知苦感之总数，远逾于快感之总数耶！

此等决算，其可能耶？以余所见，厌世哲学家之著作，盖未有为是决算者。夫欲验决算之可能与否，莫若以普通人之日记为之。例如于日记中胪记一日中苦乐之感，为（甲）快感：一、夜中安睡，二、朝餐甚适，三、读有益之书若干节，四、得友人来书。（乙）苦感：一、于报纸中见可厌之新闻，二、为邻人琴声所扰，三、疲于应客，四、食不适口，而使习语"快乐决算"之哲学家，衡量其快苦之数量，而分别记之，可乎？

或曰：是无理之要求也。夫余非不知此等要求之无理，然对于习语"快乐决算"之哲学家而为此要求，则决非不合于理。何则？彼苟不能以数学之式统计苦乐之数量，则何由而为苦感多于快感之断定？彼苟不能于日记中苦快各感，分记其数量，则又何由而为苦乐数量之统计？彼苟不能于简单之情状，如安睡之快与应客之苦，为苦乐孰多之决算，则又何由而决算于至复杂、至暧昧之情状？彼苟不能为一日之决算，则何由而决算一生？彼苟不能为一生之决算，则又何由而决算全人类之生涯耶？

德国有一小说，述甲乙两少年，由相同之境遇及希望，而渐趋于反对者。彼等尝同学于某校，相善也，且互许为同志。毕业以后，甲试为吏，其才为长官所赏，不次迁擢，名振全国，娶大臣之女，未几，遂迭历各级,被擢为大臣焉。乙则好深沉之思,欲以学术鸣,则为义务教员,而从事于著述,彼之主义,不为世人所欢迎,其所著鲜有读者,而其人亦见疏于社会,无可展布,然彼尚不以为意,而矻矻如故,年三十有五矣,而长此困穷,其父母重忧之。及千八百四十八年之政变,而二人之境遇乃互易,其互易以后之境遇,可无论,而前此两人之生涯,快乐孰多,果可以决算乎?甲有贵显之乐,而有患得患失之苦,其比例如何?乙有境遇之苦,而有思想自由之乐,其比例又如何?

厌世论之说,亦有不必为此决算者,彼盖以普通之议论代之,请述其一二。其一为:自昔相承之说,谓快乐者不外乎苦痛之除去,故常在达其希望瘳其疾病、去其恐怖之时,快乐之性质为消极者,而苦痛则为积极者,所谓快乐、苦痛,实则苦痛小大之别耳。如其说,则日记中当仅记苦痛而已,无事乎记快乐也。夫快乐果仅仅为苦痛之除去,快感、苦感果为同义,而与积极之事实,无所矛盾耶?果尔,则得为感情下绝对之断定,而易其"快乐即苦痛之除去"之语,为"非苦痛不能生快乐",是其为虚伪之断定至明矣。体欲者,苦痛耶?体欲实快乐之预感,而谓康健之人不之感耶?儿童不尝见制饼而愉快耶?其食饼以前,必有苦感耶?安睡以后,则思游戏,将以疗其痿疲之苦痛耶?是岂非掩耳盗铃之见解耶?且其谬误之点,尚有不可掩者,若快乐即情欲、苦痛之除去,则夫情欲强大者,其快乐亦不得不随之而强大,而事实乃反之,凡有强大之情欲者,营求而得之,其快乐不过少量而已。惟其初淡焉漠焉,而忽于意外得之,乃始有至纯至切之快乐。试观之于儿童,其情欲大者其满足也小,吾人所常见也。

叔本华者,以意志之性质,证明厌世主义者也。其说曰:意志者,本无意识,常为无鹄的之努力而已,彼不动于鹄的之写象,而显为盲动之生涯,故无可确指为满足者。且感情生活之内容,纯以苦痛、危险、失望、恐怖构成之,缺陷之苦痛,驱吾人而使之动作,不达其鹄,则苦痛随之而增;幸而达之,虽若有去苦得乐之一瞬,而此快感者,

《作为意志的表象世界》德文版书影

叔本华著。

转瞬而消灭，决无保持之望。故一切快乐之究竟，失望而已。意志若欲避此循环之苦况，而无所营求，则又不胜其无聊。故与其久静也，毋宁投艰难危急之境以自遣。盖意志常踯躅于感情之间，而不能脱其范围，如行人在荆棘之丛，左右顾忌，无之而不伤者也。

虽然，平心而论之，叔本华之说，盖偏见也。人之生涯，固有不脱于危险及无聊之感情者，而得脱之者，盖亦多有，初不若身入棘林者之狭隘也。康健之儿童，生长于纯朴安全之境遇者，虽离其父母之左右，而尚无危险及无聊之意识；苟其生活条件，适与相宜，则虽更历数年，而尚不知之。农夫之勤动，初非迫于危险，日出而作，日入而息，彼虽强欲知勤动之为苦痛，休息之为无聊，而终不能，往往有日复一日，年复一年，经数十年，作息如故，而无大危险、大无聊之阅历者。其间固亦不免有苦痛，虽然，苦痛者，幸福之原因，吾人所经验也。将谓此等农夫之生涯，仅少数之变例耶？然幸福之生涯，与不幸之生涯，比例如何；成功之生涯，与失败之生涯，比例如何，尚无统计表以供吾人之证明，则吾人与其信厌世论者之口给，毋宁信纯朴者之判断也。正直安全之生涯，非变例也；幸福之生涯，亦非变例也，此等断语，虽不中，盖不远矣。若乃厌世论者所摹写之意志，则非健全者之意志，而被虐待于社会者之意志也，此其意志之厌世也固宜。

叔本华则又曰：人类之多数，诚不必遭际大不幸，而得粗遂其幸福之生活，然生活之全体，徒为无鹄的之努力，其究也，空虚而已。其意谓人生者，如在漏舟之中，尽力以救其沉没，其舟以时渐沉，而终不免于覆没。人生汲汲于避死，而日近于死，亦然。人生之无谓，所以如是者，造物不仁，赋吾人以希望未来之迷执也。儿童之呻吟于学校者，自冀长大以后，必享幸福；工徒之被虐待于其师者，以为吾毕业以后，独立自营，则将去苦而就乐；艰于生计者，常神游富贵利达之境……凡此等未来之希望，既已达之，则所谓幸福者，仍渺不可得。然而一息尚存，则其迷执终不可破，且及其既死，而子孙又继承之。呜呼！人生之可厌，盖如此耶！

夫以生活意志终无满志踌躇之一日，而谓为无鹄的之努力，诚然；意志日日于其现在不得之事，而为他日得之之希望，诚然；人生之终局为死，而其辛苦经营之果效，或自享之，或贻赠他人，无所谓绝对之善状，亦诚然。虽然，遂由是而为人生可厌之断语，则尚有误解者。盖如叔本华之所写象，是人生不以其生活为鹄的，而别求诸外也。通例，以人生比之旅行，使旅行而营业，则或际营业之无成，而厌其旅行为徒劳。然人生果若营业之旅行耶？余以为不然。人生者，非若营业之旅行，其鹄的在旅行之外也。人生者，非作用，而实鹄的，得以漫游喻之。漫游者，非有永久不绝之利益在其后，故无所谓鹄的；且亦不免有中辍之时，而不能为绝对之继续，故亦无所谓满足。旅人之欲望，常先旅人而进行，旅人达前此欲望之境，而欲望又已前进。登山者，于启行之始，既悬山巅于目前，及其流汗喘息而登之，则眼界渐开，而鹄的益远，乃无所谓休息及满足之期。漫游者，盖日日如是，及其还乡里也，而始静止。然则其旅行之全体，将重苦旅人，而彼遂不复为此无益之艰苦耶？是必不然。彼乃以是为大快，彼盖于其所经之大危险，大奋励，为愉快之记忆，而为第行旅行之计划也。

怀疑于人生之价值而无以证明之，其有异乎怀疑于漫游之价值者乎？人之漫游也，虽若有种种之缺陷，无鹄的也，失望也，困苦艰难也，于其最后，求一永永留滞之点而不可得也；然即全体观之，而常为吾人所深喜。人生亦然，苟其一生之中，勤动也，游戏也，变态至多，则于其暮年，回顾一生之阅历，而不胜其愉快，且其最得意者，乃在崎岖险阻之境遇。然则意志所达之鹄的，即一切阅历之随于正直之人生者是已。老人常好陈述其往昔之交游若经历，且常以为自叙以公于世，苟人生之内容，仅仅失望而已，彼又何苦而为此耶？彼等如观剧然，其始也，窘迫、争斗、欢乐、悲忧，交至迭乘，演者、观者，皆有应接不暇之势；卒也，以平和之景象结之，当是时也，演者弛其力，而观者乃追想其全曲矣。叔本华曰："若起死者于九原而问之曰，汝欲再生乎？彼必答曰，否。"其言殆然。如观剧者，不必愿观同一之剧也，然而演剧之价值，并不以此而贬。如吾人虽有至愉快之旅行，然其第二次之旅程，未必愿循故步也。凡老人有还童之希望者颇多，彼夫成年者，恒不欲复为童子，童子不欲复为婴儿，而老人乃反之，得毋餍平和之境遇，而又已休养其跋涉世路之勇力故耶？

是故厌世哲学家之感情论，所谓人生苦痛多于快乐，失望多于成功，因而无价值者，为余所不能信也。

三 道德界厌世观之证明

此之证明，谓人生者，不幸也，无价值也。由客观界反复考察之，求所谓有价值之内容，而不可得者也。德与智，变则也；恶与愚，正则也。叔本华尝丑诋人生，不遗余力，曰彼等皆粗造品也。凡粗造品，品劣而价廉，多所产生，因而多所弃掷，自然之理也。奸恶也，愚钝也，普通人之二特质也，大多数之人类，愚钝甚于奸恶，常濒于饥饿，而不知有高尚之精神生活，徒营营于一身及子孙之糊口而已。彼等常注目于地上，醉生梦死，一死而无复遗迹。彼等之愚钝，既如此矣，而又杂之以奸恶。彼等见他人精神、体魄之优长，若财产、名位之显达，稍高于彼等，则嫉妒之而憎恶之，其不敢侵袭之者，恃警察之力而已。豢猛兽者必以铁槛间隔之，人类亦然，以恐怖之铁，制为刑法之槛，始得阻其互相侵袭之行为。彼等苟一脱刑法之羁绊，则俄焉互相攻击。彼等所自诩为道德者，苟揭之于光明界，其种类皆同。其好交际也，由于夸炫；其有同情也，由于自爱；其重名誉也，由于恐怖；其守平和也，由于怯懦；其勉慈善也，由于迷信。间有少数之人类，奸恶之特质，超于愚钝者，必其意志较强，知识较多，故不为法律所制限，若猛兽之出柙然，蹂躏他人，无所不至。彼多数之怯懦、顽固、褊狭者，羊耳；少数之狞猛、狡诈者，狼耳、狐耳。轶此二种之范围，而有智德者，仅矣。自然之创造天才也，一世纪中，殆不过二三次，其创造贤者也亦然。

此皆叔本华以其绝世之雄辩，弹劾人类，而摹写其不能有价值于道德界、知识界之状况者也。抱此等思想者，不惟叔本华，自希腊先哲倡言多数愚物以来，传诵之者，奕世不绝，若霍布斯，若**鲁骇福德**（La Rochefoucauld），若康德，皆然。

此等见解，然耶否耶？如以为然，则不可不以统计法证明之，世界之人类，果恶多于善，而愚多于智耶。欲确证之，则不可不为人口之统计。虽然，智愚善恶之差别，决不能见之于统计表。人之年龄、形状、贫富，虽可以计量，而道德及智慧之性质，无术以计量之。是故为人类平均价值

鲁骇福德（1613~1680），今通译拉罗什福科，法国作家、思想家。著有《回忆录》、《道德箴言录》等。

凡尔赛宫镜厅
凡尔赛宫曾是法国王宫。17世纪由法王路易十四下令修建。

非色野离宫，今通译凡尔赛宫。

苏尔采（1720~1779），今通译苏尔泽，德国美学家。著有《艺术美的普遍原理》等。

丙辑 伦理学原理

之判断者，全恃特别主观之所经验，以为标准。若冀其判断之稍近于正确，则在乎判断者要求之适当，与其观察经验有便利之机会。彼夫断人类为大多数无价值者，其观察经验之条件，果何如耶？

凡非难人类者有二族，一为在宫廷者，二为隐居之哲学家。吾人通常以宫廷之人为通世故而知人性，然宫廷之生活，果适于研究人性耶？彼所谓相知者，皆宫廷之人，而宫廷之生活，果得望其有正则之行动耶？此甚可疑者也。法之鲁骇福德，观察路易十四之宫廷者也，所以养夸炫纵恣之习惯者，宁有过于**非色野离宫**者乎？观泰尾（Taiue）所记，法国贵族之集于宫廷也，非以尽瘁职务，而惟从事于王国伟大豪奢之表彰。彼等以无益之粉饰终其生，彼等之生活，非为己也，而仅为耸动世人耳目之作用。其所勉者，剥剥人民勤动之所得，以纳于王之内帑，乃各借年金恩给之名以分润之，盖日朘国民之脂膏以恣其佚乐而已，其为养成恶德之所，宜也。腓立大王，常目**苏尔采**（Sulzer，十八世纪德国美术家）而言曰：彼乃亦不觉厕于此可憎之种族。此不特彼一时兴到之语而已，彼于晚年，常对其所亲者而为轻蔑人类之语气。虽然，彼果于人性有所知乎？曰：有之。彼有知何等人类之机会乎？曰：是必为常集于宫廷者无疑，若欺诬同职之外交官，若希宠竞名之文人学者，若热中于富贵者，此皆具服者所一望而知其志趣者也；虽其左右，亦间有出类拔萃者，若勇敢之军人，若正直之官吏。要之彼所交际者，大率干禄固荣之人，而大多数力田捆屦之民，非其所见，彼之所统计者，人类之小部分而已。

哲学家之少数，亦被许为能知人性者也。虽然，若叔本华、康德、霍布斯之流，果有善知人性之机会耶？是不能无疑。彼等见解之不得其当者，不一而足。如家族者，于普通人类道德性之发达，最有重要之关系者也，而彼等皆无之。彼等晚年，皆罹于茕茕无告之苦状。吾人读康德自叙，至晚年苦于生计之烦累，仆隶之纷争；及叔本华自记，至深匿财货，惟惧见窃，出入食肆，觅少许之佳话而不可得，未尝不为之惆怅而悲怜也。彼等不特无被爱恋、被关切者而已，乃亦无其所爱恋、所关切者。人之常情，亲其所爱恋、所关切者，常过于被爱恋、被关切者，而彼等乃皆无之，则其抑郁无聊，而谓人我间竟无愉快之关系者，诚无足怪也。人之对于普通人类，而施其亲爱若信用也，常本其狭少之经验而推之。人若既失其亲近之五人以至十人，则彼即有举世无亲之感；又若遇不见信、不见爱之五人以至十人，则彼即愤而为人类之敌矣。又有不可忘者，是等厌世家，类皆从事于学问著述，则其关于人性之知识，大抵得诸学问著述之社会。夫世界夸炫、武断、诡谀、嫉妒之习，有甚于此等社会者乎？吾以为如叔本华者，苟稍移其考察学问家、著述家品性之精力，而兼用之于平心静气从事职业之社会，则其判断人性之说，将为之改变，不至因是而抱厌世之思想矣。

且吾人盍一考中立不倚纯粹无疵者之见解乎？请以格代为标本。格代之为人也，健全而圆满，凡亲接德意志国民之生活，能抉其隐微之点，而得渊深溥博之知识者，殆未有过于格代者也。彼能不使其印象自客观界而逸遁，而其镕铸而叙述之也，又有绝人之技，是则吾人读其手简、自叙之属，不知不觉，而被导入于彼之生活世界者也。**佛郎渡**（Frankfurt）者，彼之故乡也，其景物为彼少时之知己，其后，至**来比锡**（Leipzig），至**士多拉堡**（Strassburg），至**射生哈默**（Sesenheim），至**威都剌**（Wetzlar），而终抵**威马尔**（Weimar），其交游中，虽亦发扬沉郁，不一其类，大抵安心乐道之人为多，而持道德界厌世观者甚罕。其间固亦不免有稍稍倾于邪恶者，而要以有恻隐之心，具正直之德，持公平之见解者为多。吾等进而观格代之诗歌，则其关于人性之理想，现身于客观界，而为模范人物，使吾

佛郎渡，今通译法兰克福，德国重要的工商业、金融和交通中心。位于德国美因河畔。

来比锡，今通译莱比锡，德国东部的第二大城市。位于萨克森州莱比锡盆地中心。

士多拉堡，今通译斯特拉斯堡，法国东北部最大的城市。法国阿尔萨斯大区和下莱茵省的首府。

射生哈默，今通译塞森海姆，位于法国斯特拉斯堡近郊。

威都剌，今通译威兹拉，德国城市。

威马尔，今通译魏玛，位于德国中部图林根的一个小城。

第三章 厌世主义

飞翔的梅菲斯特
《浮士德》插图。

格次，今通译格茨，歌德长诗《格茨·冯·贝利欣根》中的人物。
耶格蒙德，今通译哀格蒙特，歌德戏剧《哀格蒙特》中的主人公。
海尔曼，今通译赫尔曼，歌德的长诗《赫尔曼与多罗泰》中的人物。
多罗台亚，今通译多罗泰，歌德的长诗《赫尔曼与多罗泰》中的人物。

魔费斯脱弗勒，今通译梅菲斯特。
《否斯脱》，今通译《浮士德》（Faust）。
罗德（生平不详），今通译路托。德国作家。
《斯通替德》，今通译《我耕田的时代》（Ut Mine Stromtid），为路托小说的代表作。
里歇多（1803~1844），今通译格哈特·李希特，德国画家。

人恍然亲炙其交游之人物，若**格次**（Gotz），若**耶格蒙德**（Egmout），若**海尔曼**（Hermann），若**多罗台亚**（Dorothea）（四人皆格代诗中所写之人物）。举德意志各阶级人民之代表，而以诗人之笔摹写之，何一非强毅、镇静、和乐之态度耶！其间固亦兼写鄙薄、柔弱、谲诈、暴戾诸性质，而是等皆不过诗中主人对映之资料而已。然则人类黑暗之一方面，能激起叔本华等愤怒轻蔑之念者，殆为格代所未窥见者乎？曰：否。彼于其寓言、俚歌、杂诗、散文之中，痛斥当时文学家之夸炫、狭隘、卑鄙者，亦不一而足。若撷取之以为厌世主义之问答书，足以哀然成帙。即观其写**魔费斯脱弗勒**（Mephistopheles，**《否斯脱》**小说中之魔鬼），其淋漓尽致为何如耶！然而此等事例，要决不足破坏其亲信人类之观念也。

读者若犹不厌于吾之论证，则盍一读哥的哈弗（Yeremius Gottheef）之《瑞士农夫谈》，或一读**罗德**（Fritz Reuter）之名著**《斯通替德》**（Stromtid）乎？其中之人物，固亦有沉沦邪径者，轻率怠惰者，愚劣无用者，然而谨慎静肃之态度，进取之勤勉，坚实之能力，健全之常识，活泼之观美心，关于他人福祉之热望，对于虚伪邪恶之憎恶，弥纶其间，使读者油然感之。其间未尝无因落魄而为竞争者，要皆以勇敢热诚与外力抵抗者也。且吾人盍读**里歇多**（Ludwig Richter）所写之《人类社会》及其《自叙》乎？诗人之自叙，莫善于里歇多矣。

夫哥的哈弗、罗德、里歇多之流，岂皆自欺欺人之乐天家乎？是必不然。吾人信人类之中，有纯全之德行者至多。吾人苟观人类于外界集合之场，鲜能得愉快之印象，若汽车，若大都会，若剧场，若公会，大抵喧扰耳，追逐耳，逸诬耳，夸炫耳，嫉妒耳，势不能无恶感。然而当生活范围狭隘之所，若家庭、宗族、工场之属，试即其各人而观察之，则感情顿异于前，恳至之父母，谨慎之族长，贤良之职工，随在而可见也。无论党见至深，恒发大言于公会之人，苟一莅议场，则凝神注意，而不敢轻忽他人之言，与其演说于公会之时，乃前后判若两人。可以证人类苟接近于实际生活之范围，则能发见其诚恕谦慎之德。此哥的哈弗之流所致意者也，如叔本华者，乃专观人类于远方若群集之所，遂如《否斯脱》中之**华格那**（Wagner），闻远方市场之喧扰而颦蹙矣。

诗人之观察人类，固亦有抱特别之见解者，若**摆伦**（Byron），若索克拉（Shackray），若法国及北方诸国（**丁抹**、瑞典、挪威诸国）之诗人。彼未尝不接近人生，而洞见其实际之状态，然而彼之见解，则谓人生之美观，以渐消灭，所谓光辉幸福亲爱诚实者，不过舞台表面之光景，苟一探其背面，则艰难残忍之属而已，是吾人所经验者也。虽然，是等见解，惟能适用于社会表面之人群，若政治家、俳优家、艺术家、会社员、发明家、著述家而已。自昔论者目政治为损人品性之具，以为一切公务，皆有损人品性之倾向，夸炫虚诈，殆与公务有不可离之关系。虽然，凡人类中，刺戟耳目之阶级，决非社会之中坚。苟有一国民焉，仅恃此等阶级之人类而构成之，必不久而崩解矣。表里违反之风尚，于今为烈，然则及何时而始无此风尚乎？及何时而使人一观背面之状态，无待改良之计划乎？虽然，及何时而能解吾人此等之迷惑，则至可疑也。今日者，诋諆人类，暴露人类丑恶之方面，为文学界风尚之题目，评发人类之虚伪粗野，为诗文之任务。此岂人心倾向真理之情状耶，吾人所不敢信也。吾人于热望真理以外，又有一冲动焉，以见是等黑暗之生活为愉快，是仅足以养空谈若侮辱而已。彼艺术新派，所揭为写实主义者，果健全者耶，果有欢迎之价值耶，吾不能无疑。虚伪固非，吾人对于实在之状况，固不能掩目而不睹，世界虽有监狱，有病院，有疯癫院，人类之几将入此而尚未入者，甚多。彼厌世文学家所持以为研究人性之资料者，果皆足以充监狱、病院、疯癫之内容者耶，未可遽信也。自实际言之，彼等虽有可以充此内容之几兆，而彼尚不愿一蹴而就之，吾人不宜以其解剖书轻示于人人也。**弗兰克**（A.H.Fraueke）曰："吾人当赞美神明之善业，而毋语恶魔之劣迹，此不可不致意者，盖人心具有至易导火之质料也。"可为至言。

苟人类不能如叔本华尽去生活欲望之说，则日抱厌世之义于胸中者，

华格那，今通译瓦格纳，歌德诗剧《浮士德》中的人物。

摆伦（1788~1824），今通译拜伦，英国诗人。著有《恰尔德·哈罗德游记》《唐璜》等。

丁抹，今通译丹麦。

弗兰克（1663~1727），德国教育家。曾创办教师养成所、哈雷大学等，著有《教育学》。

第三章　厌世主义

至危险也。吾人之于生活，诚不能有奢望；苟自知愿望之不可以尽达，与他人之未可尽信，诚亦足以防失望之苦痛。然使专心致意，以抉摘人类弱点为事，则徒足以养轻蔑人类、嫌忌人生之习惯而已。盖厌世思想，虽不能猝袭健全之人，而素有厌世之倾向者，则濡染至易，积久而遂为精神界之痼疾。人苟时时顾虑气候，若过暖、过寒、太干、太湿之属，则一年之中，可以杖策而散步者，殆不过二三日。人苟循叔本华之说，积一切忤逆之经验于胸中，必驯至所见无非恶人，所至全无生趣而后已，曾何若寻昧人生光明之方面，与人类可以敬爱之故，而强恕以行之耶？叔本华之忠告吾人也，曰："宜常注目于人类黑暗之一方面，以养憎忌人类之思想。"吾则以为忠告之言，盖有逾于彼说者，曰：有德于人，毋望报也，亦毋望人之有德于我。苟由是而得意外之施报，则至可喜也。世人苟去其互相恐怖之念，则不特以爱助于人为喜，且以不待干请而能助人为喜，此至确之事实也。且人苟施而不望报，则当夫受者以诚挚之意，现为感谢之容，而益觉其愉快矣。今之世界，一方面虽有厌世主义，若倨傲之社会民主主义；而一方面，则慈恕之道，固有实行之者。夫鼓励慈恕之感情者，诗歌之职也；诗歌者，非为人类描无影之幻象，而在乎应有尽有。自感情小说之骄子，使吾人失其对于实在之兴会，而于道德界生消化不良之疾，吾人之生趣，遂为之泯灭焉。今之时代，其此病流行之期乎？往者，**奥尔摆赫**（Auerbach）及**弗拉太格**（Freytag）小说之盛行也，其于市民及学者之道德，不免失之夸炫；今也承社会主义家批评之影响，而酿为反动，反动之弊，不久而将去，所不待言。艺术之本领，在描写健全、活泼、进取之生活，而一切虚伪、邪恶、卑劣，则借为对照之资料焉。彼据对照之资料，而以正笔描写之，是谓艺术之病，适足以播其病于人类而已。

由是观之，厌世主义者，非能以科学之理论以证明之，不过以各人对于人类之经验，循普通结论之式，而表示之云尔。生活无价值之结论，即人不善我，我亦不爱人，而人我之安宁，皆所不顾云尔。吾人皆有以一人经验，构普通结论之倾向，人苟遇二三英国人，而意气不甚相合，则必构为结论曰：英国人者，无礼仪、无知识之人民也。

且吾人关于人生及人类之邪恶，尤常欲构为普通结论，以为镇静慰藉之资。例如为妻女所给者，常欲为女子难养之说，著述而不为世所重者，常欲为世人不辨黑白之说；且如吾人遇一失意之人，而告以此为希有之遭

奥尔摆赫（1892~1957），今通译奥尔巴赫，德国学者。著有《模仿论》。
弗拉太格（1816~1895），今通译弗赖塔格，德国小说家。著有《借方和贷方》、《祖先》、《戏剧技巧》等。

遇，则彼将益增其苦痛，苟语以此等运命，为人人所不能免，则彼之苦痛顿减，皆其例也。叔本华者，历受教习、恶少及妇女之轻蔑，而不胜其苦痛，由是而立厌世之说，盖基于其特别之经验，而立为普通结论，以自慰也。是故厌世主义者，彼之良药也。彼常因其胆液质之缺点，而生恶感，则以此药疗之，虽未能去其痼疾之根本，而时有轻损苦痛之效，如麻醉剂焉。人之感情，本有自触发之而复自镇定之之性质，普通结论，即其所以自镇者也。世界惟我失意，惟我不见礼于人，则不免有自取其咎之嫌疑，自得普通结论；而人人皆有此不幸，则人类之不幸，为理势之当然，而我不至自立于非难之冲矣。凡人蒙利己主义之定评者，恒感叹于利己主义之横流，且彼苟与人交际，而不能厌其利己之欲望，则动以利己主义诋人，亦其例也。

卢骚（1712~1778），今通译卢梭，法国启蒙思想家，著有《社会契约论》、《爱弥尔》、《忏悔录》等。

末日审判，基督教的一种教义。称耶稣将于世界末日，审判古今全人类，分别善人恶人，善人升天堂，恶人下地狱。又称最后审判。

四　历史哲学界厌世观之证明

文明进步，而人类益增其苦痛及邪恶云云者，叔本华与**卢骚**，其代表也。叔本华由感情界立说，而谓文明有增进苦痛之倾向；卢骚由道德界立说，而谓文明有增进罪恶之倾向。

厌世之历史观，有输入于常识者，亦未可忽视也。历史阅历之思想，随基督教而流行于欧洲国民之间。如犹太小说然，以具足生活为在事物之始，彼言人类原始之状态，纯洁无罪，而享幸福于乐园。历史者，人类堕落之始；阅历之究竟，则为**末日审判**。盖罪业困难及堕落之潮流，日增其势，人遂将构成一反对基督教之王国，而世界由是灭亡矣。希腊人之历史观，亦有持此见解者。诗人希西亚若（Hesiodos），尝历记世界之年代，谓始于黄金时代，而终于铁时代，又自叹不幸而生于铁时代焉。此等思想，可以生理学说明之，老人之气质，恒于过去之时代为乐天观，而不属意于现在。盖彼

卢梭像

无能力以赴现在之事物，又不求其原因于己，而归咎于时代，于是常忆其少年时代之赫濯矣。盖老人者，有维持历史之力，使少年因彼而得过去之知识者，历史之光明者也。凡少年于特别荣誉之倾向，与其家世名德之倾向，常有关系；而德育之机关，与凭借历史之倾向，亦同一作用也。凡人以特别原因而不满意于现在者，恒好称述过去之所长以耻之。

皇古寓言，因历史学之发起而消灭，本文明之进步，科学之精研，而投其光于实际之过去，吾人之历史观，大为之变化。十七世纪之先哲，既移过去之黄金时代于未来；十八世纪，又据新见解而整理其秩序，从知历史之阅历，由黑暗而光明，由草创而完备，确为进步之状态。此其研究之鹄的，盖当历史学启蒙之时期而既达矣。

卢骚者，反对此乐天之历史观者也。文史哲学主义（Die Philosophie der Romantik）如西零者，对于原始种族，颇抱纯粹完全之观念。叔本华虽亦治历史哲学，而全为文史哲学之苗胄，其于历史中进步之倾向，一无所顾，悉抹杀其内部关联之神理，而谓历史中所演之剧，不变其内容，而仅变其姓名及服饰者也。其间随历史而发达不止者，惟有苦痛，故得谓动物之幸福，过于人类，而实则动物之不幸，少于人类也。人类知识日增，而苦痛之新原因，亦随之而日生矣。

叔本华此说之证论，得约举之如下：一、生物者，随其性质之进于复杂而益感苦痛者也。所谓文明进步焉者，即需要增加，而满足其需要之作用，亦随之而增加之义也。然则欲望也，困难也，失望也，宁不随之而增加乎？二、人类者，随智慧之发达，而益能洞察未来者也。动物者，于现在之生活感瞬时之苦痛而已，及其生活之大不利，而竟死，则固非其所预知也。人类则往往预见不幸之相袭，老死之不可免，而恐怖之，忧虑之，以增其苦痛，是最大之苦痛也。畏死之念，常有迫人以自杀者。三、人格有二，不仅现实之己，而又有理想之己，是也。理想之己，其受损也尤易，其感苦痛也尤剧。名誉之不得，恋爱之不遂，为苦痛最永之源泉。人之受诽谤失名誉也，其苦痛盖远过于肢体之创伤也，重以此等伤残之机会，随文明之进步而益增。盖文明程度益高，则社会益以复杂，人类互相依属之关系，益纷多而强固，则人益立于抨击之冲。观农夫之生活，大抵萧闲，而政治家、著述家之生活，抑何况瘁，则思过半矣。四、人类之生活益发展，则同情之感益发达，而人我之苦痛交迫之。动物者，见其同类之苦痛及死亡，而漠然不为之动，人类则虽在野蛮蒙昧之时代，而已寄同情于其周围之人，见其所爱者之疾病若死亡，则与身处其境无异。是故最善良者最多苦痛，盖既有特别之苦痛，而又加以普通之苦痛也。无郁忧病之痕，而能为善士伟人者，非吾所能想象也。

此等见解，非不合于事实，其如所见太偏。何则？人类进化，不特感受苦痛之性，因而增剧，其于快乐之一方面，亦复日益激昂，日益复杂，而且日益巩固也。吾人若假定有脊动物之苦感，较无脊动物为强，则于肉体生活之现象，说明较易。如取虫类而引裂之，彼亦诚感苦痛，然较之犬类仅截一股神经之时，不可同日语也。而犬类当狩猎之际，其快乐之感，又岂蚯蚓得食之乐所能比拟欤！

是故吾人若本真理而言之，则不能不据厌世家之说而为补正。

（一）彼谓人类随生活之发达而需要增，则苦痛亦增。夫需要增进，则所以应其需要之作用，不亦与之增进乎？吾人缘是而动作日益复杂，则得施展其最伟大、最发达之能力，而快乐之感，亦随之而增剧矣。试观德意志海岸之居民，若农夫，若职工，若渔夫，若水工，其较之历史以前同地居民之生活，何如耶？彼其劳心力，感困乏，诚倍蓰于古人，然其勤动之效果，亦岂古人之快乐所能比拟者。吾人非敢质言快乐之增进，较苦痛为剧，其理或然，而特无以证明之。虽然，使必谓苦痛之增进，较快乐为剧，又岂有说以证明之欤？

（二）彼谓人类因预知将来之苦痛，而触发其忧恐，则苦痛益增，然使一切苦痛，仅成于一时之感觉，则非吾人所难堪。盖吾人之所以为缺乏忧愁及肉体之苦痛所压制者，以为由此发端，而将不能骤脱云耳。至于快感之所以有价值，乃诚在预期之希望。故吾人敢质言人类之感情，因希望

汉代牛耕图

第三章　厌世主义

而益增恐怖，盖无所谓不幸矣。人之气质，不必尽同，而吾人于将来之预期，被欺于恐怖者，不如被欺于希望之甚。至于记忆，则尤常以乐天观欺吾人者也。吾人于过去之幸福及胜事，常存记忆，而为快乐之源泉。记忆者，以理想改正过去之图画，悉删其所杂苦痛之痕迹，而仅留快乐之印象者也。至于过去之苦痛，苟充塞记忆，则失其刺戟之性。如彼遭破家之戚者，为不觉苦痛之忧郁，是也。且吾人常因经验之困难灾祸，而发生自尊之念。试观自叙行述者，夫孰不有护前之癖欤？

（三）彼所谓理想之已受损之苦痛，则夫竞争胜利之日，因完全之名誉而得快乐者，优足以偿之。人之求名誉也，使不劳而获，则亦何以发展其高尚之才力乎？且如理想之已，虽受损伤，而吾人固自有疗治之良药，此尤吾人所不可不记忆者。损伤及疏略皆能使人矜持，而矜持可以药苦痛，此则叔本华所当引以自省者也。

（四）生于同情之苦痛，其理亦然。人我既得幸福以后之快乐，优足以偿之。谚曰："贻人苦痛，苦痛仅半；贻人快乐，快乐二倍。"信斯言也，快乐之利益，四倍于苦痛，然则人我同情之感，不且于人类幸福有至大之效力欤！

约而言之，由文明进步，而苦痛之种类及强度，固随之以增，然快乐亦然。是以历史派之乐天主义者，谓历史之进步，确增幸福，而其厌世主义者，则又谓确增苦痛也。吾人于此两说，皆无以证明之。盖在理论，虽皆能自圆其说，而在实际，则无可为证凭者。吾人惟得一最确之结论，则所谓文明进步，则感受性增进，而苦痛快乐皆益自强大而已。然则苦乐之比例相等欤？曰：是或然，然苦乐之和，必非如正负两数之和而成零。盖吾人观于康健及普通之体格，多于病弱而畸形者，则不得不疑快乐者，较之苦痛而尤为普通矣。虽然，吾人反复求之，所谓感情之种类及强度者，不特不能统计而已，且吾人当统计之始，不得不于一定之时间，而询各人以为苦为乐。而答者恒曰：余两无所感也。使问者欲再请其注意，而彼必答以不能，然则人类自于其苦乐之感，抑何尝有特别重要之关系，如乐天论、厌世论哲学家之所论证者欤？

五　道德界历史之厌世观

　　道德界历史之厌世观，卢骚于前世纪之后半，所大声而疾呼者也。彼以为人类原始之状态，无罪而有德者也，自文明进步，而以渐浇漓，故吾人苟能以渐接近于原始之状态，则纯洁朴厚之德，以渐发见矣。是等美德，决不能见于巴黎交际社会，与夫非色野王宫，惟于农夫牧竖之间，庶几遇之耳。彼之第一著述，最脍炙人口者，对于科学艺术能否改良风俗之问题而作者也。彼谓道德颓废之原因，即当于科学艺术之发达求之。其后**提容耐**（Diyoner）大学以人类不平等之原因问题，悬赏征文，彼作文以应之，则变其前此之见解，而谓道德颓废之直接原因，在社会阶级之发达。其略曰：文明进步，而贫贱、富贵、主从之区别起。人性本善，而渐加以不良之进化，一方面，使为若主者有倨傲、骄侈、残虐之行；又一方面，使为臣下者有怯懦、卑屈、虚伪之习。重以社会分化，而事物渐有背于自然评价之倾向。事物之自然价值，准实际需要之度而生者也，而在社会，则以便宜之价值，代自然之价值。凡事物能使有之者显著于社会，其价值始贵。如珠玉本无何等价值，其所以有价值者，供文饰之需耳，自社会以此等为富贵之标准，而始得莫大之价值。此其价值，由为他人所不能有而起耳。知识亦然，在文明社会，有知识者得以显著，然其知识，非人生实际需要之知识也。有实际需要之知识者，其为人，常谨慎而聪明，而所谓文明与学识之作用，则屡屡与是反对，抑压人类健全之常识，及自然之判断力，夺社

提容耐，今通译第戎，位于法国中部。

《论人类不平等的起源和基础》中译本书影

第三章　厌世主义

> 《民约论》,今通译《社会契约论》。
>
> 路易十五（1710~1774），法国国王。被称作被喜爱者。他执政早期受到人民拥戴，但因无力改革法国君主制和其在欧洲的绥靖政策，使他大失民心。
>
> 路易十五像

会根本道德之文雅，而代之以虚伪及浮华以腐败社会之生活焉。彼于《民约论》中，约言当时文明及启蒙之关系曰：吾人有不德之名誉，不慎之理性，不幸福之快乐而已。此尤传诵一时者也。

卢骚之见解，亦复持之有故，而究不免失之偏激焉。由文明进步，而社会分化，新生种种恶德，诚所不免；然种种美德，亦由是而生，不可忘也。为君主者，于前述诸恶德外，不亦尝有勇敢、大度、节制、威严、审慎诸德乎？为臣下者，于前述诸恶德外，不亦尝有忠节、致身、诚实诸德乎？凡人在社会间之地位，苟适宜于其天赋之能力，则其从事职业也，其性质之发达，较为便利。此无论其地位之上下，而皆当认为有幸福之关系者也。事物亦然，文明之产物，不徒有技术之价值而已。科学及艺术，固不免有增浮饰靡者，然其合于自然应于实际之价值，亦不得而抹杀之。货物之由工商业而制造，若输运者，岂得仅视为有技术价值而已乎？卢骚梦想自然状态之无罪而有福，此路易十五世时代之梦而已。是犹南海诸岛及北美土人，其所梦想者，非实际世界之反映，而仅为反对其社会生活之状态而已。吾人苟直接与蒙昧之民族交际，则决不能见有矜持正直、福德具备之野蛮人，如十八世纪诸小说所描写者。善乎！约翰·穆勒之论自然也，曰："人类贵重之性质，非自然之赐，而文明之效力也。"吾人平心而观察之，勇敢、诚实、清洁、节制、正义、仁爱诸德，皆为后天之性质，而恐怖、虚伪、不洁、无节、粗野、利己，则转为野蛮人类之特色焉。

然则道德者，果随文明而进步乎？吾人诚所赞成，然而历史家之持厌世主义者，对于穆勒之见解，则力攻之，以为未开化之人民，固未具有文明社会之美德，然而文明社会之恶德，则彼亦无之。不观欧洲大都市之无赖社会乎？又不观隐匿于善良社会之名，而其秘密为举世欢迎之著作家所暴露者乎？凡野蛮人之凶德，彼等何所不有，秽劣之佚乐也，狡狯之恶意也，儿戏之伎俩也，是等岂皆变例乎？以文明之数量计之，不道德方面之发展，盖远过于道德之方面也。是等思想，欲有以质证之，莫如具体之问题。试考察新德国国民之道德，以与启蒙时代，宗教革命时代，**十字军**时代，以至**日耳曼**时代之德人相较，其优劣果何如乎？吾人得为结论曰：文明进步，则道德之文化，亦随之而进是已。盖快乐及苦痛之感情，日益增剧，则德与不德之程度，亦日益发展也。动物者，立于奇零之点，无善无恶。道德之分化，始于人情具备之时。人类在最幼稚之阶级，彼此互相类似，尚无明了之区别，及文化进步，而各人善恶之识别渐彰。其间庸俗之流，尚在中立之地位，善恶之冲动，兼收而并蓄之，惟具特别人格者，始可确然为善恶之区别矣！一方面，为神圣之爱，致身之忠，对于真理及正义之热诚；而一方面，为非常之败坏。虽然，即此两方面而对比之，善多于恶，恶之为变例，为对比于善而显著之之作用，盖不容疑，而其事殆将与世界终古焉。希伯来之神语，谓自然世界，自明暗分离始；历史世界，自善恶分离始。基督教本之以演为教义，则谓历史之内容，由其善恶分离之阅历而成，神界、魔界，善恶之对比，至明晰也，而人类位于两界之间，次第分为二群，或超入神界，或堕落魔界；及全人类悉为两界所吸收，则为审判之日，对于作恶而堕魔界者，为绝对之分离若放逐焉。

或曰：苟文明进步，而吾人快苦之感性增，于是道德分化而善恶之强度亦增，则所谓道德及幸福之增加，能多于不德、不幸之增加者，可疑也。且历史之自然阅历，不能放逐邪恶，而必待末日之审判，然则厌世主义，非至当耶？人生无正鹄，无价值，如叔本华所揭者，非正当耶？人类之不辞勤苦郁闷，而以身为牺牲者，不亦大无谓耶？

曰：吾人不能作是想也。谓善之与恶，快之与苦，常以同一比例而发现，及增加，因而积极及消极两分等之和，等于零者，殆不合于事实。善与幸福，较之恶与过误，常过重，而此过重之分量，又常为同一比例。此虽无术以证明之，而不妨姑信之者也。信斯言也，则吾人于厌世主义之说，又安能赞成之乎？

厌世主义之论证，率以历史生活之价值，为在能实现绝对幸福、绝对完全之终局，此谬见也。此等终局，本非吾人所可期。盖历史之生活，所谓一无抵抗者，非吾人所能想象，而所谓绝对幸福、绝对完全之世界，不特吾人之黾勉无所用，而生活亦且废弃也。且也，生活之价值，本不在其终局，而在乎全体之阅历，故特别之生活，皆各有其价值。如幼稚及青年之价值，初不在乎能达壮岁，而自有其幼稚时代、少年时代之价值。其在壮年及晚岁者亦然。此事亦得以历史证明之，吾人之思想，常希望将来时

十字军，西欧封建领主、意大利大商人和罗马天主教会组织的远征军，1096~1296年间，对地中海东岸地区发动侵略性军事远征。因参战者服装均饰以红十字为标志，故名。

日耳曼，约公元前5世纪起居住在欧洲斯堪的纳维亚半岛、日德兰半岛、波罗的海和北海南岸的一些部落的总称。1世纪左右，逐渐形成东、西、北三支。后形成瑞典、挪威、丹麦、德意志、奥地利等民族的先民。

第三章 厌世主义

毕达哥拉士塑像

毕达哥拉士（约前580~约前497），今通译毕达哥拉斯，古希腊数学家、哲学家。他用演绎法证明了勾股定理。

代之幸福及道德，胜于前代，然使其不能尔尔，吾人固亦未尝归咎于历史。盖时代者，不徒为驯达完全正鹄之阶段，而又以其各遂固有之生活，有独立之价值也。希腊、罗马之国民，初不以其遗文明之泽于吾人而生活，彼等固自有其生活也。彼等之生活，自占人类全体大生活之一部分，非仅附属之价值也。人类之历史，即如原始基督教之所希望，仅及基督降生后第一世纪而止，而以前历史生活之价值，初不以此而消灭也。惟是历史生活之各时日，虽各自尝甘苦，自占价值，非其余事实所能夺，而其价值之所以高，则在与后此时日为合理之结合。盖历史生活，犹演剧也，彼实至大之剧，而诗人所编之剧，则不过模仿其斯须耳。人未有谓剧之各出，必待全剧告终，剧中人物皆有归宿，而后得价值者。盖各出者，固于全剧内容之中占其一部分也；而此各出者，又不可为孤立之断片，必有扼要之枢，以组织为合理之全体。历史之阅历亦然，特别之事实，特别之人物，决不止于无关系之集合若继续，而必能形成合理之全体。虽然，孰能举人类历史由全体观念而演绎为各部分之状态者，凿凿言之，如善观剧者之定评乎？是为历史哲学之职分，而终恐此等说明，终为神之哲学所独具，如**毕达哥拉士**之言也。格代曰："吾人之于人类历史，犹常人之观剧也，徒赏其特别之事状，常新之变化，而不能领会其全体之意义也。"吾人研究历史，常由各方面，蒐集断片，其能镕合此等断片为全体，以抉出人类历史神圣之思想而说明之者，不特尚无其人，而亦不能期其人于将来。惟吾人往往有见其全体组织之愿望，是即所以使吾人能信宇宙者必有普通之理性，循其内界确不可易之性质，以联合历史生活之要素者也。吾人之为自叙也，常自为讼直；苟人类当其末日而作自叙，则见其历史中种种劬劳争斗、困难失败之迹，亦必自为讼直，而决不为神恶论之口吻也。

丙辑 伦理学原理

第四章 害及恶

一 物理界之害

人类之害，余别为二：物理界之害及道德界之害是也。物理界之害，又有二别：一外迫之害，其原因在自然界者，是也；一自具之害，吾人身体及精神之弱点，是也。

物理界之害之外迫者，即一切自然势力，能障碍吾人之所需要及希望者也。确土之民，恒滨冻馁；居热带若寒带者，其动力常为气候所压抑，其他若水旱、地震一切意外之灾害，皆属之。综合是等一切之害，而以一最普通之概念言之，则得谓之吾人动作之鹄之抵抗。抵抗之最普通者，苟其无之，则吾人之动作及动作之鹄，亦随之而消灭。世界一切之事业及文明，固无不起于抵抗决胜也。使田自生谷，圃自生蔬，则无所谓稼穑树艺；使气候适应于身体，则无所谓建筑；使一切什器，天造地设，则无所谓工艺。如是，则与方士所谓仙境者无异矣。夫吾等所居之世界，所以异于仙境者，正以有各种抵抗，因而有与此抵抗

爱斯基摩人的冰雪生活
冰天雪地成就了爱斯基摩人超乎常人的生存能力。

相应之动作。故吾侪今日之资性，与其居于仙境，正不如居此实际世界之为宜也。至若特别之抵抗，则其及于吾人之效果，亦与普通抵抗无异。洪水者，示堤防之法；火灾者，启建筑进化之机。虽亦有特别之人，或于特别之抵抗，特见为有害而无益者，然能利用之，则亦未尝不可以转祸而为福，他日追忆前事，将恍然于不幸之遇，未必非福也。祸害之来，或以自力胜之，或以他人之助而胜之，则不惟不为吾害，而转为美利，事后思之，其乐无量。此其况味，人亦孰不经验之哉！

由是而知自具之害，若所谓身体及精神之弱点者，其效果亦然。使有人焉，其体魄至强，其角胜外界之力至大至久，迥绝恒蹊；又若有人焉，具绝人之智力，识别事物，从无迟疑谬误，则其所得，乃与前所谓居仙境者无异。盖人类势力之增，与外界抵抗之减，其效本同，充其量，必至于仙境而后已。谷物之有价值，以其力耕而得之；若不劳而获，则价值尽失。人之能力，亦犹是也。吾人具此官体，适宜于此世界之生活，故种种生活，与吾人之意志感情无不相应。居超越人世之境者，固宜别有超越人类之官能，而吾人之官能，固适合于吾人之职分矣。且使吾人仅此官能，而又益以疾病或聋瞆废疾之属，益有以弱吾人之性质及势力，而其效果，乃亦与外界意外之害相等。疾病者，教人以卫生却病之术，且使病者及其家属，知整理家政，鼓励其生活之势力，而养成忍耐、恭顺、亲爱、恻怛诸美德。至若聋瞽诸疾，虽不免有困难之际，然或因此而使其他官能，具特别之能力，有特别之发明，盖常有之。吾人虽不能举种种疾病，而悉胪举其效力，然吾人自具之害，苟能利用之，亦未尝不可以转害而为益，则固已较然可睹矣。由是观之，害者不特为现实者，而且为必有者矣。

鸠之能翔于空中也，以有空气之抵抗，而彼乃以为苟无空气，则其翔也更自由。此康德所以讽人，使知悟性之动，必须经验实事者也。人之意思，不可无对象之抵抗，亦然。无抵抗则无动力，无障碍则无幸福。纯粹之幸福，为纯粹之真理然，有之者其惟神乎？在人类，则享幸福者必当有障碍若损害，犹之识真理者必当有蒙昧若谬误也。

海伦·凯勒

海伦·凯勒罹患盲聋，而奋发自强，成为杰出的作家。

丙辑　伦理学原理

二 道德界之害

物理之害，为人生所不可少如此，抑未知道德之害，即吾人所谓恶者，果如何乎？

余以为恶者，亦人类历史生活所不可少之原质也。何以言之？凡恶之原型有二：曰肉欲，曰我欲。肉欲者，感官之冲动，或为理性及道德之力所不能制，而暴露其弱点，如放荡、急情、轻率、怯懦及一切不节制之类，是也。我欲者，损人以利己，如贪欲、不正、恶意等之渊源，是也。苟肉欲、我欲，一切消灭，则世界因无所谓恶，而亦将无所谓善。慎重、忍耐、刚毅诸美德，必有与之抵抗之肉欲存焉。使人类无苦痛之恐怖，则无所谓刚毅；无快乐之刺戟，则无所谓节制。故恶朕不存，则美德亦无自而起也。无待乎恶而为善者，意者其惟神之德乎？然而非吾人之所可思议矣。人类交际之德，亦必有感官自然之我欲，与相对待；苟无我欲，则正直、仁爱之德，亦无自而生。盖一切美德，无不含有克己之原质者也。

不宁惟是，即外界实现之恶，亦为玉成美德之一要质。验美德之扩充，由其与实现之恶相竞：违反正义之事，使见者、受者，勃然增权利之思想；诈伪、狡猾，所以表真挚、笃实之价值，而残忍、豁刻，则又为慈祥、宽大之反影也。

凡人类中所称为伟人者，无不先与恶境。苏格拉底之名，于今不朽，以其为宵小所忌，仰药自尽故也。耶稣之所以为耶稣，亦以其被磔于十字架故。彼不尝自言之乎，曰："我之所以备尝艰苦者，即所

十字架受难
〔英〕萨特兰绘。

苏格拉底之死

保利赛人，今通译法利赛人，约公元前2世纪形成的犹太教的一个派别。其成员主要是文士和律法师，在神学上相信天使和弥赛亚（即基督），在政治上反对罗马的统治，在宗教生活上恪守律法教规。据《圣经》记载，在基督教初期因从拘守律法角度指责耶稣及其门徒，被耶稣斥为伪善。

丙辑　伦理学原理

以跻于庄严圆满之域者也。"盖其自处磔刑之心象，所以激人类畏敬之心，与夫坚定之志者，其力莫大焉。使当时无**保利赛人**（Pharisaser），无腐儒，无凡僧，无俗吏，无狂乱之民人及凶残之兵士，则不能映表耶稣。是等恶象，犹庄严佛像之金粉然，古昔赞美歌，盖以此等为救世主运送幸福之罪过焉。

是故吾人苟于古今历史中，删除其一切罪恶，则同时一切善行与罪恶抵抗之迹，亦为之湮没；而人类中最高最大之现象，所谓道德界伟人者，亦无由而见之矣。

不惟此也，历史界生活之内容，亦且因之而消失。盖历史生活之形式，不外乎善恶相竞之力，与时扩充而已。邻国无侵略之谋，则何事军备？国民无不轨之行，则焉用法令？军备、法令，国家之所以与外交、内政之阻力相竞争者也。使一切阻力悉去，内而人民，外而国际，无不以正直、平和、慈祥、乐易之道相接，则战争、外交、裁判、警察、行政界一切进取之气象，悉为之消失，而圆满之国家，亦不可见矣。宗教者，亦不外善恶相竞之形式，使诸恶不作，人类悉为神圣，则宗教亦随之而灭焉。

恶之不可免也如是，然则恶亦为正轨乎？其亦与善有相等之价值乎？余以为不然。恶之为恶，非自有存立之价值若权利，特对待于善而存立，以为实现诸善之作用云耳。善之与恶，犹明之与暗，画工不设阴影，则无以发光彩，然其本意，固在光彩而不在阴影也，犹古人所言烘云托月也。诗人亦然，不描写庸恶陋劣之迹，则无以见俊伟美善，然其本意，固在俊伟美善，特借庸恶陋劣诸象以显之耳。无论生活界、历史界，凡善皆独立自存，而恶则附属之以为刺戟抵抗之作用。故恶者，消极者也，无自具之价值，其为实现之事，则由对待于善而然。彼本具自相矛盾之性质，故无组成之力。康德曰："恶者，与其矛盾破坏之性质，不能须臾离者也。"然则世界无积极之不德明矣。

不德之无规则，如误谬然。凡真理皆有尽一之统系，而误谬则无之，**耶比克脱**（Epiktet，亦作 Epictetus，斯多噶派哲学家）曰："误谬者，无正鹄者也。"目前之事实，善人或蒙困厄，恶人或被尊荣，而历史则有公论焉。仁人义士之生涯，虽极至艰难辛楚，无地自容，而功德既立，千载不朽；其同时庸恶之流，虽穷极豪侈，而没世则名不彰焉。此历史之所以垂训者也，观耶稣之事，其理最明。盖历史之迹，足以动吾人高尚之心、坚定之志者，诚未有如耶稣被磔之甚者焉。

方**披拉图斯**（Pilatus）之罪耶稣也，曰"汝不见罪汝赦汝者在汝目前乎"，其意气之壮如此。当是时，彼之目中，固仅有一僭称犹太王之一狂人，其死生存亡，与罗马帝国曾何关影响？然自今观之，则不特主客易位，而披拉图斯与其他俗僧凡吏之事迹，悉皆湮灭，其所流传后世者，仅此磔死狂人之事迹。盖德人叙耶稣惨死者，不能不及披拉图斯之名，故耶稣遗馨千载，则彼亦随之而遗臭，其所以千载不朽者，非其荣誉，特使后人知当时裁判教案之人，不足为定谳云尔！

由是观之，恶人之事迹，率皆湮灭，其偶有流传者，特为粉饰善人事迹之具，固确不可易矣。

然则吾人安知此等记忆，非即神之意识中无上记忆之一部分，而此等悠久之意识，非即精神界事物本原之实体耶？且安知此等善为实、恶为虚之意识，其在无上意识中，非如光为实、暗为虚之确实者耶？

昔**奥古斯丁**（Augustinus）尝本雅里士多德勒之言，以驳波斯教徒（Manichäer）曰：恶者无自具之性质，特因善之缺陷及消失而名之为恶耳。斯宾那莎及拉比尼都，亦以为圆满及实现者神而已，善与恶之区别，本于吾人不完全之考察法耳；其在统一事实之神，则一切皆为必有，皆为圆满焉。夫吾人不能离我而考察事物，而吾人于一切事物，既知其为写象，而

耶比克脱（约55~约130），今通译爱比克泰德，古罗马斯多噶学派哲学家。他宣扬宿命论，其学说由门徒阿里安（Arrien）编纂成《爱比克泰德语录》和《手册》。

披拉图斯，今通译彼拉多，为审判耶稣的罗马帝国总督（26~36年在任）。后以僭称"犹太人的王"的罪名，将耶稣钉死在十字架上。

奥古斯丁（354~430），古罗马时代基督教神学家、哲学家，其思想是早期经院哲学和罗马教会理论的主要来源。著有《论美与适合》、《天城论》、《忏悔录》等。

非本体矣；且吾人知恶者非与善有同等之价值，而其对待于善也，亦非有积极之势力，然则世界虽善恶互见，而不得谓世界之无价值，固已明矣。

三 余之见解非寂静主义

世或以余之论害恶也，谓有不可免之性质，因疑为寂静主义者，是大不然。余之见解，非谓害恶既不可免，吾人当安坐而认容之，谓既有害恶，则吾人随时随地皆有攻击之、制压之之责任也。盖世界之有害恶，所以供吾人攻击制压之鹄的，苟吾人见其为必有而遂认容之，则大误矣。疾病之不能振起医术，及练习忍耐悲爱之情者，困穷之不能动心忍性者，诈伪之不为真理战胜者，恶意之不为善心屈服者，是皆实际之害恶，吾人不可不尽力攻击之而制压之，岂有坐视其蔓延者乎！

或难曰：害恶既为世界所必有，则世界未毁，害恶终无由而灭，吾人虽努力攻击之、制压之，亦徒劳耳。斫**须特拉**（Hydra）之头，屡斫而屡生（见希腊人传奇中 Hydra 卒被 **Herkomer** 所焚死），斫之何益？信斯言也，其不袖手而坐视者几希。余答曰：吾人之与害恶竞争也，其动机之所由，不在战胜以后满志之写象，而在于受此害恶之压迫。人明知达一需要，除一障碍，则必又有一新需要、一新障碍随之，然曾不足以杀其奋进之力。盖无论何等事状，必有一必得之效果，即以正攻邪、以善攻恶之实际是也。吾人最重之职分，不在满足人类之幸福，而在自营其正当之生活。此其正鹄，随时随事，皆可以达之。格代曰："有能力者，直道而行，不问其效果如何。"谅哉！清静无为，而坐待害恶之迫压者，不特不能制压之，而且为之屈服，不勇敢，不活泼，是即沮丧衰弱之源也。苟自强不息，则不惟自感其能力之可恃，而且时时觉害恶之屈陷于我也。此其为满足也何如？夫岂以去一害恶又有一害恶随之，而遂为之短气哉？未来之害恶，关系于未来之人类，非我所敢与知，而除去目前之害恶，则吾人之职分也。

由是观之，余之见解，非导人以寂静，而实使人宁静者也。吾人知究竟之效果，知善之必胜，则足以消愤怒之情，而起悲悯之念。何则？人苟

须特拉，今通译海德拉，希腊神话传说中的九头蛇怪。
Herkomer，今通译赫拉克勒斯，希腊神话中的大力神。

见恶之终胜而善之终败也，则矜悯恶人之心，虽仁圣犹或难之。今则不然，恶之为物，本无可存之价值，其所以存，则将以发挥吾善也，则悲悯起而愤怒杀矣。耶稣之将死也，不詈凡僧俗吏，而乃为之祷于神曰：请恕彼等，彼等盖不自知其为恶也。夫彼等欲灭耶稣，而卒无效，耶稣虽被磔，而精神终古不朽，彼等乃反为天下后世而诟詈也。虽然，是固非耶稣所为，彼等自造因而自食其果焉。

诗人之写善人也，虽处困厄悽怆之境，曾不愤怨其反对者，而从容就死，如**科迭利亚**（Cordelia）、**特西摩奈**（Desdemona）是也。然彼等卒能以善胜恶，恶之势力，不足以破坏其内蕴之平和，而适足攻错之，以成其完全之品格，过此以往，恶之为物，不期灭而自灭矣。

由是观之，吾人之于害恶也，必以正大及活泼之作用与之力战，使归于善而后已，则始为尽职焉。

世人对待害恶，常有二误：一、意气沮丧，转为害恶所胜也。二、神经锐敏，于害恶之原素，分析太过也。精析害恶者，海姆利脱（Hemlet，相传西历纪元前五百年顷之魔王）之技，适以自取覆亡者耳。

科迭利亚，今通译考狄利娅，莎士比亚悲剧《李尔王》中的人物。

特西摩奈，今通译苔丝德蒙娜，莎士比亚悲剧《奥赛罗》中的人物。

四　论生死

夫人之所视为大害者，曰死。无论其为一人，为国民，为全世界之人类，殆皆视为不免于死者。

虽然，是谬见也。人之有死，不特自外界观之，有不可免之势，即自内界察之，亦实有不可免之鹄焉。格代曰："死者，自然界所以得多许生活之善策也。"夫自然界欲营历史之生活，计诚无善于有死者，无时代之变易，则无历史，不死之人类，其将营所谓非历史之生活乎？此其内容，非吾人所能想象焉。且也，既无所谓死，恐亦将无所谓生。人类无亲子之关系，则凡深邃之道德心，如慈孝亲爱，恐亦将无自而付畀。是故人类既欲营历史之生活，则死之不足恶，固亦明矣。且也，人类之生活，本非有无限之性质，盖限于其能力若内容也。自生理学及心理学观之，各种动作，皆有循环之倾向，故思想行为，恒有一定之形式。然又有一相等之原

伦敦西敏寺

这里瘗葬着许多杰出的文学家，他们身虽逝而名永垂。

梭伦（约前630~约前560），古雅典政治家、诗人。古希腊"七贤"之一。前594年任雅典执政官，实行政治改革。

布里奈，今通译普里安，古希腊地名。

呲亚斯，今译毕阿斯，古希腊"七贤"之一。

丙辑 伦理学原理

则焉，即循环之动作，恒不免积渐萎缩其作用，而终抵于麻痹之境。意志及悟性，变动不止，积久则亦渐失其应变之弹力。人之老也，虽日接外界之事物，而不能受其新影响，亦无自而利用之，茫茫然若隔世之人。及其既衰而死，则并非外力侵袭之咎，而其本体固不能不如是矣。在生者视之，以为彼既尽其生活之职分矣，虽死无憾；即死者之自视也，亦然。然则生者、死者，皆以死为自然之规则焉，何害之有。盖死者之所欲为，夫既已经验之矣，其所为者，固已显于世界矣。其所为尽力之子孙，若国民，若真，若善，若美，则固不随之而俱死也，曾何憾焉！

若乃中年早逝，未得尽其职分，或生无几时而夭折，则事殊前例，几不可解。又或疾疫蔓延，无论贤愚老少，死亡相继，则虽贤人君子，亦不免因而惶惑。盖此等特别之事，诚未易以理论证明其正鹄。当此之时，惟有感人力之微弱，悼天道之难知，而益增其敬慕上帝之念而已。惟早逝之人，为生者所恋悼，恒倍于寻常。希腊人常以青年士女之早逝为非不幸，**梭伦**（Solon）之言可证也。且以他方面观之，则皆夭死之不专属于老人，而其他少壮者，乐易者，勤奋者，抑或不免。此等生活界普通之秩序，亦稍稍有可以理论，证明其正鹄者，如希腊贤人**布里奈**（Briene）之训**呲亚斯**（Bias）曰："汝平日所以自完者，当使汝虽旦夕而死，亦无遗憾，与寿至百年无异焉。"此稍稍足以解释之矣。吾人之寿夭，不能自知，虽速死而无遗憾，虽老寿而不失其毅力。吾人所当务也，无问寿夭，而悉已为之准备，则虽死而何憾耶！（按，此与吾孔子"朝闻道夕死可矣"之意正相吻合。）

　　人死而功业足以利后世，则其人之生涯，犹存于子孙、国民之中，虽谓之不死可也。若乃国民有时而灭亡，世界有时而殄灭，则奈何？时则人生价值之基，不且一切为之破坏耶？夫国民生活之阶级，不能免于循环，与一人无异，而仅有大小之别，此不可易之论也。征之历史，国民皆不免有老衰萎缩之时，若思维、行为一定之习惯，若历史沿袭之思想，若构造，若权利，与时俱增，于是传说足以阻革新之气，而过去足以压制现在，对待新时代之能力，积渐消磨，而此历史界之有机体，卒不免于殄灭。当是时也，各人又安有能力，用以生殖传衍，本旧文明之元素，以构新历史之实质耶？人类全体亦然，虽非历史所能证明，而以此论推之，知其不免于绝灭。征之物理学，恒星及太阳系，皆当历生长老死之阶级，其生也，自他星体而分离，由是发展焉，成熟焉，经无量数之生活，而乃老衰焉，萎缩焉。若地球，若人类，亦莫不然。

　　人类之不免于殄灭也如是，然则人类之生活，又有何等价值耶？余以为不然。花之开，数日耳；歌舞，数时耳，而价值自若。凡内容有限者，其现实亦不能无限。人也，国民也，人类也，其生活皆然，其本质之内容本有限，其发达安得而无限？凡事物有限者皆无常，亘永劫而不失其现实性者，惟无限之实体而已。然而人类之不免于灭亡，其一切价值，并不因

太阳系
　　太阳系也有生、长、老、死的发展阶段。

第四章　害及恶

之而消失，否则人类何为而勤动，何为而困苦，何为而竞争耶？将谓其为最后灭亡之种属乎，则又不合于事理。凡一种属，苟于其生活若本体，既无价值矣，则不能因其父子相传时代之关系而忽生价值，然则人类之价值，决不因其与最后种属之关系而生也明矣。科学、哲学、文学、美术之价值，由其影响于现在之人类而成立，其尚能及效果于未来耶，非吾人所敢预言。如烦琐哲学（Scholastische Philosophie）业已过去，业已无裨于吾人，然不能谓其无价值，以其于中世后半纪人类之生活，有至大之价值也。无论何等哲学，其价值均不能历劫而常存，文学、美术、政治、法律皆然。世间事物，孰非无常，然决不以是而失其价值，盖生活之全体若各部，固各有其鹄者也。且夫世人之以其生活及生活之内容设想为灭亡者，非所谓死，而在时间经过之每一瞬间，使凡事物过去者皆谓之灭亡，则吾人之生活，每一瞬间，常往而不止，即常灭而不存，又何待死；使过去者犹不灭亡，则人类之生活，常为现实者，常为有关系者，虽死亦不得而殄灭之矣。死者，不过生活连续之截止，而不能影响于过去之生活，使谓过去者必无价值，而现在者始为现实，吾人与夫吾人之生活，必在现在吾人之意识中者，始有现实之性质乎。然而现在者，一点耳，非有广狭也，吾人之生活，成立于包有过去及未来之时间之经历，而不能成立于现在之一点也，使以吾人过去之生活为与非现实同义，则是谓一切生活，无有含现实之性质者也，岂其然乎？

第五章 义务及良心

一 义务感情之起源

上文所述，于吾人之意志，何自而满足，及意志之性质，以何为正鹄，已可明了。盖吾人既知意志之正鹄，在举一人若一种族之生活而保存之，发展之；吾人又分析善之元素，知人之行为及性质，有增益小己及他人安宁之倾向者，始谓之善，以是为准，而持以判断一切行为之价值，亦与意志之正鹄无悖焉。

虽然，犹若有与之矛盾者，盖吾人恒以不为其所欲为而为其所当为者为善。善者，尽其义务之行为也；而义务者，不必与自然意志之趋向相同，是谓义务与性癖之矛盾。人之循性癖而行也，未行之前，义务之感情常谏止之，苟不从其谏而决行，则既行以后，义务感情又从而责罚之。然则性癖之所视为善者，在义务感情则以为恶，吾人因以意志之反对性癖而现为义务感情者，谓之良心。

由此等现象观之，若大有可疑者。吾人所欲为之善，与吾人所当为之善，

哨兵
图为晚清哨兵。

较然相反,将何以解释之乎?将吾人往昔之一切考察,皆有误乎?将道德界之所谓善,与吾人自然意志之所谓善,仅同其名而不同其实乎?

欲决此问题,不可不先研究义务感情之起源。

夫执意之实体,何以有当为之感情乎?义务之感情,与自然之性癖相矛盾者,果何自来乎?将别由超绝自然界而入于执意之实体之统系中乎?持宗教见解者,则曰:良心者,神之声也。

虽然,其意善矣,而无裨于说明。盖伦理学之不得以神为原因,犹物理学也。自然律及道德律之基本,诚在超绝界,而吾人欲为经验界事实之说明,则不得立基于超绝界,而仍当以经验界为范围,且余固已得之于经验界矣。

达尔文著《人种原始论》,不尝于其第四章言之乎,彼尝证明兽类感情之发展,与人相似,曰:有母犬卧抚其雏,见主人出猎,欲从之,既而恋其雏,不克从;及见主人猎而归,则帖尾乞怜,若甚愧者,盖悔其不忠于主人也。家畜亦有二种冲动:一本之自然者,二得之于训练及习惯者。不免日彷徨于两冲动之间,达尔文以为是义务感情之本式也。其发生之端,即由决意之本于教育若习惯者,与其自然冲动相冲突。于是时也,内界有一种感情,迫以弃自然冲动而从其本于教育习惯之意决,是即原始之义务感情也。吾人虽亦能反对其本于教育习惯之决意,然不免因妄徇自然冲动之故,而动其忧苦惭愧之情,是为良心不安之本式。良心之不安,亦得谓之由交际,若技术之本能,本永永运动,故对于目前至强之自然冲动之压制而反动也。此等感情之发展,在人类尤为强大,盖人类之记忆过去,较之兽类,益久而益确,则其本乎教育习惯以决定其意志,而与目前之自然冲动相反对者,其力自益强矣。

难者曰:如是,则于人类之义务,何以有特别之权威者,尚未之说明也。命以当为之权威,非由自然冲动之生活而发生,而良心之反动,与歉于自然冲动之感情,又不同原,然则所谓义务者,其对于自己意志之权威,又何能发生于自动冲动之统系中乎?

余以为此等事实,亦得以进化论之直觉说明之。盖义务之权威,生于意志及习惯,申言之,则生于人与全社会之关系也。

习惯者,在一种属中各分子意志动作之大同者也。其在禽兽,即生活之本能。凡禽兽之生活,隶于三种原理,曰冲动,曰本能,曰己之经验。属

《人种原始论》,全称应为《人类起源及性的选择》(一译《人类原始及类择》),出版于1871年。该书提出了关于人类起源于类人猿祖先的思想。

契丹人引马图

逐水草而居是游牧民族生存本能的一种体现。图为契丹人引马图。

于冲动者，营养、呼吸、生殖各机能之营为；属于本能者，营巢、作窟及迁移之随气候而逐水草者。是皆本于其先世生活之阅历，不学而能，是谓有机之智力。此等智力，或不本于其先世，而为其所新发明者，则己之经验也。

惟人亦然，而扩其本能之范围，则成为习惯。习惯之同于本能者，在于不知不识之中，以复杂之职分，适应其生活之正鹄，是谓种族之智力。而其与本能异者，虽不必意识其适应于正鹄，而常意识其存在及其责任。盖习惯之普通形式，常以"当为"云云或"勿为"云云命令人己者也。故吾人得谓习惯为有意识之本能，彼不若本能之得诸遗传，而得诸教育；不得于自然而决定，而得之于意识之动力也。更进而求之，则习惯者，为全社会意识之动力所维持，尤异于本能。彼禽兽之不徇其本能者，受自然界之果报；而人类之不徇习惯者，则受外界人人之反动，如非难排斥之类是焉。

请举其例：高等动物，其生殖机能，类皆为特别发展之本能所左右。当挚尾之期，常一牡一牝，或一牡数牝，同栖而为家族之生活，以阻他牡之杂交焉，常于猴类见之。（达尔文《人种原始论》第二十章）盖其本能能左右其生殖机能，使勿罹杂交之害。此等秩序，确有保存生活之倾向者也。其在人类，亦有婚姻之习惯，一夫一妻或一夫多妻。其于将来之种族，则以教育养成其习惯，尤以女子教育为甚。贞操淑德，所以确保各人之习惯，有违之者，辄为社会所不齿。教育之效果，绵延于交际社会之中，违道德训诫者，固为人所斥责；而违习惯者，则反动尤烈。妇女不贞，则永为各家族所摈斥，而男子之娶之者，亦随之而为社会所轻蔑矣。

第五章　义务及良心

伦理学原理

孔尚任引驾图

在封建时代，忠于帝王是大臣应尽的义务。图为清人所绘《孔尚任引驾图》，描绘1684年康熙南巡北归，至曲阜祭孔，孔尚任担任引驾官，引导康熙游孔庙、孔林的情形。

其他种种习惯，恐亦有基于本能，与此相类者。如杀伤掠夺，自昔著为厉禁，此等习惯，恐亦起源于兽畜合群之本能也。人类成立国家，由于权威与服从之关系，而亦于兽群中萌芽之矣。由是观之，义务者，不起于一人内界之意志，而实由外界以无上之权威胁成之，明矣。义务原始之内容，风俗也，习惯也。及人类益进化，而义务与风俗习惯之关系，以渐变更，而义务遂具人格之性质。然溯其源，则义务者，不过徇习惯而命令其生活，盖本乎父母、师长、祖先及国民之意志，而指示吾人，虽谓之以习惯之权威为服饰，可也。由人类最高之权威，而更发展之，是谓神之权威。神者，模型人类而为之，以国民之意志为其意志者，及宗教发展，而神遂为习惯及权利之保护者矣。父母之权威，国民之权威，神之权威，三者由"当为"云云之感情意识之。是感情者，即所以裁制性癖，使服从于最高之意志者也。谓之最高意志者，以其非由外界胁迫而束缚之，乃发自内界无上之权威，使不问事势之如何，与胁迫束缚之有无，而必服从之焉。

二 义务与性癖之关系

吾由是得返之于前之问题，而论合于义务之善，与合乎性癖而增人安宁幸福之善，其关系如何。

余本上文之结论而言之，则曰：以风俗习惯之概念为媒介，则可以调停于义务之善与性癖之善之间矣。盖人之有风俗习惯，犹禽兽之有本能，所以推行种种生活职分之行为，而使之合于正鹄者也。风俗习惯之力，有裨于社会之保存，与各人正当之发展，而义务之于人，则以其行为不与风俗习惯相悖为期。然则合于义务之行为，即所以增进各人及社会之安宁幸福，而吾人之意志，又安有不以人我之安宁幸福为鹄者。是故意志之正鹄，实与义务之命令一致。性癖与风俗习惯，一人之意志与社会之意志，其所以规定各人之行为者，大抵相合也。以前举之事例证之，风俗习惯，属于男女居室之关系者，无论一夫多妻、一夫一妻，要皆以确立家庭生活之制，而使之得以持久。夫人之意志，亦孰不以持久其家族生活为鹄者？然则性癖与义务，殆无所谓扞格，其或有扞格者，偶然耳。且如杀伤掠夺，而自昔风俗习惯之所禁，岂非以其与各人之意志相反故耶？各人之意志，皆以种族安宁为鹄，则必愿其同族之人互相友助，互相亲睦。谚曰："人为社会之动物"，以此也。其或相杀伤焉，相掠夺焉，则诚偶然之事耳。风俗习惯，以社会之保存及安宁为鹄，而社会之所由保存、安宁者，在整齐其家族之秩序，维持其内部之平和。苟有不合此等风俗习惯之种族，则其与守此风俗习惯之种族相遇而争存，未有不为所屈服者。是故社会之安宁，包容各人之安宁，而各人之幸福，不能独立于社会幸福以外，则虽谓风俗习惯之所期，即在各人之安宁可也。而吾人无不自期其安宁者，则虽谓各人之所期，亦即风俗习惯之所期可也。人而欲达其所期乎，舍风俗习惯，无他道焉。自一方面观之，本风俗习惯以尽其生活之职分，与固有之正鹄最宜；由又一方面观之，苟违于风俗习惯，势必与全社会相

祭祖
敬祖祀先的礼俗，有助于维护宗法社会的安宁。

第五章 义务及良心

冲突，而小己之安宁，无自而保存。然则风俗习惯与小己之意志，义务与性癖，夫岂非相合者其常，而相反者其变耶？

不观风俗习惯入人之意志至深耶？苟有一人焉，欲破坏风俗习惯，则人人出死力而保护之。是故风俗习惯之普及而无阻，为人人所同欲，偶有一二人与之相背而驰耳；苟非人人所愿其普及而无阻，则即不得以风俗习惯名之矣。是故道德律者，非特某事当为之空谈而已，乃正以表彰实事界普及之形式，谓之自然焉可也。

然各人意识中，义务与性癖，往往见为互相扞格者，何耶？曰：是亦有说以处之。盖各人所以有风俗习惯之意识者，必在其性癖之鹄与风俗习惯背驰之时。苟性癖与风俗习惯相合，则良心无自而见其作用，良心之沉默，即其赞同性癖之时也。平时夫妇相爱，并不意识其为义务，一旦爱及他人，则意识夫妇之义务矣。婚姻者，意癖所赞成，故不意识其为义务，然时而人人以家族为累，避之若浼。如古代某某民族，濒于灭亡之时，则社会及各人，皆以婚姻为人之义务矣。生活之义务，人所不意识也，一旦有自戕其生活之性癖，则知自杀之不德，而意识生活之义务矣。饥食渴饮，人未有目为义务者，然生活既为义务，则饮食亦然，而人固未尝意识之者，以其与性癖无差池耳，若遇有禁其适当之饮食，或阻其大食暴饮者，将不期而有义务之意识矣。财产亦然，凡以财产之增殖及保存为义务者，皆在其殖产之冲动有所不足之时。以通例言之，凡财产义务之意识，皆在制限之条，如毋偷盗、毋诈欺、毋贪、毋吝是也。言语之意识为义务也亦然，毋多言、毋躁、毋诈是也。由是观之，义务者，冲动之制限也。有义务必先有冲动，无冲动则亦无所谓义务。溯义务之源，乃属于消极者，其曰"毋如是"云云。乃由冲动之轶出其畛域，而人始意识其有制限之义务也。其为积极之式，则不曰"汝当"云云，而当为"吾欲"云云；及其自然冲动之有所歉而义务生焉，乃易"吾欲"

守财奴葛朗台

巴尔扎克小说《欧也尼·葛朗台》中的葛朗台老头，嗜财如命，悭吝无比，可谓性癖冲决了义务限制的典型。

云云，而为"汝当"云云耳。

是故义务与性癖之冲突，变例耳。义务之命令，即道德律，所以为全社会实现之意志，表彰其性质及趣向也。道德律之有变例，犹生理学焉，其数皆甚少。道德律，本至复杂之现象，而得其经验之规则者也。人固有聋聩喑哑者，不以是而破人能视听言语之规则；人即有淫盗诈欺者，亦何足破夫妇有别、财产有制、言语有信之规则乎？

吾人苟即国民全体而考察之，则可以涣然而无疑，盖国民全体之性癖，恒与义务一致也。国民常欲代表道德律，道德律者，非由外铄我，而国民自己之意志之表彰耳。惟在各人，则偶有性癖义务冲突之时，或当为而不欲为，或不当为而欲为，于是意识之中，常觉道德律之自外来而制限其意志焉者。然以普通之意志推之，则终以赞成道德律之命令者为多，且见他人之违道德律者，恒以行为言语若思想抑止之，而无所踌躇也。

三　评康德之见解

本康德之见解，则道德之基本，即在性癖与义务感情之冲突。彼以为人之行为能有道德之价值者，必其一循义务感情，而不假性癖之力，或且反对现在之性癖焉。因性癖而仁慈者，无所谓道德。**华克菲尔**（Wakefield，英国 **York** 州之市）有牧师焉，自谓一生惬心之事，在未尝以疾言遽色临人，其友人亦共言其如是。以康德之说评之，则此等品行，虽吻合于义务，而不必有道德之价值，与他种性癖无异，以其达于道德界循义务而非循性癖之定律也。康德之言曰："有人于此，无乐生之感情，虽有济困扶危之力，而恻隐之心则无之，然彼尚以扶济为义务而力行之，是为道德。人之于己也亦然，保其生命，增其幸福，循性癖而行之，无所谓道德也；及其不幸而坠至困大厄之中，以速死为幸，乃尚以义务之故，而勉保其生命，乃为真道德焉。"盖康德之意，以为人类者，必于其意志中悉屏性癖冲动之属，而粹然余义务之感情，乃始可以评定其价值。然使人类仅以义务之故而行善，则枯寂无味，殆若傀儡，此其说之不衷于理，所不待言。而康德之说，要亦有可采者，盖义务与性癖之冲突，虽非通例，

华克菲尔，今通译韦克菲尔德，英国中部城市。

York，今通译约克郡。

第五章　义务及良心

本义务以抑制感情，虽不必为道德价值之正则，然而道德之性格，要待义务与性癖冲突之时机，而始能表彰之。有一富人，拾十金于道，而返诸遗金者，吾人不能以是而遽定为正直之人，以区区十金，无加损于富人之财产也。使有贫者，道拾十金，虽以得之为利，而独以义务感情之故，卒返诸其主，则吾人得以是而断其为正直，或且许之为善人矣。是故其人之性癖与义务不冲突，其意志无本义务而抑性癖以定行为之机会，则吾人无自而评定其人之品格，定品格之合于道德与否，必在义务与性癖冲突之时焉。

虽然，因是而谓从容中道之意志，逊于克私从理者之价值，则误矣。而康德力持其说，彼以为薄情之人，漠视他人之苦痛，而不以动其心者，较之富于同情之人，得天独厚，盖占有道德界最富之源泉者也。其行善也，无借乎性癖，而悉循义务感情，是其于道德界为有至高无上之性格者矣。夫若人者，其贵于薄志弱行之徒，固已。康德盖循己之品格而论之，然吾人不能想象为最高尚、最圆满之人格，何则？如所谓天使者，其意志浑然至善，不勉而中，以康德之说绳之，将不得为至高无上之品格，然吾人又孰敢谓天使之性格未高尚、未圆满耶！

康德之视义务意识也过重，而其徒**非希的**（Fichte）尤甚。然吾人之行为，不必皆由于义务之意志，则确为事实，而亦不得谓之过失。至欲使决定意志之动机，一本于道德律，而因以制驭一切自然之冲动，则非特吾人所不能，而亦可以不必也。自昔道德哲学者，恒欲以一切意志之动作，悉受指导于义务写象者，始为圆满。斯宾那莎谓贤者专以理性之命令决定其意志，而不使其冲动有几微影响于行为，即边沁及穆勒之所谓贤者，亦与之大同小异，盖皆以斯多噶派及伊壁鸠鲁派为模范者焉。自实际言之，则理性若义务之写象，不必若是其重要，盖理性若义务之写象，所以整理冲动，而不能代任其责。冲动之于生活，犹悬锤之于机械，决非理性所能代。何则？理性者，无运动力者也。

康德一生痛驳合理论，而尚不能全脱其直觉说之范围，及其殁后，学者始稍稍知贵自然。此时期之学说，所持以为根本之直觉者，谓最高最善之境，非能由理性而思议之，亦非能由一种有意识之规则而实行之，乃由无意识之中，转化而成立者也。此在美为最著，而善亦如之。善及善之圆满，不能由伦理学之规则而演出之，成立之，犹美之不能由理性演出之，而由美学之规则以成立之也。最纯粹之美术品，由天纵者以无意识之感觉

非希的（1762~1814），今通译费希特，德国唯心主义哲学家。著有《全部知识学基础》《论学者的使命》等。

丙辑 伦理学原理

构成之,而美学不与焉;最圆满之道德,亦由天纵者以其本能实现之,而伦理不与焉。美学也,伦理学也,皆无创造之力,其职分在防沮美及道德之溢出于畛域,故为制限者,而非发生者。美及道德之实现,初不待美学、伦理学规则之入其意识中,或为其注意之中心点。不宁惟是,人苟以美学、伦理学之规则,入其意识或为其注意之中心点,则往往转为实现其美与道德之障碍。人之作书,泥于字书之规则,则反易致误,此人之所稔知也。决正字学之疑问者,莫如执笔即书之为当;决道德界之疑问者,亦以节拟议而促实行为寡过焉。

平心论之,人类所以有道德之价值者,决不在深思义务,而意识其为行为之动机,盖勉强而行之,与安而行之者,固未可同年而语也。传康德者,其所述果确耶否耶,康德之为人,果以义务为其行为之动机耶,非余所能知也。虽然,余敢自明,决不以此等叙事为可贵。盖义务感情,虽可为去恶之作用,而大人君子,决非能以义务感情实现之者,大抵由活泼之地感情之冲动而陶铸之焉。

四　论先天直觉论道德哲学之谬误

又有先天直觉论之谬误二三事,不可不附论于此。盖此派道德哲学,以义务之命令,如数学之单元,仅以直觉认识之者也。例如正直为善,诈伪为恶,不必知其所以然,而自认为不易之真理。苟欲推究其原因,证明其理解,不特无所用之,而亦决不可能者也。

余以为以事实言之,道德律者,诚无论何人,可以不求其原因与理

《自书告身帖》
　　颜真卿的书法被称为"颜体",他的《自书告身帖》是学书者常用的法帖。

解，而直认之为真理。盖其内容，不外乎风俗习惯之由积极、消极二形式表彰者，而风俗习惯，即存于全社会各人之意识中。人之所以知风俗习惯者，由其有种种特别判断，足以褒贬人我种种之行为者，每遇特别事故，直判断之而不疑，此由于练习者也。人之所以知道德界普通形式者亦然，自幼少之时，而已镌其印象。叔本华谓人常不忆其学而知之之真理，而误以为天赋，谅哉言也。且一切指示行为之言语，其意义中，率已含有道德界是非之判断。如诈伪贪鄙，已含有摈斥之意；公平节俭，已含有褒赏之义，是也。是以诈伪为恶之属，其分析判断之形式，确为构成于先天，而后由道德律意识为不易之大法，此无可疑者也。道德律不以各人若社会之利益为标准，而直发为不可思议之命令若条禁，此则直觉论之所表彰，确合于事实者矣。

然直觉论者，又由是而推演之，遂谓此等大法，初非以客观界事实为基础，而伦理学之职分，在即种种之命令若条禁，循其体系而排比之、综合之，借以发见普通之定理，使得附属于自然律焉，则大谬矣。盖所谓不可思议之命令若条禁，见于各人之意识而为道德者，其所以存在，所以正当，皆于客观界有其基本，即其能维持各人及社会之安宁，是也。道德哲学之职分，在证明其基本，犹法律哲学之职分，在即法律之内容及形式，而证明其基本，所以为人人证明其交际界相当之职分，而发见其不得不然之性质也。各种科学，且未有仅以胪列事实为鹄者，况哲学乎！

直觉论伦理学，尚有其他之谬误，即谓良心者，无论何人，亦无论其际会何事，皆能于其主观、客观两界，确示以义务之命令，是也。康德曰："道德律命人以当为之事，无论何人，皆易知之。"又曰："义务之为物，尽人知之，若欲究何者为正当而悠久之利益，则必统宇宙全体而衡量之，决非吾人所能知也。"

余以为正当而悠久之利益，诚所难知，然谓义务之命令，尽人易知，则不合于事实。行为之中，固有人人知其义务者，然不得谓凡事皆然。凡事理稍稍复杂者，其义务所在，往往不易知之。今有保险公司之职员，违公司之规律，而贻利益于逾期纳金之被保者，自其良心言之，与偷盗等也，然其为之也，非以图小己之私利，而以助其友，则自其良心言之，是亦与义务冲突，仍不可不求公司之利益，而避其损害也。然使吾人又进而变其事状，使被保者对于公司，一切如约，惟于形式之措置，小有不合，而公司亦得借以为不给保险金之口实，乃于公司付金之期，而职员偶见有被保者不合形式之措置，足以使公司不必给金者，彼又稔知被保人或其遗族不得此金，则困厄将不可状，然则何以处之，将隐匿其事以救被保者及其遗族耶，抑暴露之以利公司耶？当此之时，其良心所指示者，以何者为义务耶？即康德派学者，尚能准"循理而行"之格言明晰而断之耶？

以盗窃之术取人财产，其为背于义务，固矣。其或乘人之急，而贷之以金，征取重息，又能以巧术遁于法网之外，而因以吸尽其财产，是亦宜良心之所斥也。然吾恐人之良心，或亦有许之而不禁之者，彼将曰：虽征取重利，而要不失为一职业，人人争于自计，又何暇为他人计耶？吾试更进而变其事状，谓贷金于人者，其取息也，不可利己而损人，必其人我两利者，然则贸易之事将如何？有一银行于此，独得**西班牙革命军**不日起事之报告，而知其为他银行所未注意者，乃悉举其所有西班牙各业之股票而售之，以嫁其至巨之损耗于买者，其行为正乎否乎？在初入市场，未谙商情者，其良心必深以其事为不安，以其违"己所不欲，勿施于人"之义也，翌日而见买者，必不能无惭色。虽然，吾人之营贸易，必先问其有害于人否耶，此不可能之事也。凡贸易，非卖者、买者各持利己主义而不顾他人之利害，则不行。人孰不欲购廉价之物，于卖者之损耗与否，殆不暇顾；卖者亦孰不以其货物之得售为幸，其价值之果否相当，而果否有损于买者，亦恒有所不顾。正耶、不正耶，其界限又何在耶？

此等事状，犹其简单者也，使更以复杂者考察之，则其理更易明。有一少年，既与一女子订婚约，可不践其约乎？夫约之不可不践，不待言也。然使其订约之始，未及审慎，而仅为一时感情之所驱；既订以后，乃始得其情实，而知一践此约，则其身将沦于非常困厄之境。将不经彼女之承诺而废其约乎，则其约固神圣不可侵也；将忍而践其约乎，则既已知订约之误，而知践约以后，彼此皆将牺牲其终身之幸福。然则将何以处之，彼女既不我绝，我遂与之婚耶？将迁延之耶？将遂因而自尽耶？抑以我之不能践而不欲践为权利为义务耶？

有一政治家，偶于其所属之一意见，不能赞成，而其党方草一宣言书，以彰其党之伟绩，使彼签名，彼从而签之耶，是自欺也；拒之而不签耶，将失其在政界之动力，而大为前途之障碍。彼将何以处之，是亦非康德之定律所能断者也。以吾意言之，则彼先当自问此事之关系果何如耶，如无重大之关系，则屈意而徇党议，未为不可，否则将不能共事也；苟其

> 西班牙革命军，指第二次世界大战前夕爆发的西班牙内战（1936~1939）中，由人民阵线联合政府领导的反法西斯军队。

第五章 义务及良心

《解放宣言》
　　废奴问题导致了美国的南北战争，但有卓见的政治家都站在了解放黑人奴隶的立场上，尽管他们有的出身于南方的奴隶主。

约克（1759~1830），普鲁士将军。1812年率普军参加对俄远征，同年12月30日私下与俄军缔结陶洛根条约，相约中立，断绝普鲁士与法国的关系。1821年升任元帅。

韬落铿，今通译陶洛根。城市名，在今立陶宛。

Diebitsch（1785~1831），今通译为狄比奇，俄国将军。1820年曾任亚历山大一世近卫武官，后升任元帅。

　　事而关系重大，则与其瞻徇党见，毋宁离党而自申其见之为正焉。

　　难者曰：如是，则将使道德为之无定，而疑义百出，莫可究诘矣。曰：道德者，非吾人能使之无定，而彼本无定，且亦无时而定者也。道德者，非可恃简单之机械作用，本于先天能力，如所谓实践之理性及所谓良心者一瞬而得之，又非举种种特别之机会，而得以普通之规则包摄之者也。

　　谓无论何等事实，其合于义务与否，不难一瞬而知之，此为直觉派道德哲学根本之谬误，而又与他之谬误相随者也。彼谓道德之命令，为一定之规则，不容有一变例，凡不合于道德律之行为，皆为悖于义务，皆为不道德。吾既已辨之矣，请又述吾之伦理学说与直觉论最明晰之异点如下。

　　康德全部学说之中枢，即在以道德律为至普通至正当之性，其性为绝对者，为合于论理者，而所谓合法性及道德性，则亦与之一致。正鹄论之道德哲学，则反是，其所谓道德律，乃与卫生术之本生理学以为法则者相类，盖皆取经验之规则者也。然则道德律之不能无变例，与一切经验规则何异？凡一种行为，其于为之者及受之者之生活，或益或损，诚常有其惯例。然人事至为复杂，同此行为，而忽生反对惯例之效果者，时亦不免。于是虽破道德律之形式，而未为不道德，且或必如是而始为真道德也。求之实际之行为，实际之判断，吾人盖时见之，而直觉论伦理学，不能有以解说之，此亦其学说未纯之一证也。

　　请举其例。军人之第一义务，曰服从，谓于其职务为绝对之服从者，是也。军人以服从为义务，即近世国家所赖以存立者。其义务之重如此，故稍违之，则置重典焉，然间亦有破此义务而良心不之咎、清议不之责者。如**约克**（York）将军于**韬落铿**（Tauroggen）宫之会议（事在千八百十二年十二月三十日，普将军York及俄将军**Diebitsch**会议于俄之Tauroggen宫而结中立条约时，拿破仑一世方被窘于俄而归），本一己观察政界形势之见解，公然背国王之命，破军人服从之义，而与敌国结平和之约。此其行为，尚合于义务而为道德律所许可耶？以康德之律绳之，必不然。在将军亦固知背王命而行，于国为不祥，且一启其端，他日即欲以普通之律绳检普国之军人，而或且无效焉。

将军再四踌躇，而后决然行之。盖将军之所踌躇者，曰：吾背命而弃服从之义务，极其流弊，可以亡吾国也；而其后乃决然行之者，则曰：吾不违王命而行之，则吾国且速亡也。卒之将军之所为，乃为舆论所认可。普王盖尝欲责之矣，而旋以为是。以及今日，历史家无不以兹事为有功于国者，且其事甚不利于法人，而法之历史家，亦无以难之。是则官吏反道德之成例，违国家之命令，专断政策以救国家之危急，而为舆论所公认者也。凡事状类此者，皆不能以普通之规则决定之。使仅仅持普通规则而已，则军人者，不可不服从，虽值何等事势，决不能违其服从之义务，而专断政策者也。然而国家当存亡危急之际，非反经行权，不足以救亡而图存，则不能不破普通之规则而行之。夫所谓普通之幸福为最高之规则云者，固一切规则中神圣不可侵犯之条件也，军人苟有误犯此条件者，则政府虽以死罪蔽之亦宜。

道德律亦循此条件而规定者，故亦不能无变例。盖道德律为人类而存，非人类为道德律而存也。法家之古谚曰："世界可灭，而正义不可不存。"康德派之道德哲学亦曰："生命可坏，而规则不可不存。"此其义，谓规则之重要，超于各种特别之正鹄也。然法律实为国民而存，且欲借以保存之，而非以破坏之。道德律之于人生也亦然，亦所以保存其生活，而非以破坏之也。故使从道德律而反有破坏生活之效果，则吾人宁弃形式而取内容，舍作用而趋正鹄矣。

五　良心

吾前者论良心之起源为风俗习惯之意识，盖即风俗习惯之存于各人意识中者也，而所谓良心之权威，则在监临人类全体，抑制其反对道德、法律之意志，而因以为道德、法律之保障。其于人也，始则为父母师保之权威，以风俗习惯中种种客观界之道德输之儿童者也；进而为社会之权威，其范围较大，以名誉诽议，表彰各人行为之判断者也；进而为法吏之权威，以刑罚禁止罪戾者也；又进而为神之权威，则举道德、法律而托于宗教之徽帜者也。人之行动，苟与有此等制裁、此等保护之道德标准不相容，则其执意，必为其根本之意志所抑止。于是乎各种行为，皆有感情以干涉之，未行以前，或鼓舞焉，或谏止焉；既行以后，或惬心焉，或悔恨焉，是为良心之作用。良心之内容，随民族而异，种种民族，有种种本质状态，有种种生活条件，因而酿成种种风俗习惯。良心内容之不同视之，惟其形式，则一致，不外乎以高等意志之意识，自各人内界，抑止其不合道德之意志；且恒以此高等意志，为超绝人间而本于神之势力焉。

主良心原于神意之说者，不惟以历史学、心理学之解说为不完全，而且更以为危险，谓是直侵犯良心之神圣而杀其效力焉。即以历史学、心理学说明良心之学者，亦往往信以为然。**来**（R.Roe，所著**《良心之起原》**于一八八五年出版）氏研究良心之起源，而论以历史学、心理学研究之效果，曰："由是良心之命令，失坠其神圣，凡知良心起于人为之说者，皆将违其命令而腼然无愧焉。"

虽然，余以为不然。良心命令之责任，固非恃人类学学说中伦理学之结论，若心理学之定义，所能使之破坏者也。吾人即确信伦理学之结论，谓良心者所以表彰国民渐得之经验，即道德足以维持人生，而不道德则足以破坏之，而良心之正当性质，并不因是而消失。然则吾人以国民之遗传知识为强证，而谓良心即道德之自然秩序，由客观而反省，岂遂以此解脱，而破坏道德秩序之正当性质乎？且至于心理学说，无论其对于风俗习惯者如何，而亦不必有何等阻力。凡人精神之作用，受之于遗传若教育者，虽一日证知其为误谬、为无理，而其势力并不即为之消灭。邃于科学者，或不能脱迷信之习；持无鬼论者，或冥行而恐怖如常人，然则此等固非写象及感情中谬误无理之原质，而实为其重要之原质矣。使人人无所谓道德及良心，而一切云为，皆决之于计较及顾虑，则国民殆不可以一日存，此尽人所知也。虽大哲学家，未尝以道德哲学指导其日用行常，而为之指导者，冲动也，感情也，道德也，良心也，好善恶恶之情也。化学至进步矣，而人之味官、嗅官，不因之而为具物，日常饮食，所以别甘苦芳

来（1849~1901），今通译保尔·瑞，德国哲学家。著有《心理观察》、《道德意识的起源》等。

《良心之起原》，今通译《道德意识的起源》。

臭者，仍恃味官、嗅官之作用，且其精审，亦有为化学试验所不能及者。调和饮食，人皆承数十百年遗传之知识，而不必专依化学。化学之职分，在解说而不在发明，用以为改良饮食之指南，诚非无补，然欲废普通之耆欲，遗传之知识，而一切本化学之理，以律饮食，则失之愚矣。世有欲屏除良心若风俗习惯之力，而专以道德哲学律行为者，何以异是？

论者难曰：子言诚善，其如失不可思议之制裁何？余曰：不然。以余观之，人类殆必无以道德及神圣之感觉为不出神意之一日。此等感觉，苟非有至深至久之基本，在宇宙性质中者，岂能无端而发现于人类之意识中耶？且人类之于世界，岂真若骈枝然，徒于其表面有偶然之关系，而与神之本质固无与耶？善夫施泰因泰尔引**希波革拉第**（Hippokrates，西历纪元前四六〇年生）之言以叙其《言语学起源》也，曰："一切事物，皆属于神也，即皆属于人类也。"是诚能以历史心理学发人类万事之秘缄者矣。

论者又难曰：良心之起源，既如经验论之说，终不免使人类有法律以外何所不为之思想，盖其初固以道德律而出于神之命令也。今若以神之有无为可疑，又或决神之为乌有，则举其所谓命令而唾弃之，非自然之势乎？余答曰：然。是诚自然之势，而决非真理也。道德律即如经验论之说，决非偶然断定之制度，而实以宇宙之性质及人类之性质为其根本也，其所谓良心，即道德生涯在客观界适令自然之性，而反射于各人之意识中者，其于保存生活既有最大之价值，岂以研究其起源之故，而顿失其价值？譬如古人，以人之言语为本之神授，今已知其说之无据，而言语之价值，曷尝为之消失耶！

文典之规则。人既确知为人类所发明，而其可凭借之性不失，则道德律之起源，虽为吾人所确知，而必不失其可凭借之性可决也。国民之于知识界，无论何人，无不循其国语而承认其规则；国民之于道德界，亦孰不徇其风俗习惯而承认其良心之命令者。人固知国民之言语，即己之言语，国民之良心，即己之良心，而小己之执意及感情，固无不自国民演出者也。**福禄特尔**（Voltaires）学派，以辟除迷信为科学第一之职分者也。彼痛斥神学家良心说之妄诞，意气发扬，大声而疾呼之曰："良心者，无价值者也！良心者，狡猾之僧徒，欲陷人类之精神于奴隶界，而假造之者也！"此等大言，使十九世纪进化论之人类学者，大为之诧异。盖进化论者，以一切人事，尽循自然之势而发展之，假定为其研究历史之起点也。

希波革拉第（约前460~前377），今通译希波克拉底，古希腊医学的创始者，被西方尊为"医学之父"。他制定了有关医务道德的誓词，1948年，世界医协大会对其加以修改，定名为《日内瓦宣言》，作为国际医务道德规范。

福禄特尔（1694~1778），今通译伏尔泰，法国哲学家、文学家，18世纪启蒙运动的代表。有《哲学辞典》、《形而上学论》、《哲学通信》《亨利亚德》《老实人》等。

第五章　义务及良心

伏尔泰像

希的微克（1838~1900），今通译西季威克，英国伦理学家。著有《伦理学方法》等。

丙辑 伦理学原理

彼福禄特尔之流，辟除谬误之学说，而并其所说明之本题，亦斥为妄诞而无价值，则其说之不能成立，乃与神学家同。进化论者，确信普通存在之机关，必本于先天，而为关系于保存生活必不可无之机能，故以说明此等机能与人生之发展，有何等意识，为科学之职分也。

且科学于此等地位，尚不可不有实践之职分，即不破坏其机关，而务有以保存之、完成之是也。破坏良心，且仅仅因良心之释义有本于妄诞之教育若妄诞之学说（神学）者，而遂并良心而破坏之，其于各人及国民之生活，不得不为大耻也。旧学说所举之良心，虽多缺点，且或有谬误之点，然尚胜于无之。善夫**希的微克**（Sidgwick）之言也（见所著《伦理学之方法》四七〇页），曰："吾人于一切行事，如行世之道德者，苟发见其有缺陷之点，吾人改良之之责任，尚不如保守之之责任为重要也。"功利论者，于行世之道德，虽知其不出于理性，而本于人为，然决不可以是而生厌薄道德之心。至于直觉论者之迷信，竟以道德为不可思议，为神之规则书，则所当排斥，不待言也。盖功利论者之于道德，固以尊敬惊叹之情考察之，见其组织之分子，经数十百年之久而成集者，乃如自然生物，能以其合于物理之有机体，挟其后天之构造，以适合于非常复杂之鹄的，其间固有不可不慎择之者，而要之亦有影响于人类之幸福。故人类而无道德，则如有一至重至大之机械，关乎积极之规则者，猝失其所以运动之之道，此虽有政治家、哲学家，将亦无可如何，而人类之生涯，洵将如霍布斯所谓日趋于寂寥、贫困、陋劣，且日近于禽兽，而亦无以久存矣！

六 良心之分化

良心者，表彰客观界之道德性于各人意识中，即以风俗习惯为基本，故其普通之作用，固在防遏各人意志冲动之不合于规则者，然非其至高无上之状态也。良心者，由其能为圆满生活之代表，而更有积极之效果。盖有所谓理想者，先自国民之客观界道德性，得其性质，而各国民则发挥其圆满之写象于宗教及诗歌等。盖此等写象，既充实于若人之意识中，则即由若人之著作而发现焉。

自精神界、历史界之生活，益益发展，而此等理想，遂益益现为特性者，为各体者。一切历史之发展，皆分化之作用也。学者之所假定，人类由原人分化，而为种种之人种及民族，遂各有其种种之风俗习惯，以示其精神之特性。及其进化益深，则各人之精神，亦由国民精神之本质而分化矣。民族之文化较低者，一族之民，种类大同，各人之写象、思想、判断、习惯、行为，凡精神生活之内容，殆无不同者；及其更进化，而生活内容，益丰饶而驳杂，各人构造之差别益大，人之有各自研究事物之思想者，以其不慊于国民之宗教神话中所谓普通生活之思想也，而哲学即由是起。一切哲学之原始，皆由各人之思想，与国民普通之思想相睽，而各人之判断，与风俗习惯之关系不同，则各人趋特别之方面，而形成为特别之生涯。自由之生涯日扩其范围，则羁束之生涯日缩其区域，各人之生活与他人之生活，益为不失其特别人格之关系，如亲子夫妇然，而与图式之法则益多龃龉，于是特别之规则益发达焉。

由是所谓良心者，遂一变其意义。向也范于风俗习惯，而各人自失其生涯之价值；今也属于特别之理想，而社会乃失其现实之生涯。此等特别之理想，萌芽于国民定居之地域，与其风俗习惯，固不能全无关系，然以其与普通生活之内容及见解相睽，而抱此理想之人，遂与风俗习惯相冲突。其冲突也，不惟不为良心之所咎，而反为道德界必须之意识，于是乎

基督与十二门徒

主观之道德性，对于客观之道德性，而转占高等之位置矣。

由精神意志中超人之力，形成其吻合人格之生活理想，而务实现之，至不惮与当时之客观界道德冲突，而感化及于百世者，此历史中最大之战争也。人类之英雄，即此战争之主人也。彼常反对人爵，反对无益及不纯之理想，反对虚饰，以说明新真理，而显示新准的、新理想，务使人类之生活得新势力，而益遂其高等之进化。基督则其人也，基督之宗教道德，较之当时国民之宗教道德，至为高尚；其神之观念，较之当时国民之神力观念，至为高尚。见夫国民之所谓正直，乃皆可鄙可悲，而不足行之以自餍，遂与其徒，轶出国民规行之外，破安息日之禁，废断食之制，而易之以互相亲爱之新命令。守旧者大惧，务保守其畴昔之规则，则遂与基督鏖战而杀之。然基督虽备尝艰苦，以身为牺，而其道卒占胜算，由其笃信建立慈爱新国为天命之说也。彼盖对于后世之渴望神国真理正直而欲得之者，感精神气魄亲爱自由之不足者，热心绍述其事业被磔被焚而不悔者，各示以至高之模范焉。

与此等圣贤反对者，有若柏拉图之共和国中所述之暴君，有若**布里哈脱**（Burkhardt）之意大利文学后古时期文明史中所述不畏神人大恣情欲之**斯否察**（Sforza）、**波里加**（Borgia），皆其人也。

凡有强大之天才者，可以为暴君，即可以为圣贤。格代所著之否斯脱（Faust）小说，形容精神界由极恶而至极善之变化者也，其于第一篇，言否斯脱之为人，蔑视国民之信仰风俗，而惟以纵肆其大欲为的，彼欲悉全人类所应得之福利而独擅之，彼不惜牺牲无辜少女使破其家族之幸福与其精神界之平和，以供彼之情欲，卒使少女**格利町**（Gretchen）者，因彼而陷于杀母杀兄之罪，然彼一无所芥蒂，而投身于钵罗克卑格（Blocksberg）之军中——此殆为格代自写其感情之强烈者。其第二篇，叙此穷凶极恶之人，转而为克己慕义之事，而其所以实现此观念者，尚若有所未副。盖以第一篇之否斯脱，而奋自救拔，则惟有趋至高尚之鹄的，而为大悁郁、大竞争而已，以暮年至巨之防水工程当之，尚为不类。以格代之天才，而所叙乃止于此，则以大悁郁、大竞争者，为格代生平之所未经验，故以其远轶于主观范围之故，而不敢纵写之也。

大恶与大善之两模范，其外界之舍风俗习惯而不顾，虽若相同，而其内界之关系于风俗习惯若国民者，乃大异。暴君之所以为暴君，蔑视风俗习惯而破坏之,徒以自肆其情欲,将以专有乐利而擅握政权也;基督之所以为基督,非必欲破坏风俗习惯,而在欲实现其高尚之理想。彼固自知其将不得名誉权威,而且受屈辱轹礫也,彼盖谓吾受天命而来,固在普救众生,而非若常人之仅求荣誉而已也。

七 道德界之虚无论

道德界虚无论,所举人格之特质,在无所谓义务意识,无所谓生活理想,亦无所谓良心。彼本其学理,而摈斥义务命令若道德律之不可据,曰:义务者,空名者,生活者,在争自存,利于争存之作用,皆谓之正;杀人也,诈欺也,暴行也,苟其有效皆善也,以此为恶者,无争存之能力而劣败者耳。所谓法律、规则、宗教云云者,皆若主所发明以奴隶臣民之精神,贤者固知其无服从之义务也。人无所谓对待他人之义务,亦无所谓对待自己生活之义务。所谓理想者,如碱水之泡,徒足以玩儿童、欺愚夫者耳。何谓善?曰:实行其所欲而无所忌惮之为善。俄国一贵人尝言曰:"余无所信,无所畏,无所爱。道德义务何物耶?恐怖希望何物耶?亲爱理想何物耶?自由自主之人,以现在为正鹄,至于未来及过去,何足道哉!"

《浮士德》插图

虚无论之说如此,吾人可以驳诘之乎?吾人可以使彼自承其误乎?曰:不能。使吾人告以彼之感觉,胡异于人,则彼将曰:"余之感觉,诚异于诸君。诸君虽见有所谓义务感情若理想,而余则无所见,且余亦欲见之也。"使吾人欲揭其短,谓徒顾目前之快乐者,可鄙也,彼将曰:"不然。余以为无实行所欲之勇,徇空想而自谢目前之快乐者,乃诚卑劣耳。"此等强词,于论理界殆无可攻

《红字》插图

霍桑的小说《红字》写了一个道貌岸然、行为卑鄙的神甫,他在被自己引诱的少妇示众受辱时,也良心发现了。

丙辑 伦理学原理

击,故吾人不能使彼自承其谬。欲使彼自承其谬,必彼我之间,于生活价值,有感觉相同之点;无之,则一切辩论,皆无益也;不惟无益,且使彼坚信其说。雅里士多德勒尝曰:"吾人于各问题、各学说,不必评议也。惟见其有矛盾之点,可令自承其谬者,则攻击之;否则徒辩而已,余所不取也。"足以箴今日学者好辩之风矣。

虚无论之说,不能以论理驳诘之,然果可以实行之乎?抑人类中果有专顾目前情欲之人乎?恐虚无论者之作此空想,乃彼误解自己,并误解其意志。彼之所说,乃非其所欲。彼于直情径行以外,常有自保其生之欲望,彼于观念界亦有自保之冲动,彼亦不能自脱于其所斥为虚饰虚伪者。彼自以其感觉毫不受影响于世界之风俗习惯,若义务感情,而实不然,彼时而有良心发见之时,在彼亦当自惊。吾人虽不能以言论之力,使彼有义务感情之觉悟,然而彼固于不知不识之间,自有之矣。

吾人不能闭彼虚无论者之口,使自承其误,犹之不认有日者,吾人势亦不能以论理觉悟之。然而日之光明,尽人皆见也,虚无论亦然。病热者恒见幻象,吾人不能使彼自知为幻;病狂者恒有错乱之观念,吾人亦不能使彼自知为错乱,以其病热、病狂故也。为人类学、人种学者,见彼奉虚无论为人生圭臬者,固已得其真相,曰:"彼乃欠一人类应具之机关,而欠此机关之人,其沉沦堕落,大率如是。"良心者,诚人类最重要之机关哉?且更进而研究之,则此等畸废之精神,恒与畸废之冲动相因而生。如沉湎酒色之癖,每与感情及意志之错乱相随,或且为其原因,是也。此等精神畸废,类皆抱厌世之想,或不免于自杀;其有不本于先天而仅为知力错乱之结果者,或不至若是其甚焉。

八 义务语意之范围

关于义务观念者，尚有一二疑问，如有功之行为何谓耶？人类得为义务以上之事耶？义务所许可之行为何谓耶？义务所不命令亦不禁止之行为，将无所谓善，亦无所谓恶耶？人果有对于己之义务耶？凡此等疑问，关于事实者少，而关于词义者多，区别其词义之广狭，而昭然若发矇矣。

义务观念，以最狭之义言之，则吾人对于他人主张之权利，而定其当为及不为，如偿债、践约及勿偷盗、勿诈伪是也。至其济人之急，成人之美，则在义务以上，以其出于自由之意志，初非如前者之有所谓责任也。以此义言之，则无所谓对于自己之义务矣。

以义务之广义言之，则凡与风俗习惯及道德律一致之生活及行为，皆谓之义务。如有人揖我而问途，而吾不之告，是即违义务者。盖义务观念中，固有亲爱同胞之命令也，若乃履危蹈险，舍身以拯人，则在义务以上，为之则为有功，不为之亦无损于义务，盖圣贤豪杰之所为也。以此广义言之，吾人得有对于自己之义务，发达自己之能力是也。人若以疏忽之故而弱其身体，又或以懈怠放荡之故而伤其精神之能力，是亦违义务者。然义务之责人，乃有一程度，所行者在此程度以上，即为有功。于是义务许可行为之概念，亦可定：虽有当务之职分，与尽其职分之能力，而偷安而不之为，非义务所禁也；又如人虽别有当购之物品，而以佚乐之故，耗其金钱，此亦非义务所禁也。要之在寻常德行之范围中，小有出入，固为义务所许容焉。

以最广之义言之，则行为之被许容者与有功者，皆无自而区别。如基督教徒之责其子弟曰："汝当完全其道德，如在天之父然。"彼等决不能轶此要求以上，是以神之前无所谓功绩，履行一切命令者，亦曰余尽义务而已，而人类终不能抵清净无垢之域，虽在圣人，亦且曰余不过无功之仆隶焉。

第六章 利己主义及利他主义

一 利己主义与利他主义非截然相冲突者

所谓利己者，行为之动机，系于己之利害者也；所谓利他者，行为之动机，系于他人之利害者也。大抵道德论者，多以此二种动机为凿枘不相容，故以为种种行为，非出于利己心者，必系于利他；而非出于利他心者，必属于利己，因是而演为二种相反之道德原理焉。利他主义之原理曰：行为之有道德价值者，在其动机之纯然利他者也；利己主义之原理曰：以一己之安宁为种种行为之鹄的，不但不当禁止，而实为道德界不可不然之事。

始用利他之义之名者为**孔德**（Comte），其意即如此。其主张至高之利他主义者为叔本华，叔本华之言曰："凡行为必有动机，动机者，非利即害；利害者，非关于己，即关于他人。凡动机关于他人之利害者，其行为始有道德之价值。故道德价值者，生于利人悦人之行为，否则其动机在一己之利害，则全为利己之行为，而无道德之价值。至于害人以利己者，则谓之恶而已矣。"（见叔

孔 德（1798~1857），法国实证主义哲学家、社会学家，西方社会学的创始人。著有《实证哲学教程》《实证政治体系》《主观的综合》等。

孔德像

丙辑 伦理学原理

本华所著《道德原理》十六页。)

与叔本华派之至高利他主义相对者，为至高之利己主义。至高之利己主义，常因反动而偶现。如尼采晚年之见解，盖近之，此即叔本华利他主义之反动也。且叔本华所抱之感情，本有倾于利己主义之趋势，彼尝轻蔑平人而崇拜天才，谓人类所以有价值者，在少数之天才，而世人皆其作用也，势必因而有至高之贵族性利己道德，如尼采所唱者矣。然而又有平民性之利己道德，则如霍布斯及斯宾那莎二氏之说盖近之，其言曰："人各图自存而已，是自然之秩序，而亦道德之秩序也。人各以其正当之幸福为鹄的，是即正当之行为，而道德之要求，亦尽于此矣。人各自得其幸福，即所以助他人之安宁。盖人人正当之利害，固彼此相和，而殊途同归者也。"

至高之利己主义，其于论理界尚无所谓矛盾，且人人纯持利己主义而行之社会，尚为吾辈所能想象；人人纯持利他主义而行之社会，则直非吾辈所能想象矣。且如经济社会，以契约若卖买为基本，利己主义之原理，间有因之而实现者，盖经济社会中人，各以己之利害为鹄的，集同此鹄的之人，而后乃有此社会也。若粹然之利他主义实行，则人人各注意于他人之利害，而于己无与，社会将有土崩瓦解之势，其为不可行也至明。而粹然之利己主义，其不可行也亦然，盖基本于利己主义之社会，虽若可以想象之，而非人之心理所能实现也。即如经济社会，虽注意于自己之利害，然而感情之影响，礼仪之离合，他人位置之关系，一己良心之劝阻，种种动机，尝迭出而障碍之。人类果能仅有一利己之动机，而悉去其他之动机乎？果能舍皮相之利益，而择取正当之利益乎？眩于目前之利益，而失正当之利益，果吾人所能免乎？以争自利为帜，吾恐社会之无自而维持也。况休戚相通，若父子夫妇之关系者，非以利他感情而基本，呜乎能哉！母以利己之故而育子，若亦非必不可有之事，而实际乃不可得，所谓母子利福无不一致者，亦不过词义范围之关系而已。凡吾人以关于他人利害之感情为利他感情，所以别之于利己之感情也。而论者或曰："利他之感情，亦我之感情也，故亦得属之于利己之动机，而一切动机，皆为利己者。盖吾人之行为，皆由我之意志及感情之发动而决定，初未有以他人之意志及感情决定之者也。"虽然，是说也，仍不足以调和利己、利他之两种感情也。盖如彼之说，则所谓利己之意志发动，乃遂不能无直接利己与间接利己之区别，而间接利己者，犹是利他之意志发动也。是故吾人得决言之曰：无利他之意志冲动，则人生亦无自而成立，犹之无利己之意志冲动也，小而一人，大而社会，非兼此二者，殆不足以遂其生活焉。粹然之利他主义，与粹然之利己主义，皆谬误之道德原理也，悉本于谬误之人类学。彼等皆以古昔理论之**各人主义**为前提，以为人者，各以绝对之独立而生存，其与他人交际者，偶然耳。而人与人之交际，非利己则利他，持利他论者曰：利他之行为，道德也，其他或无善无恶，或为恶。利己者反之，曰：凡一人与他人之关系，皆求遂其己之利益而已。边沁于所著**《立法原理》**之卷端，记一种直觉，即此二主义之基本也，其言曰："社会者，由各人集合而成之想象团体，各人者，其会员也。"此等直觉，自十八世纪之季，德人已皆唾弃之。盖国民非想象之团体，而各人亦非想象之会员。国民者，实际联合而生存，其与各人之关系，犹躯干之于四肢，四肢由躯干发生，其有生命也，由于躯体之有生命也；各人由国民而发生，其有生命、有动作也，亦由于国民之有生命也。各人为国民之一员而动作，其所言，则国语也；其所抱，则国民之思想也，其所感所欲，则国民之感情及欲望也，而国民之所以存立，则亦由各人生殖及教育之作用，此各人与社会之关系之在于客观界者也。及其现于各人之主观界，若意志，若感情，则遂不复有自他之区别，此吾人所亲历也。惟道德哲学者不承认之，而乃有粹然之利己主义与粹然之利他主义，各不相容，要亦违于事实之谬见而已。征之实际，凡人皆未有单纯主义之行为，而其行为之动机及效果，常徘徊于利己、利他二者之间，而其畛域亦稍稍泯灭矣。

各人主义，即个人主义，又称利己主义。以个人私利为根本出发点和归宿的思想体系和道德原则。

《立法原理》，即《道德与立法原理》的简称。

二　以行为之效果核之

人之行为，能无影响于一己及他人之生活者，未之有也。故吾人考察一切之行为而判断之，势不能不于人我之幸福，皆有所注意。知昔人所谓对己义务、对人义务之区别，决非正当之部类也，背于对人之义务者，决不足以为对己之义务；背于对己之义务者，亦决不足以为对人之义务。

自卫其生，若粹然利己者，然稍稍考察之，则知一身之健康，不徒一己之关系而已。一切障碍，恒由其发生之所，而播影响于四方。凡不慎于卫生而致疾者，一家恒受其影响，至其身罹重疾，则不但家族悉为之戚戚，而生财必损，糜费必增，人人悉被其累，而其人本有职业，则必以疾病之故，使其同僚于自尽其职以外，又为之分任其劳。然则人之康强无疾，而足以任职者，其利益于人，不已多乎？是故余甚赞成斯宾那莎之说，谓自保其身，即人生第一之基本义务也。苟人人本于理性之爱心，较今为深，则人生之苦痛，将去其强半；人人无沉湎酒色之失。则人生之不幸，殆十失其九矣，其于生计界也亦然。经商殖货，似以利己，然而职务之勤勉，家政之整理，皆由是而生，是亦对于他人之义务也。其直接之效果，在家业之昌荣，子女教育之良善，而乡党国家，咸享其利益。国民之繁盛，必以各家族之繁盛为基也，否则放荡无艺，奢侈无度，不特害于尔身，而且凶于尔家。其陋劣之习惯，孱弱之体质，数代遗传，不复可改，驯致败坏风俗，流毒全国，其影响顾不大欤！

于是吾人得断言之曰：人之品性行为，有裨于一己之康健者，即有裨于社会之进步；有碍于一己之康健者，即亦关于社会之退化。即斯宾那莎所谓"吾人当以利己者利人"是也，而转而求之，则凡裨益社会之公德，实行之者必足以增一己之安宁，而违背之者亦适足为一己之障碍，盖无疑矣。

发展社会公德之区域，以家庭生活为最重要，人类之中，以家族生活，包容其对人之义务者，殆占多数。人之行为品性，凡能增家族之幸福者，皆于一己有至良之效果，固不待言。而善教子女，尤两亲最大幸福之源泉；不善教育者之恶果，亦视不尽他种义务者为尤烈焉。吾人通例，以生计界之公正为对于他人之义务，而实亦对己之义务，有多数俚谚足以证之，社会中亦常于不知不觉间作如是观矣。此等观察之合于真理，虽不能以统计学证明之，而得以心理学证明之也。觊不义之财者，常足杀其正直营业之性质，然恃诈伪以自存，则无论何时，皆濒危险也。由正当之职业而获利，足以自增幸福，若由偷盗而得之，则不足重。如曰不然，则虽仅仅为一次之偷盗，又能不浪费而保存之者，何以人人仍目为不义之财耶？全社会之是非褒贬，恒关系于各人一切之行为，人即一时幸遁之，而积久

马皇后

明太祖朱元璋皇后马秀英，一生躬行节俭，且有胆有识，助夫建业。

第六章　利己主义及利他主义

则终有受其裁判之一日。古今以秘密之行为而得幸福之效果者,未之有也。人皆知谨慎、公正、温良为对人之义务,然此即自求多福之道。人尝能推己及人,使亲戚朋友皆得平和福祉,则其平和福祉之先,必反射于己;而以傲慢、猜忌、狡狯、狞恶之行为,贻苦痛于人者,其苦痛之反射也亦然,由是观之,对人之义务与对己之义务,决非截然分立者。一身之安宁,与家族、社会、国家,互相错综,能自尽其义务者,即以增社会之安宁,而为社会尽义务者,亦即以增自己之安宁焉。

三　以行为之动机核之

吾既即行为之效果,求其利己、利他之区别而不可得矣,吾再以行为之动机求之,而其不可得也如故。盖一行为,非起于一动机,物理界之运动,常有多许之因缘;意志之决定,亦有多许之动机也。一行为之起也,其所以结合而为之原因者,有本于固有之意向者焉,有本于临时之事状者焉。人之意向，或关于性质，或关于生活，其因已多，而临时事状，又包有直接、间接之请求、怂恿、谏止、赏誉、诽讥之属，则尤复杂矣。为农夫者，耕耘获积，穷年而不倦，由于利己之动机耶？抑由于利他之动机耶？此无谓之问也，使吾辈问农夫曰："汝之勤于田园也，为己乎？为人乎？"彼将以问者为妄诞，否则将答曰："不如是，则田园将芜也。"曰："田园何以不可芜？"则曰："是农夫之耻也。"彼其所以治其家者亦然。自伦理学者考察之，则知农夫之勤于田园以益井里，教其子弟以助国家，悉出于彼之所自愿，彼又务增进其生计界之动力，使必举彼之行为而区别之，若者为己，若者为人，则竟有所不能。要之种种行为，均为己而亦为人，合有意识及无意识之鹄的为总量而决定之者也，凡举各种行为而别之曰若者为己，若者为家族，若者为社会，是与计快乐之数量者同，皆伦理学家误以概念之区别为事实之区别者也。

其在学者及美术家、政治家，何如乎？凡学者当其七十生日若其他令节，其世人所以颂祝之者必曰："是人者，为国民若人类之幸福而尽力者也。"而其人抑或以此自表，如**伏尔弗**（Wolff）自序其所著之书曰"吾爱人类，吾书皆为利人而作"云云之类是也。夫伏尔弗之言，余非不信，然吾抑不知彼著书之初，固尝先提一人类幸福之问题，次则计划其何以利人类者，乃始发见其所谓理性之思想，而后执笔而书之耶，是不能无疑。吾意伏尔弗必先得一问题，而务欲明辨之；继则既得明晰之思想，而欲以笔达之。于是时也，时而思透彻其论，以邀读者之激赏，学术杂志之表彰，抵制反对者之攻击，其愉快为何如；时而思尽力发挥真理，则得使利益人类之认识，益高其价值，因而成此多种之著作也，夫由此种种之希望而著书，其所著之书之价值，并不因之而贬损。至于专为利人之鹄的而著书者，亦不必无远劣于好名者之所著也。叔本华者，素不措意于他人之利害者也，其著书也，皆欲泄其所窥见之大秘密，而公之于世，未有以利人为鹄的者。彼之著作，如诗人之行吟，美术家之奏技，自实现其精神界之秘

《歌德谈话录》中译本书影

伏尔弗（1679~1754），今通译沃尔夫，德国哲学家、数学家。著有《关于人类理解能力的理性思想》《关于上帝、宇宙和灵魂的理性思想》、《经验心理学》、《理性心理学》等。

第六章 利己主义及利他主义

妙而已。夫使世界有我而无他，则一切著作，诚皆无谓。无听者则演说家必不启口，无读诗者而诗人文士或未必下笔，然当其经营之始，固不必专为他人设想也。格代尝语**伊克曼**（Eckermann）曰："余未尝以著述家之责任自绳，如何而为人所喜，如何而于人有益，余所不顾也。余惟精进不已，务高尚余之人格，而表彰余所见到之真若善而已矣。"

英雄之致身者亦然，**留尼达士**（Leouidas，斯巴达王，纪元前四九一至前四八〇年）率其队与波斯大军力战而死之，其动机为利己乎，为利他乎，是亦无谓之问。而强欲分其所不可分者也，彼为祖国而战，固无待言。然祖国者，彼之祖国，而非异邦人之祖国也。如曰彼为其名誉而战死，然彼之名誉，非即斯巴达之名誉耶？吾人尚能强以利己、利他之名区别之耶？于是吾人得为之论曰："凡致身者，亦所以自存也，所以存其观念之己也。彼之不惜以生命为牺牲，乃欲存其大于生命、高于生命之己也。"消极之自杀，无关于自存，不得谓之致身。凡所谓致身者，皆含有利己之元素者也，所谓舍己殉人者，矛盾之言耳。致身者无不图自存，其所以舍财产若生命而不顾，则以其所保有大于此焉者也。反之而小人有以货利之故而卖其朋友若名誉若祖国者，彼固非有恶于朋友、名誉、祖国，特以贪货利而为之。故君子、小人之别，在其所见之幸福高下如何，而人格之高下随之，盖观其所见幸福之价值，而得以定其最深之意向矣。

物理学者，尝言宇宙间无一孤立之点，物质世界之各原质，皆与他原质互相影响。道德世界亦然，各人之行为，必有影响于全道德界，而全道德界之现象，亦必反映于各人之行为。全道德界之现象，势不能究竟其效果而证明之，亦犹物理世界，不能究竟一运动之效果也。一岩石之落，似不足以动地球之重心，而必非无所动；一人对于烟草若咖啡之好恶，似与烟草、咖啡全体之贸易，无甚损益，而决不能无损益，且于全世界之农业及生计，皆有影响也，一人于一行为、一美术、一思想、一言语之好恶，若与全国民之风俗、美术、思想、言语，无甚变动，而决不然。凡事实，一切现象，皆互相关联。无论何人，于他人之行为，不能毫无系属，其见闻他人行事也，辄判断之，或以为善，或以为恶，而一切判断之效果，即为对于一切行为而助进之或阻碍之舆论。盖人人以为他人行为皆与己有直接关系，而或推之或挽之焉。

然则为利己主义、利他主义之区别者，果无谓之至耶？行为之动机，果全无差别,可被以利己若利他之名者耶?

曰:"否",余意非谓此也,吾人所遇之事,己之利害与他人之利害相冲突,或近似于冲突者,盖往往有之。于此时也,非损人以益己,则必屈己以利人,此其大有关系于道德之价值也无疑。虽然,人我利害之冲突,利己、利他两动机之矛盾,非正则而变则也。以正则言之,利己、利他之两动机,固一致矣,生存之道,非如多数伦理学者所说,物竞日烈,终无平和之一日。盖人人虽未能骤脱于物竞之范围,固已有多数之人,不待为激烈之竞争,而能生存者。处健康之家族,厕秩序之社会,尽正则之职务,则所经验者,大率人己两利之道,鲜有迫于非损己不能利人之境者焉。

四 道德之判断

以道德律判断之,凡损己利人者,无论情事如何,皆为义务耶?或本非义务而可为盛德耶?叔本华之见解盖如此,而世人普通之说亦然。盖言语之习惯,固若以利己之与恶,利人之与善,其义从同矣。然吾人试详察之,则其事固非可以片言折之者。一切行为,出于利他之冲动者,果实际为人耶?具利他之鹄的者,其果有利他之效果耶?世固有以利人为帜,而其实乃贻害于人者;其意固亲切于人,而受其影响者,转沦于伤残腐败之境。不智者之善,非善而实害,犹是自然冲动之未经陶冶者耳。**莎士比**(Shakespeare)于其所著**《梯蒙》**(Timon von Yulia)剧本中,力写无识而好善者之恶果,殆无遗蕴。是故仅仅利他之性癖而已在道德律未足以为善,况专以此为善耶!

更进而求之,为损己利人之行,而果有利于人,则无论其事如何,不能不谓之善,谓之义务矣。虽然,吾人其以他人小利之故而弃吾重大之利益耶?欲塞病者至小之希望,或少杀其病势,遂牺牲吾之财产若健康若生命,以供之耶?是义务耶?是即非义务而尚为盛德耶?且吾人其当牺牲吾亲子兄弟之利益,以充他

莎士比(1564~1616),今通译莎士比亚,英国戏剧家、诗人。著有《哈姆莱特》、《威尼斯商人》、《维纳斯与阿多尼斯》等。有《莎士比亚全集》传世。

《梯蒙》,今通译《雅典的泰门》(Timon of Athens),为莎士比亚的最后一部悲剧。

《雅典的泰门》中译本书影

人之希望耶？平心而论者，必曰"否"，父子兄弟与我之关系，视他人为密切，吾以徇他人希望之故而损吾父子兄弟之安宁，是非特不合于义务，而反背之也。是故人仅仅能牺牲其性癖若利益而已，未足以为善；必其能以此而增进他人重要之利益，乃为善耳。牺牲其身以救他人之生命，以殉国民之公益，是为大善；不能自制其欲，因而陷他人于不幸，则恶也。

然则道德界善恶之判断，以其鹄的之在客观者之关系为基本，吾人本是定利己、利他两义取舍之标准，将曰"无论我利、他利，常先其大者而后其小者"乎？凡功利论之以社会之利益为鹄的者，皆用之，以最大多数之最大幸福为绝对之鹄的，种种行为，皆视其客观界之价值，而以其所生幸福之量计之：凡损己之事，苟其所益于人者视所损为大，则必行之；其或所益于人者小于所损，则不必行之。

然吾人欲以是为普通之标准，则尚当更狭其规定，以免误解。盖吾人所当先致意者，幸福若安宁，非若货币之可以把握而授受者也。幸福者，动力之效果，吾人当自以勤劳得之，而非他人所能赠馈者，他人惟能自其左右贻以相当之助力而已。是故普通之标准，决非可以简单之式示之；而所谓吾人之行为，必如何而能得最大数之最大利益，亦非吾人之所能决算。吾人惟能无所踌躇而断行道德之行为而已，是非取决于客观界利害之量，而取决于鹄的之自然秩序也。余之义务，以余职务地位之所属者为第一，由余与他人特别之关系而生者次之，由余与他人因偶然之关系而生者又次之。若后者之利害，视前二者为重大，则余当自离于重心之己，而特别为之尽力——此吾人于事实界所易决者也，譬之人之以他人之环列其周者，为有向心力之众球，则视其去我中心点之距离，而定其动力所及之率，此物理器械学之规则也。其所以不能不如此者，则以种种利害，使皆以客观界之全量影响于吾人，则吾人中心点之本质，必为之崩解，而吾人之一切行为，亦崩解而无效矣。故一切助力之效果，悉视助者与被助者之距离，而减损其比例焉。

夫吾人之于利害，非必无舍近而就远者。为国家之生存及自由而舍其身，为正义、真理而舍其家，固吾人所不辞，且吾人亦尝赞成撒马里亚人能不顾其一身之利害而救其见捕于贼之邻人，盖是时，自彼以外，固未有能救之者也。惟以常例言之，则终以先近而后远为准，"慈善者自家庭始"，此英人最善之俚谚也。

五 进化论伦理学说与利己利他两主义之关系

论者或曰：基本于进化论之伦理学，不足以说明社会之道德，盖自然淘汰者，能使人养成强大、敏捷、顽忍诸德，以为一己趋利而避害，决非以克己之德教之，况牺牲其身耶！凡人必无所顾忌，则足以自利，而力益强。自然淘汰者，所以发展如此之模型者也，因而进化论之伦理学说，亦不能不赞成之而提倡之。充其义，必将以无所顾忌之利己主义，为自保存、自发展而达于圆满之道矣。

余答曰：否。使人类能孤立自存，则是说或然；然人类之所以生存者，非恃有社会及国家乎？肉食之兽，孤立而能生，故其生活形式之发展，或如论者所言。然人类所以占优势于生物界，而毒虫猛兽不能为害者，全恃其有结合社会互相维持之能力，若言语、若悟性、若器械之发明，皆属焉，凡合群力以达一共同之鹄的，其力莫大，由是而爱群性遂为自存之要素，因而演为各种性质，如信义、友悌及牺牲私利以徇公益之类，皆是也。即此种种性质，而求其最固最深之根据，则即在服从社会、亲爱同胞之性质，故能实行社会之道德，而不为自然所淘汰，且争存于各民族间，而特占优胜也。盖人类最险之敌，即人类。故一民族与他民族竞争益烈，则一族中之结合益固，而贪诈怯惰之弊益摈；及其与他族息争而言和也，则内部之统一，渐趋于弛缓矣。平和之时代，人往往有侵侮同胞，以图其小己之自由若利益者。在抵抗异族之时，此等性癖，无自而发生；即有发生者，亦未几而抑制之，在文化之初期，人类爱群性最强，各人皆仅为民族若都市之一分子，而并无独立之人格，否则不足以自存，故如忠义、信实、勇敢诸道德，尤为往昔**英雄时代**所最重也。

吾侪于此，不能不一核斯宾塞尔利己冲动益减、利他冲动益增之说，其言曰："人类益进化，则其性情渐与交际之生涯相惬，而战争之祸，与年俱减。且人类战争之本能，亦与年递减，而以交际之本能代之。于是战争之形式，悉为平和交际之形式所制压矣。"斯宾塞尔盖以生物学之所证明，凡生物对于其子孙之注意，益广其范围，则其为生育子孙之故，而牺

英雄时代，又称荷马时代，指公元前11～前9世纪古代希腊氏族制度解体的历史阶段。因反映该时期社会情况的主要史料是《荷马史诗》，故称荷马时代。又因史诗描述的是神话中英雄的故事，又称英雄时代。

> 牲其一身之精力若寿命者，乃益缩其范围。故由是而演绎之，且预期之曰："利他主义益发达，则对于他人幸福，亦为其须臾不可离之快乐；而下等利己之快乐，益为此高等利己之快乐所抑制。而且其时一切自然界之缺陷，必已随文化之进步而益减，而所谓利他主义者，至不必有怜悯恻怛之状，与牺牲其身之行为，而悉为同情欢喜之态。同情欢喜者，无损于己而可得，亦利己之快乐也。"斯宾塞尔既以人类快于利他之兴味，将若是其大，则亦自虑其说之过甚，而又以下说调停之曰："人皆知他人亦欲得此欢喜，而且知他人各有得此欢喜之能力，则各循其自然，而不至追求过甚焉。"

> 斯宾塞尔为此说而又附记之曰："吾为此说，不冀名为基督徒，而实为异教徒者所赞成。虽然，余今者不能避异教徒之呵而曲从其说。"

> 斯宾塞尔以过去之进化史为基，而设想未来之世界，然其过去之迹，不免有以挟偏见之故而忽视之者，即战争与社会之关系是也。战争者，对于外部而发展其敌对之本能，亦即对于内界而发展其交际之本能。战争稀，则战争之本能，固为之弱，而内部结合之势力，亦为之渐弛。斯宾塞尔所述之进化史，交际益繁，则战争益减，其事诚确。吾人固早已异于美洲土人之手不释兵，而商工业之竞争，乃日益激烈。盖生活状态，既已改变，则人之性质，渐与相应，本自然之理，人类固由是而益习惯于共同之动作矣。二千年前，与**马利古斯**（Marius）及**该撒**（Cäsar）战争之日耳曼人，自不如其今日之子孙之习于商工，然吾人不能以此等之习惯，与利他感情之发达，并为一谈也。人类即未有互相亲爱之情，而仅为利己感情所驱迫，亦将循秩序而共事。如今之商工社会，相疑相嫉之情，远多于畴昔之农夫是已。畴昔德国之农业，业主与佃人，无联合，无诈欺，不行险侥幸，不倾轧同类，一家财政，鲜有与他家相关者；及通力合作之制，日益复杂，而互相轧轹之点日多。试问今日种种社会，其轧轹最甚者，何在乎？官吏乎，教员乎，僧侣乎？抑又农夫乎，兵卒乎？是人人所能答也。此其故，由商工社会，远不如农民之质朴，一方面虽若增其友睦信任之状，而一方面乃增其嫉妒猜忌之心也。

> 斯宾塞尔之说，以家族关系之发达为论据。余以为家族之关系，亦向两方面而发展。当今之世，恒有不和之家

马利古斯（前157~前86），今通译马略，古罗马军事家、政治家。推行以雇佣兵制取代公民兵制为主要内容的改革。

该撒（约前102~前44），今通译恺撒，古罗马政治家、军事家。著有《高卢战记》、《内战札记》。

恺撒塑像

族，为古人所不及料者。盖自各人之特性，日渐显者，则彼此好恶憎爱之情，亦日益剧烈，此自然之理也。观夫山野群居之禽兽，平和度日，远胜人类，则思过半矣。

国际亦然，文明之国民，以平和为常，而战争为变，野蛮之人反是；文明之国民，以战争为进化之阻力，而野蛮之人，则视之若游戏然。夫战争固可弭乎？斯宾塞尔则固预言之。然一国民固能不萌侵略他国民之思想乎？吾恐国界不泯，则互相侵略之思想，必与此终古。如曰国界终有泯灭之一日，则时局大变，将有何等新历史，何等新生活，亦无烦吾人今日之豫为筹议焉。或曰：斯宾塞尔之未来乐天说，诚属梦想；然其说即有谬误，抑岂非有益于人生之谬误耶？盖推斯宾塞尔之意，在激励人类，使为未来之世界致力，固人人所信也。夫未来世界之理想，于人类之感情及行为，不能大有影响。其或闻而信者，盖亦有之，然或不免因是而生他种之效果，即误视过去及现在之世界而憎恶之。此则斯宾塞尔立言之过也，斯宾塞尔以生物学之综合为公例，而于人类历史中复杂之事实，不免有所遗忘；又彼既挟未来乐天说之成见，则不能平心以判过去，此其所短也。夫未来世界，即使其最高尚之幸福若道德，而过去之人类，并不因是而失其所谓幸福道德也。彼等之生涯，不特最宜于彼等，而尤为人类进化所必不可少之状态。此其状态之不失为有价值，亦犹人类于幼稚时期，以嬉戏为乐者，亦不失为有价值之时期也。夫商工之模范，固有其幸福，有其可崇拜者；战争之模范亦然。意者若**亚希尔**（Achilles，希腊之英雄，以勇闻）、**亚历山大**（Alexander）之流，当商工业极盛之时代，尚有崇拜之者乎？抑仅仅人类未脱猛兽性质之时，相与崇拜之乎？要之猛兽必为猛兽所崇拜，则确然矣。

亚希尔，今通译阿喀琉斯，《荷马史诗》中的英雄。

亚历山大（前356~前323），古代马其顿国王，世界古代史上著名的军事家和政治家。

第七章 道德及幸福

余前者既言及道德及幸福之关系矣，兹更当详言其理，而由两方面考察之：一曰道德之影响于幸福者，二曰幸福之影响于性格者。

一 论道德之影响于幸福者

善者得福，恶者受祸，是一切国民所据为第一原理，以为考察道德界一切事物之根本者也。此等确信，由彼等生活经验之结论，而常表之于俚谚之中。**斯弥得**（L.Schmidt）所著《希腊伦理学》第一，凡希腊人之俚谚及文词，关于此义者，网罗无遗，且为之序曰："人类之运命，至公至正，善人受赏，恶人受罚，此希腊人最确实之信仰也。"斯弥得谓和美耳（Homer）之诗，已以此义为主旨，嗣是以后，是等思想，遂为希腊著诗述史者之根本问题。彼等以为此等正义之实行，即人类运命受治于神之确证也。凡神虽亦有喜怒哀乐之情，一如人类，而由其全体言之，则确为正义道德之保护者。神于犯罪者，破契约者，背君父者，不善遇宾客者，皆罚之；于杀人者死之。其应报固有迟迟者，或且有施之于其子孙者，其后由东方输入轮回转生、死后裁判诸说，则且谓其应报有施之于来世者。然要之，犯罪者无论如何，决不能免于刑罚而已，神之爱善人也，务使其身及其家，无遇不幸，无犯罪恶，而以幸福终其生。希腊语所谓"见爱于神"者，即指敬神而爱人之人也。

《旧约全书》中之《诗篇》及《记事》，亦以此等直觉为其根本之思想，其记事诸篇，皆谓天神甄别各人及各国民之行为，而示其赏罚；其诗篇之所赞赏，则皆正义诚笃及最深之信仰也。

斯弥得（生平不详），今通译施密特，19世纪德国哲学家，著有《希腊伦理学》。

丙辑 伦理学原理

神之于服从神命者，决不忘之，虽其子孙，犹贻以多福。正直者虽时亦不免困厄，而神必不以此而坠落之，或转以其困厄为幸福之媒介也。而不信神者，则必不免于坠落若覆亡。

由此等直觉之学理而进化，是为希腊道德哲学之内容。彼等不惟以是为出于偶然之神意而已，乃谓一切事物之性质，皆有道德与幸福相结合之力。然其幸福之概念，偏注于内界之性质，盖谓德行直接之效果，不必在外界之幸福，而在内界之幸福，即所谓内界之平和也。外界之幸福，不必为仁人君子所必得，而要其德行，固已有吸收外界幸福之力。且即使外界之幸福，不必为仁人君子所必得，而要其德行，固已有吸收外界幸福之力。且即使外界之幸福，终不可得，而内界之幸福，则固可操券矣。此等原理，即近世伦理学之大势，亦与之符同。若霍布斯、若斯宾那莎、若拉比尼都、若伏尔弗、若昔弗脱布里（Chaftesbury）、若谦谟，皆从事于正义安宁互相因应之证明者也。然则近世之伦理，亦以正义自生幸福、不义自生不幸之主旨为其中心点。德也，安宁也，名誉也，内界之平和也，一类也；不德也，不幸也，耻辱也，内界之阢陧也，亦一类也。无论何时何地，德与内界之平和，不德与内界之阢陧，未有不相与结合者。惟安宁名誉之于德，耻辱不幸之与不德，则未必如响斯应耳。

持此见解以论道德及幸福之关系者，所谓乐天主义也；反对之者，则为厌世主义，持厌世主义者，谓恶人常享幸福，而善人常陷于不幸。检各国民之文学俚谚，而求其反对于福善祸淫之证据，诚亦不难。盖常有小人，习行其侮弱媚强之诡计，而因以攫取富贵者，《狡狐小说》（原名 Reineke Fuchs，其曰 Fuchs 者，狐也；Reineke 者，此狐之名也），格代所许为通俗之圣经者也，其中亦含此义。暴威之代表者，狮也；诡谲之代表者，狐也，是为君及大臣。其他正直之羊，驯良之兔，素野之熊，朴讷之狼，则皆在下位，《新约全书》亦承认此义者也。正直者不可不为正义及

《旧约全书》书影

谦谟（1711~1776），今通译休谟，英国哲学家、历史学家、经济学家。著有《人性论》、《道德和政治论说文集》、《人类理解研究》、《道德原理探究》、《宗教的自然史》、《自然宗教对话录》等。

《狡狐小说》，今通译《列那狐传奇》，中世纪法国民间讽刺叙事诗的代表作之一，它歌颂了一个充满智谋的恶棍的故事。

《列那狐传奇》插图

真理而尝艰苦，是为古代基督教之根本主义，凡基督教徒，皆不可不如其祖师基督之备受屈辱凌虐而不悔焉。

乐天主义与厌世主义孰是，将厌世者是而乐天者非乎？余以为不然。

凡各人各国民所持厌世之思想，在乐天主义中，固有说以调和之。夫吾人诚不能谓善人必无遇外界之不幸者，如慎于卫生者，间或寝疾，而习于纵欲者，或反健康；君子固穷，而小人得志；忠荩之臣，恒为君主所憎疾，而便佞者则宠禄及之——此诚人世所不免，然此等事状，恒使世人异常注意，而为之不平，岂非明示其不合于普通之规则，而当为变例耶？凡以轻薄纵恣之故，而夭逝其身者，人皆以常事视之，曰"是固然"；然使以守义持正之故，而遭际困厄，甚而至于死亡，则人无不叹天道之难知者，贤者进，不肖者退，人皆习以为常；至如素行不轨而忽致巨富，则人将永以为口实，是岂非人世之常态耶？

凡变则者，足以证明正则之可据者也。前举各例，使非反于自然之理，则人亦何由而哓哓耶！求利者以诈伪，不如正直；求友者以诡谲，不如恳笃。要之有德者必有幸福，而不德者必陷于不幸之正则，固不以偶有变则而摇动也。

丙辑　伦理学原理

善善恶恶，正则也，而亦有变例，如恶人之恶直而丑正是也。淫奔之女，遇贞淑者而恶之，彼以为世有贞淑之女，而淫奔者遂为世人所诟病，故多方以谗诬之、构陷之，必使陷于污辱而后已，彼固以为非辱人则不足以荣己，是即恶人所具陷人为恶之冲动也。他如谄谀者、忌克者之恶正人君子也，皆然，彼自以为受正人君子之弹斥，而因而为世所鄙夷焉尔。

故无论何时何地，苟有一社会焉，为奸佞者所把持，则其间正人君子，必不为人所敬爱，而后受轻蔑凌暴之待遇。然而奸佞之徒，势不免互相冲突。举全社会为怨毒之府，而土崩瓦解之势成矣。**希西亚若**（Hesiod）之诗，有寄其厌世之思想者，尝预写社会崩解之状曰：父子不相爱，宾主不相敬，朋友不相信，兄弟不相亲，子长则骂詈其父母而凌侮之，不畏神罚，不守盟誓，而破坏他人之都府，行义守道者见鄙，而小人见重于世，权利悉为豪强者所占，而礼让者无与，奸谲之徒陷害正人，举一世而为凌辱、憎怨、嫉妒之府焉，是诚善为希腊人写地狱之变相观于此，而基督教中，人生道德之见解，亦可知已。古代基督教徒现世之概念，殆与希西亚若所写者同，试读其《罗马书》而以希腊、罗马之世态比较之乎，彼《罗马书》第一章之言曰："一切恶德，若不义、若邪慝、若贪婪、若暴狠、若妒忌、若凶杀、若争斗、若诡谲、若刻薄、若谗害、若毁谤、若怨神、若狎侮、若傲慢、若矜夸、若矫诈、若不孝父母、若凶顽无信、若不情、若不慈，是皆神之法律所谓行之者必死者也。彼等既知之而犹行之，且不惟自行之而又喜人之行之"云云，持此等见解以观世，而又显揭之，是则基督教之发现也，不为世人之所容，固宜，盖基督教徒亦自知之矣。

基督教又有预言之一事，则世界末日是也。彼等谓人类必不能常存，且亦无常存之价值。盖彼等所见之世界，全如希西亚若及保罗之所写，则其不能常存也无疑。然世界至今未灭，而基督教历经挫折，渐受信仰以后，以迄于今。人类之行为，实迥不同于彼等之所写，然则彼等所谓当时人类之不能常存，亦复不诬也。且古代基督教徒，亦非仅抱厌世主义，而以此世界为不可救者。《新约全书》有

希西亚若，今通译赫西奥德，古希腊诗人，约生活于公元前8世纪。著有《工作与时日》、《神谱》、《赫拉克勒斯的盾》等。

赫西奥德像

劝教徒见善果则赞天父而行善事之一章；又《提摩太全书》第四章第八节，言敬神者凡事有益，今生来世，皆可操券而得之，是皆言善人在世宜得幸福，与《旧约全书》之说同也。

又有当附记者，则基督教徒，不以困厄为不幸是也。彼等谓困厄者所以玉我于成，故虽有何等困厄，决不稍扰其精神之平和，及神赐之幸福。彼等且以为被迫于世人，正彼等非此世间人而为悠久天国之民之一证。彼等虽当道德与幸福不相一致之时，而确信道德之敬虔与内界之平和，密接而不离；不宁惟是，彼等直以道德之敬虔与内界之平和一而非二也。于是吾人又得一结论曰：实行道德者，仅以道德为其鹄的，即使外界之幸福，不与之偕；其感觉之部分，若有所苦，而要之实行道行，即精神之幸福也。斯宾那莎曰："幸福者，非道德之应报，而即道德也。"是也，人苟不以道德为鹄的，徒以求祸畏罪之故而行之，则一旦外界之幸福不如其所期，将遂不免有天道无知之怨。然使彼反其道以行之，而幸得如其所期，彼果能无慊乎？然则道德与幸福，确有内界之关系，而不德与不幸，亦不能不有密接之关系，明矣。吾人固亦能设想，有一人焉，纵欲无度，永不自觉其良心之苦痛，而逸乐以终其身者。然世界果能有是人乎？吾恐行不德者终不能免于良心之苦痛也。

二 论幸福之影响于性格者

吾尝言幸福有属于内界、属于外界之别，外界之幸福，即富贵、权势、名誉、健康、胜利及其他一切满志之事是也，此等幸福，其影响于性格者何如乎？

享幸福者，常有损性格而失安宁之虞，此观察一切文明国民之人事，而可认为第二之真理者也。余于希腊人"善人得福，恶人受祸"之思想，既详叙其原因矣，而彼等又以为外界之幸福，与内界之幸福不同，《旧约全书》之诗歌，谓幸福足以长傲，凡享外界幸福者，必流于骄慢，骄慢者必逞暴行，逞暴行者将受神谴以亡其身。是即希腊国民所认为自然之理者，盖征之希腊诗人及历史家之所言而可知，惟出类拔萃之贤者，始能永

《旧约全书》，基督教《圣经》的前一部分，承继自犹太教。犹太教称《圣经》为神与人立的"约"，基督教承继此说，但称基督降世后神与人重立了"新约"，故基督教称《圣经》的前一部分为《旧约全书》，后一部分为《新约全书》。

丙辑 伦理学原理

享幸福，是诚确有根据之直觉也。幸福与成功，常易使人自足，而流于骄慢。享幸福者虽尚明于评人，而常昧于自知，自夸其功，而视他人之沉滞坎坷，则以为无能。于是见他人之勤力而不之重，见他人之困厄而不之怜，日肆其骄侈，而遂为神人所共愤。凡战胜而骄者，常轻蔑邻国，凌其弱者，虐其所败者，自以为安全无患，而一旦覆亡随之矣。

夫吾人何以睹享受快乐之人，而辄起嫌恶之情，此其事不可忽也。酒池肉林，以肆口腹之欲，常使见者不欢。见肆情纵欲之人而不之嫌恶者，殆非人情。故耽逸乐者，常以离群索居为幸，诚恐为人所见，兴味索然；而好虚饰者，乃务以幸福夸耀于人，又何故耶？吾人读英雄传，及其战胜困难，既达初愿，则无复兴会。故为之作传者，于其得富贵、享名誉以后之事迹，常略之；格代《自叙》所以绝笔于移居**华因曼尔**（Welmar）之时也，格代之杰作《否斯脱》小说曰："耽逸乐者，凡人耳。"可谓名言。盖晏安者，酖毒吾人之精神，使之坠落。否斯脱所以能抵抗天魔之诱惑，惟不耽逸乐故。彼天魔以种种逸乐诱否斯脱曰："吾将使之同流俗而耽逸乐也。"然否斯脱虽辗转流俗之中，而卒能蝉脱于逸乐，此其所以能抵抗诱惑也。彼之自拔，由其品性高尚，不为逸乐所动而已。

由一人而推之于团体若国民、社会、党派，亦然，苟其共享幸福，则衰亡之兆见已，彼将由是而失其自知之明，耗其实力，弛其节制，卒也颠覆于其素所鄙夷之敌人。盖世之可畏可疾者，固未有过于矜伐而骄奢者也。

满床笏
清代版画，取材于唐代名将郭子仪庆寿的故事。

华因曼尔，今通译魏玛。

第七章　道德及幸福

> 美纳多（约前342~约前291），今通译米南德，古希腊喜剧家。现传《恨世者》、《萨摩斯女子》整剧及《公断》、《割发》、《赫罗斯》、《农夫》等片断。

> 爱西布斯（约前525~约前456），今通译埃斯库罗斯，古希腊三大悲剧家之一。一生创作了数十部剧本，保留下来的有《被缚的普罗米修斯》、《奥瑞斯特斯三部曲》等七部。

> 马克斯·奥力流（121~180），今通译马可·奥勒留，古罗马帝国皇帝，著名的"帝王哲学家"。著有《沉思录》。

丙辑　伦理学原理

　　幸福者衰亡之媒，其证据如此矣，而不幸之境遇，若失败，若坎坷，乃适以训练吾人，而使得强大纯粹之效果。盖吾人既逢不幸，则抵抗压制之弹力，流变不渝之气节，皆得借以研练，故意志益以强固，而忍耐之力、谦让之德亦由是养成焉。幸福者，常使人类长期互相冲突之性质；而不幸者，则使人类以温和、含忍、正直之性质，互相接近。夏日旅行，忽逢骤雨，则虽互相疾视之人，相与同止于亭轩，而谈笑无猜；其在一都会、一国民，遭大不幸，则虽平日相憎相慢者，皆同心协力以御侮，皆其证也。最高尚之道德，非遭际至大之艰苦，殆未有能完成者。基督为众人崇拜，历百世而未沫，即以其际遇艰苦之故。当其时，官吏虐之，庶民诽之，弟子叛之，而彼遂被磔于十字架，此正所以玉成其为素王也。方彼之被磔也，盖将曰："吾于此世界所经营之大业成矣。吾虽为善而得祸，然终不以世人之诽谤若凌虐，而扰吾内界之平和也。"

　　基督教者，粹然苦痛之哲学也。《梭钵》（Hisb，书名）曰："苦痛者，此世间人类之生涯也。"可谓能抉发基督教之本旨者矣。希腊人之思想，亦有如是者。"不受教育于艰苦者，不能为大人君子。"此**美纳多**（Menander）之言，而格代引之以冠其《自叙》者也。而希腊国民之悲剧，亦以发挥艰苦能使人高尚而纯粹之理为多。

　　苦痛者，刑罚也，而又为良药，盖源于幸福之精神病，如暴慢之类，得此而始痊。此希腊**爱西布斯**（Aschybus）悲剧之观念也。正人君子，并无所谓精神病，而有时横遭不幸，则力能忍之，亦足证人类意志之强大，能不为自然所束缚，而达于高尚之地位。如苏格拉底之从容就死，不亦见不幸之不足以困正人君子乎？**马克斯·奥力流**（Marc Aurel）曰："不能诱吾为恶者，何害之有！"此之谓也。

　　由是观之，确实之幸福，必合幸与不幸而成之。所谓际遇佳运之人，必非终身逸乐之谓，正谓其迭处于幸不幸之间，而比例适得其当。如欢乐与苦痛，成功与失败，满足与缺乏，争斗与平和，劳力与休息，互相调剂，而适得其平者，是也。吾人之精神，幸与不幸，不可以偏废，犹植物之繁茂，不能偏废雨旸然，彼夫一生沉滞者，或迫而为厌世之思想，然终生处顺者，果遂可以为幸福乎？纵使彼幸而不流于暴慢，然于人生最大之事变，未能阅历，则其最大之才干，亦无由而发展。常胜之将，无练其韬略之机会；全福之人，亦无展其精神界一切能力之机会，彼将以其运命为不利于己，如**颇里克拉脱斯**（Polykrates）之自憎其幸福者矣。

于是吾人得断言之曰：实际之生涯，必适应于人性实性之需要。大抵幸不幸交迭而经验之人多得幸福者，固不必引为大戚；而多际不幸者，亦无所庸其怨尤焉。幸不幸之比例，必如何而后为适当，吾人自信之而已，无术以证明之。故幸不幸之轮回，虽无时歇绝，而笃信其理者，乃不易得，然人类之备尝艰苦以亡其身者，盖亦多矣，而孰敢谓现在之生活条件，果有障碍于人性之发展耶？

国民之境遇，在当时视为最屈辱之时代，而后日转认为繁荣之基本者，往往有之。征之德意志之历史，**耶拿**（Jena）之战，德人最屈辱之时代也，而异日称霸欧洲，乃基于此。若夫一时之胜利富强，为衰亡之兆者，尤古今史乘所常见者矣。

世盖有不满于现在世界，而驰想于其他之极乐世界者，无论其想象之无据也，即使果如其所想，别有天地，而容彼居之，恐彼转记忆其素所嫌忌之世界，而以为较胜矣。世尝有厌其故国而迁居海外者，未几而乡思顿生，乃悟一身与故国之关系，至为密切。今之持厌世论者，亦然，苟使彼暂离大地，居于星界，其思慕故土之思，将油然而生，而悔其持论之不衷矣。

颇里克拉脱斯，今通译波利克拉特斯，爱琴海萨摩斯岛的僭主（约前537~约前522在位），曾在东爱琴海上建立霸权。

耶拿之战，全称耶拿—奥厄斯泰特战役，1806年10月，在俄普法战争期间，拿破仑率领的法国军队同普鲁士—萨克森联军在耶拿、奥厄斯泰特两地同时进行的两个相互关联的战役。普萨联军受到毁灭性打击。

第七章 道德及幸福

第八章 道德与宗教之关系

一 道德宗教历史之关系及其因果

　　道德与宗教，其果有必不可离之关系，起于其内界之性质者耶？抑各自独立，而仅有偶然之关系耶？余今将论此问题，而先考其历史。

　　征之于人类学，人类之进化，达一种阶级，则宗教与道德，必有密切之关系。一切道德皆受诸神之制裁，合宗教及道德之命令而构之以为法典，敬虔也。德行也，一也。其最著者，如摩西戒律，合宗教道德及法律之义务而一之，悉为神律之一部。此等义务，皆有相等之责任，以其同本于神意也，有犯之者，则众罚之，是为国民宗教之义务。于是以畏神为道德之基，而敬神与行善；黩神与作恶，其义同也。持此直觉者，不惟犹太教，即基督教及回教亦然。且如希腊人、罗马人、印度人、波斯人、埃及人及**亚西利亚**人之所信仰，亦莫不然。一人及一社会生活之形式，皆具于宗教，所以规定国家、社会之制度；一人之生涯，及一切道德习惯者，悉以宗教为基本焉。不宁惟是，即在亚美利加之墨哥人、秘鲁人，其宗教与道德，亦皆有同一之关系。华依次（Waitz）尝以古代亚美利加人之格言，有不逊于希伯来及耶稣教徒之言者，证其国民文化之进步；且断言之曰："欲验一国民文化程度之深浅，莫善乎观其本于宗教之道德，而究其宗教及道德融合之度如何焉。"

　　然则宗教与道德之关系，吾人苟不于其根本求之，又何从而求之哉！虽然，征之事实，则亦有与此相反者。最幼稚之宗教，仅以魔术欺人，与道德一无关系；崇拜偶像之教，亦于崇拜者之行为，非所过问。苟此等事

亚西利亚，今通译亚述，古巴比伦王国的后身，位于亚洲西南部的古国，约盛于前750~前612年。

实，皆属于根本者，则道德与宗教之关系又何在耶？

吾人由其外部而观察之，则得而为之说曰：宗教之仪式，为科学之第一对象。其重要之仪式，不能稍有省略，苟小误之，则不惟无益，而且有害。征之印度及犹太进牲之仪式，而可知也。是以祭司必富知识，凡宗教仪式之知识，皆祭司社会相与讲明而传习之，由是渐有定制，无论何人，必当恪守。一切道德法律，渐被摄入于其法典中，而一切人民，皆对之而有责任。然则所谓超绝之义务，其初附属于宗教，而后乃扩充之于道德及法律也。

宗教义务及道德义务之间，尚有属于根本、属于内界之关系。一切道德命令之性质，大略从同，如奖励殉道、洁斋、持戒、节欲之属是也。而一切宗教仪式之所表彰，亦不外乎屈己意以从高尚伟大之神意。故谦让者得神佑，而傲慢者获神谴。道德之所奖励，亦即在制限己意以服从权威。坏乱道德，与亵渎神圣，实具同一原因于内界，即傲慢之习惯也。神为傲慢之敌，故即为道德之保护者。凡人类之无势力者，无权利者，漂泊异乡者，羸弱者，尤为神所呵护。如人有侮慢宾客若老幼者，则神必罚之，此其所致意者也。

抑考求宗教道德之关系，更有进于此者。吾人于一切宗教得谓之对于超绝之实体而信仰者，凡宗教，皆以不满于经验界所见实体之感觉为前提。魔术教及偶像教，亦因预想有超绝之势力若实体为自然势力所不能达者，乃欲以魔力达之。自人类之生活进化，而意志亦渐趣于精神界，盖当其文化最稚之时，意志之鹄的，专在动物之要求；及其进步，则其鹄的乃移于尽善尽美之生活，即所谓人道之理想也。人类意志之趣向既变，则其

古巴比伦城遗址

第八章 道德与宗教之关系

美神维纳斯
　　希腊神话中的爱与美之神。

所预想超绝世界之构造，亦与之俱变，而始有多神教。在偶像教尚为漠然无定之魔力，而多神教则益以邃远，而为有人格、有历史之实现。多神教之所谓神，乃以代表人类美善生活之理想，而使之实现于目前者也。希腊之神界，所以代表其国民理想之人类世界于客观，故诸神之形体，各表希腊人人生理想之一方面也。而此等超绝界，亦不能无影响于经验界。彼等谓诸神者，常注意人类之生活，诱掖之，保护之，纠责之，以导人类于美满之域。虽魔术之性质，未能尽去，其人民为欲达健康富贵成功胜利之故而祈祷者，尚占多数；然国民之先觉者，渐尽斥妖术。使普通人民，皆以诸神为人类美满生活之表象，非必有所欲望，而专以崇拜渴仰为宗教之本领焉。历史中进化最高之宗教为一神教，其理想之要素益多。如基督教者，盖尽脱魔术矣。耶稣及其徒，惟求神意之实现，而基督教之祈祷，则以凡事出于神意者皆善为前提，是其皈依渴仰之至笃者。彼等以为神意者，神圣也，公正也，慈悲也；吾人当以己之意志实现之于客观界，以明神意，以当默示，此诚人类至纯粹至深邃之意向矣。

　　于是余得为结论曰：凡一国民之宗教，皆反映其意志于超绝界，以表其最深之欲望者也。以信仰之心观之，超绝界为现实，而经验界则非现实，且本有价值。然超绝界与经验界，决非截然不相通者，何则？一切纯粹之黾勉，皆向理想界而进步者也。

　　于是道德与宗教之关系可知矣：二者同出一源，即热望其意志之达于美满之域者是也。惟在道德则要求之，而在宗教则实行之。盖圆满也者，在道德界仅为抽象之叙述，而在宗教界则为具体之直觉也。自客观界言之，道德与宗教同物，而以二方向现之。人之以其意志及行为勉达于美满之域者，道德也；以神为美满之代表而借以充塞其感情信仰及希望者，宗教也。

若夫宗教与道德结合，则宗教之制裁，必大有助于道德之陶冶。犯宗教戒律者，恒有不胜愧怍之感，此即可移用之于道德之命令者也。且宗教写象之定向，尤有效力，即死后生活之信仰，所谓人类未来之生活，皆直接受辖于神者，是也。自现在世界观之，神之势力，不免稍远，所谓福善祸淫之作用，亦非出于必然，故作恶者尚以得逃神鉴为希冀。及其死后，则一切无可掩蔽，而悉受神判，为功为罪，皆有公平之赏罚，而无所逃避；生前稔恶者，其应报悉由自取；而刚正敬虔者，亦得餍其愿望而无遗憾焉。由是观之，宗教界之恐怖与希望，非大有拥护道德之力也欤！

高尚之人，于此等动机，更为纯粹，以为神也者，不惟为公明之法吏，而实亲爱吾人之慈父也。无亵其公明，无负其亲爱，此敬虔之人所造次颠沛不敢忘者也。凡俗之人，其宗教心亦不免凡俗。彼且以为未来赏罚，可以市道袭取之，苟能尽义务于宗教，则虽恣行不德，亦复何伤？一切罪恶，皆可以施舍僧寺之金钱消灭之。凡宗教之仪式，渐趋复杂，则此等弊习，皆所不免。耶稣所以诋犹太教之**保利赛主义**，路德所以攻天主教之慈善会，斯宾塞尔所以短**新教**中之迷信派，皆以其弊习也。弊习积而不祛，则为宗教界之大害，将使爱真理、崇道德之情为之痿疲，而又为发生狂信之素地。狂信者，以为不敬吾人之所崇拜者，即不敬吾人，即吾人之敌，实即吾人所崇拜之神之敌也；屠戮此辈，便无遗种，即吾神所奖励之善行焉。

二　论其内界必然之关系

吾于是又转而就最初之问题，道德与宗教之结合，其果源于本质而不可离乎？将仅于一定之进化阶级，偶然结合，不过一时之现象乎？未来世界，二者果将分离乎？然则道德者将无待乎宗教，而自能达于美满之域乎？

此等问题，至近世而始为热心研究之对象。数百年来，道德与宗教之不可离，既所共信矣。及近世而一切学理之直觉，皆非常破坏，于是道德

保利赛主义，今通译法利赛派，犹太教的一派，于第二圣殿时代（前515~70）后半期活动于巴勒斯坦，过于强调摩西律法的细节而不注重道理。该派因耶稣不守传统，与罪人为友，而不承认他是弥赛亚。

新教，与东正教、天主教并列的三大基督教派别之一，为16世纪宗教改革运动中脱离天主教而形成的各个教派的统称。我国则称之为基督教或耶稣教。

宗教不可离之成说，亦有疑之者。教会之信仰，先不行于学者识者间，而普通人民，亦渐脱于信仰之范围。至于今日，纯粹之物理世界观，流行最广，彼等以为道德与宗教，伦理学与形而上学，截然两事。吾人之处此世也，决无烦考察世界所以构成之故，此等考察，一人之私事耳。至人类有道德之价值，则无论其为唯物论者、无神论者、泛神论者、怀疑论者及其他论者，均毫无异同也。

今之深疾此等直觉而痛驳之者，亦间有人焉。其说曰：无信仰者必不顾未来，而仅耽目前之快乐。学理之唯物论，必演而为实践之唯物论。虽多数之学理唯物论者，注重风俗习惯，防其唯物主义之波及于实践界。然学理之唯物论，一转而为实践之唯物论，乃理势之所不可免者也。

彼等以为人之于形而上学有特别见解，及于论理学为无信仰之说者，将有不顾道德律之弊，此余所未敢赞成者也。余敢曰：凡人无论有何等哲学见解，而其负责任于道德律，则皆同。盖道德律者，非由人类随意创造，而实其生活及安宁所自出之自然律也，其所以不随人类之意见而变更者，以此。然则持无神论、唯物论之见解，而遂目道德律为赘疣者，不得不谓之谬见矣。

虽然，余非谓无信仰者之必无道德，而有信仰者之必有道德也。世固有不信教会之条义，并不信宗教之原理，而行为悉合于道德者；亦有确持宗教之信仰，克尽宗教界之义务，而所行乃流于刚愎傲慢若狡诈者。

然余亦不因是而谓道德与宗教，处世与世界观，各不相关系者为然。

世界观之截然相反对者二，其一以善之在世界，最为重要，所谓现实者自善而生，亦即为善而存。吾得取柏拉图"世界以善之观念为基"之语，而名此见解为"观念论世界观"，人类

巴黎圣母院
世界著名的天主教堂。

所以有神之信仰，则即以善为世界之基本及鹄的故，如菲希的所谓世界秩序最终之基本即道德者，是也。故观念论世界观，又得名之为"有神论世界观"。而与此见解截然相反者，唯物论世界观也。唯物论之说，谓现实之原理，绝无关于价值有无之区别，且现实界全体，由原子及其合于规则之运动而构成，本无所谓善恶。惟随时间之经过，而一切事物生焉，生物亦全由原子之偶然聚合而生者。生物有苦乐之感，不过原子运动之一变化，所谓苦乐也、善恶也，如是而已耳。一切原子，既偶然而结合，则亦偶然而离散。故独体必有死，而种族亦必有灭亡，生物构成之条件，如是而已耳。是故苦乐善恶之名，皆可消灭，而所余者惟无情之原子及自然律而已矣。

吾人于此两相反对之世界观，必不能无所取舍；而取舍之间，于其意向及处世，不能无关系。其人有观念之内容者，必倾于观念论世界观；其人仅有物质之生活者，必倾于唯物论世界观，此为自然之理。盖意向为本，而世界观为末，故以生活规定信仰，而非以信仰规定生活也。菲希的曰："人之择何等哲学也，视其人为何等人。"信然。人苟殉无意识之冲动，而肆目前之嗜欲，则又安得有高尚伟大之世界观耶！人之判世界之价值也，视人生之价值；而其判人生之价值也，视一己生活之经验。苟其一己之生活，仅仅殉无意识之冲动，肆目前之嗜欲而已，则其视世界也，谓不过原子之离合聚散，亦固其所。若乃对悠久之鹄的，伟大之观念，而生活焉者，则必先知一己之生活，次则知人类之生活，既而知世界之若是其高尚，若是其伟大矣。若而人者，知历史之生活为有意义，且现实界全体。实与一己之意向，循同一之方针而进行也，盖一己生活之价值，与全世界价值之影响，有如此者。

于是吾人得谓世界观者，包一切价值之判断而表彰之，即各人意志之反映也。凡人之解释现象也，无不符合于其意向。一切生活，各欲以其所亲爱、所珍重者围绕之，则亦欲得其所视为高尚之世界观围绕之，以餍其心。意志凡庸者，得虚无论世界观而已安，则反嫌观念论世界观，而谓一己无关于宇宙之鹄的；意志高尚者，不屑以一己为原子离合聚散之现象，为宇宙之赘疣，必如观念论世界观所谓我亦世界原理所衍生，必能与之为根本之调和，而一切黾勉必非无效焉者，而其心始餍也。

生活之影响于信仰也如是，而信仰则亦反映于生活。人既信善之有势力矣，信神矣，则足以鼓其勇敢而增其希望。吾敢言人之处斯世也，无此等信仰，而能立伟大之事业者，未之有也。一切宗教，以信仰为基本，其师若弟，以信仰战胜于世界。古今来殉教者，终身为观念而生活，抵抗诘难，阅历艰险，甚至从容就死而无闷，诚由善必胜恶之信仰也。人岂有别无远效巨功之信仰，而无端就死者耶，是为世界史中最大之事实。苟举此等事实而删除之，则所余者何事耶？若乃无所信仰之人，则意气必因而沮丧。图目前之快乐，而遑恤其后，无信仰者之常态也。格代曰："世界史中第一深远之题目，信仰及不信仰之冲突而已矣，信仰最盛之时期，不问其信仰形式如何，而功业烂然，常垂范后世，若乃不信仰制胜之时期，则亦不问其不信仰之形式如何，而要其各种事业，虽亦间有震惊一时耳目者，皆转眴而歇绝——此则人人趋乐易而避艰苦之效果也矣。"

三　论宗教与科学之关系

或曰：自科学日益进步，而信仰之无谓，不既大明乎？有神论及观念论，非皆多神论时代之骄子，而古昔迷信之遗传乎？以科学证明之，世界之经行，非皆由无关善恶之自然力所规定乎？

方今多数之学者，恒赞成此说。彼等皆以为科学之认识，能破坏宗教直觉之基本，而余则不以为然。余于此书，虽未暇为形而上学之详说，然不能不略举其端绪也。

古人之信仰，谓神者，有人格之一体，存立于经验界，而其偶然之意见，能影响于斯世。此其说之被摧廓而不可复立也，诚然。又如此说者，无论其所谓同于人格之体，为多为一，无甚区别，既皆以神为实存于世界以外，而偶然影响于斯世，则无论其为多神论、一神论，而概念则同。欲持此等直觉之有神论，以与原本科学之无神论相抵抗，诚知其难也。然原本科学之无神论，非哲学之峰极，而仅其端倪，以其未立积极之学说，而仅举往日**上帝创造世界**如工师创造时表之谬说而摧破之耳。而摧破谬说，未能成一家言。要当进而究种种之问题，如宇宙果为何物，其构造如何、本质如何之属，是也。

或曰：此等问题，非既经解释者乎？世界者，由无量数极微之原子偶然聚合于空间，互相影响，以成种种之现实而已。

夫以此等见解为无疑之理者，所在多有，然大抵少年方始卒业学校，而稍稍读通俗之自然科学书者为多。若好学深思之士，则鲜或抱此见解，而辄以其无疑之理为可疑。若柏拉图，若雅里士多德勒，若斯宾那莎，若拉比尼都，若谦谟，若康德，若叔本华，若黑智儿，若**罗底**，若**佛希尼**（Fechner）皆不慊于此等见解者也。凡认此为无疑之理者，率由其急于立无神论之学说，而不暇精心研究，苟精心以研究之，则将顿觉其可怪。世界者，果由各各绝对独立于其原始界、存立界之原子所组成耶？然则一切事物，又何由互相影响，而使物理学者不得不假定普通相关之律，谓各原子常被规定于其他原子之全体耶？而所谓普通相关者非大可怪耶？各原子既已绝对独立，则其运动也，非亦当绝对独立而毫无关系耶？抑自然律者，驱一切原子，使之互相为影响耶？然所谓自然律者，乃以表彰原子实际之运动，而非由外界窜入者，然则以绝对独立之原子，而又普通相关，非大可怪耶？又安得不设想其本质及运动本有无量差别耶？且一切事物果皆由原子发生，则其能发生而为宇宙体系，若有机、若思想感情之实体，抑何可异？假曰是皆原子秩序之变化而已，然由其变化而演成种种之历史，抑何不可思议？于是原子论者，亦悟原子秩序变化之说，不足以说明思想感情发生之由，乃遂谓原子者，非徒有广袤及运动，而且含有统一之原则及精神之原理焉。

吾人若由此说而追究其终极，则将如斯宾那莎《伦理学》中所详叙之说。其说曰："世界者，现实也。其绝对一致之本质，则实体也。一切事物，虽若为独立之状，而实皆实体之所规定。实体次第展发，为有意识进化之世界，与无意识进化之世界。而此两界间，又有普通中行之性质。至管理此两界之自然律，则又出于实体之自动，而非若机械之受迫于外力也，夫实体既不受外力压迫，而特由内部冲动以开展其本质之内容，而为

宙斯神像
宙斯是希腊神话奥林匹亚神山的最高神。

罗底，即洛采。
佛希尼（1801~1887），今通译费希纳，德国唯心主义哲学家，实验心理学和实验美学的创始人。著有《死后生活手册》、《天堂和来世的事物》、《心理物理学原理》、《美学导论》等。

现实界，是即其惟一自由之原因焉。"斯宾那莎之言如此，彼苟不过偏于反对神学、反对正鹄论之研究，则必由此而更为之说曰：吾人认识宇宙，当先以物理学、天文学之法，认识外见之世界。至于内见之世界，即所谓以有意识进化者，吾人观察之之范围，不能如外见世界之广大，惟各于其心意中直接认识之而已。故吾人于人类界及动物界内界之生活，乃由其形象之现象而推知之，而于人类以上之精神生活，则又无从而认识也。吾人于是举内界生活稍劣之现象，以解释动物之精神生活；又举内界生活之最高度，以当吾人之本质，而解释人类以上之精神生活。由此义而吾人以智、善、公正、神圣诸属性归之于神。吾人非敢以学理规定之，又非敢以理性及意志归之。盖神之本质，本非人类所能规定，而理性意志，又仅能现势力于斯世。如视觉、听觉为斯世之机关，然不可以语于人类以上。吾人惟欲以最美满之观念，摹写其本质而已。绘画、雕塑之术，所以表神之状态者，悉按吾人之形体以摹写之，自古迄今，未之有变。吾人固非谓神实有此形体，不过以人类最美满之形体，为神之实体之符号而已。神之本质，虽不可思议，不可写象，而吾人以人类最美满之精神为之符号，其理亦犹是也。

吾人于此，盖不能不循现实界之所指示焉。地球为宇宙之一部分，其发展之历史，为吾人所知之较审者。彼其由无机物而进化为有机物生活，又由有机物生活而进化为精神生活。至于人类，尚矣。思考之哲学家，所构为概念之图式者；新生物学家，业以历史之进化证明之。吾人若摈斥因果相循如二物相逐之谬说，而从来比尼都及罗采之见解，知现实之一切部分，当其运动而变化也，由自力而一致，则夫地球进化，当人类历史生活达于极度之时，即为近于最高之形式，而合于雅里士多德勒所谓全宇宙者，由正鹄之神而运动而接近焉者矣。

余之所以谓道德律为精神历史生活之自然律者，以此。历史生活，既为一切生活中之一部分，则道德律不能不源于一切生活之本质。故余得谓吾人苟能知人类之精神生活，必如何而于宇宙开展史中，达内界生活最高

观音菩萨

菩萨是我国民间最为信仰的神明之一。图为宋代景德镇窑影青观音坐像。

丙辑　伦理学原理

之度，则所循之道德律，即为实体自定之最高形式矣。此于新生物学说，为结合自然与历史之媒介者也，**额拉吉来图**（Heraklitoo）曰："一切规则，由惟一规则而成立。惟一规则者，神之规则也。"培根亦曰："哲学者，浅涉之，易使人为无神论；而深究之，则又使人为有神论。"洵然。

吾人据实际而言之，一切科学之研究，在近世虽有非常进步，而于宇宙之大秘密。则非惟未能阐明，而转滋疑窦。盖于其本体之深奥，与夫形式之繁多，益见有不可思议者。在雅里士多德勒若多马之时代，不尝以世界为单纯而易知耶？及天文学、物理学进步，而益增深微窈渺之观，其所计数之几万亿里、几万亿年、几万亿振动，使吾人之写象，近于无限。又自生物学至得显微镜以助进化史之研究，而于有机体及其生灭变化之理，益觉其深奥。人类之生活，昔人所信为始于神之创造而终于神之裁判者，随历史学研究之进步，而益惊其不可思议。由是观之，科学之进步，非真能明了事物之理，乃转使吾人对于宇宙之不可思议，益以惊叹而畏敬也。是故科学者，使精心研究之人，不流于傲慢，而自觉其眇眇之身，直微于尘芥，则不能不起抑损寅畏之情。奈端如是，康德亦如是。格代曰："善思者有最大幸福，在既已研究其所可思议者，而从容寅畏其所不可思议者焉。"

此等寅畏之情，即为宗教之泉源。寅畏者，含抑损、依赖二义。抑损者，念宇宙之无限，而自视等于蜉蝣；依赖者，悟宇宙非徒有强大之威权，而实有大生广育之能力。是谓宗教之感情所自起，而写象及概念，则为表此感情之符号，以传之他人，而结合宗教社会为鹄的者也。故宗教者，非久历国民生活之社会，无由而发生。盖宗教为社会之公业，与言语、诗歌、道德、法律同也。且由是而知概念之形式，尚非最有效力。善哉格代之言曰："吾人所以为不可思议之媒介者，曰宗教，而宗教以所由表彰奖励之美术及其必不可离之仪式为重要。盖美术及仪式之职分，在举神人关系之超乎感觉、超乎概念者，而以感觉者、可见者指示之也。"

余以为此等感情，为吾人不可失之性质。表彰感情之形式，今后虽有变化，而其本质则必无变化。科学进步之效力，虽迭更现实之写象，而常为宗教感情留其余地。宗教者，必无灭亡之期，以其为人心最深最切之需要也。吾人遭际幸福，而欲无流于傲慢，无动于蛊惑，则当思幸福者非我所能自造，而神实赐之；及夫际遇不幸，则当思斯世事物，质之于神，皆非有绝对之价值者；又或于吾身及世界之未来，有所怀疑，而欲不陷于迷

额拉吉来图（约前540~约前480），今通译赫拉克利特，古希腊哲学家。著有《论自然》。

第八章　道德与宗教之关系

信，则常思依赖于神，而悟世界万事皆所以济度人类者也。苟真信仰衰退，则将有迷信代之而兴，其事非偶然焉。

抑余以为正人君子，类皆有宗教之感情。盖人类精神之发展，益进于纯粹优美之境，则其寅畏之感情，所以为宗教之基本者，亦必随之而益深。吾人苟以真挚之意处世，必有见于现实与理想或有天渊之差，而益为之抑损；又见于人类生活之日益强大而自由，则能信善之终操胜券焉。

四　不信仰之原因

或曰：正人君子，固亦有不信宗教者，且有持不信宗教之说者，何故？余曰：是固有之。请言其理。宗教之资性，在人本不能无强弱之差，而智力及意志发达过度者，或亦障碍其高尚自由之感情。有大算学家，闻人说诗而不怿，曰："是何所证明者？"是由其日事证明之业，不涉自余兴趣，积久而自算学以外，几不知为何事矣。达尔文尝语人曰："吾感受诗歌之能力，随年而减。"无论何人，苟终身注全力于科学之研究，鲜不如是。又或热衷于实践问题，则其余不与此相关者，多淡漠置之。是其人虽不失为正人君子，而要不得为正则之发展，盖彼于内界生活最重要之方面，所谓最优美、最高尚、最自由者，不能遂其发展之度也。今之人，类是者特多。盖今日之长技，如分业、分科、及以机械之理证明生活状态，是皆助偏颇之发展，而多数学者，乃转以近代之特色夸之。古代希腊哲学家，中世学者，十七、十八两世纪之思想家，其观宇宙也，不类于方今学者之狭隘。凡偏嗜一事物、一职业者，其发展必不免偏颇。诚不如古昔时代之生活，其一方面之动作至简，而方面特多，人类与事物关系繁赜，以故想象则活泼，感情则丰富，而发展

范缜像
　　范缜（约450~515），南朝著名的无神论者。

亦自平等也。今日分科之习，最为减杀宗教感情之助力，而尤以科学之分科为甚。在**客兰因**（Krain）钟乳穴中之蜥蜴，以视觉之无用，而驯致无目，是生物学公例，所谓不用之机关必消失者也。今之科学专门家，殆将类是。如治语言历史学及自然科学者，习惯于微渺之考察，而达观大局之能力因以减损，甚者且至于消失。于是见脱略细故者，则诋为痴钝；见窥研大道者，则目为空想。抑不知客兰因穴中之蜥蜴，亦将诋有目之蜥蜴为骈枝否耶？

五 灵魂不灭之信仰与道德之关系

人类有死后生活之想象，而遂有灵魂不灭之信仰，是古今人所共信为道德之源泉者也。其意谓人类苟无死后之生活，则道德不过空想；道德既为空想，则人之处斯世也，鲜不逞快一时，无复远虑矣。然以余所已述之见解衡之，则科学之道德，不必有此关系。盖灵魂不灭之信仰，虽大有关于生活全体之状态，而于道德哲学则不然。无论死后之生活为有为无，其于伦理学之规则，一无变更也。道德律者，此时代、此地球之人类，所以为历史生活之自然律者也。假令此世之生活不过为死后生活之预备，固当循道德律以营之；其或仅有此世之生活而已，直无所谓死后之生活，则道德律之当循亦然。盖循道德律以营此世之生活，其应报即在此也，初不必别索之于死后也。

且自教育界言之，欲以死后生活之信仰，以行道德命令，殆无可希冀。盖此等信仰，方今已日渐衰退，此人人所公认。而亦不能保其复兴。此自然科学及人类学之效力也。人类学之说曰：死后生活者，各国民各有特别之形式，而皆为梦想，如**北美土人**及**耶士克摩**（Eskimo，黑人之一种，居北美及白令海峡）人之梦想渔猎，古代日耳曼人之梦想战争与宴饮，回教徒之梦想美人与乐园，要皆不满意于目前之生活，而想象其幸福于死后之世界而已。

死后生活之不过梦想也，如是；然而灵魂不灭之信仰，则不然。盖其思想与康德派哲学所谓此世生活即本体悠久生活现象之形式者相同，特借

客兰因，今通译克雷恩。位于斯洛文尼亚共和国境内的一个历史地名。

北美土人，今通称印第安人，为美洲土著居民。

耶士克摩，今通译爱斯基摩，自称因纽特人，为居住在北极地区的土著民族。

感官以表彰之耳。

时间者何物乎？其现实自有之形式乎？果尔，则凡时间所有者，将即为现实所有之条件。或且曰：必现在所有者，始为现实所有之条件，何则？非现在者必为过去或未来，过去者今已无之，未来者今尚未有，故不能不专属之于现在也。虽然，进而求之，则几无所谓现在。盖吾人所谓现在之一瞬间，固已一瞬而过去。是故现在者不占空间之一点，现在所有，不可谓即现实所有之条件。苟现实而不消灭乎，无论其为过去、为未来，将无非现实。故时间所有者，非即现实所有之条件，当如康德之说，"时间者非现实存在之形式，而吾人感官直觉之形式也"。吾人之意识，与此直觉之形式结合，而后现为时间之经历。其本体则固永永连续者，乃作随死而灭之想，何其无谓耶！生活者决不随死而破坏，此世之生活，既为现实不灭者之一部分，则决无消灭，决无变化，如**加里马尔**（Karl Moor）所谓"枪弹一发，则贤与愚、勇与怯、贵与贱，毫无差别也"者，又何其无谓耶！死者虽能妨此世生活与未来之连续，而于生活之内容，决不能变化而破坏之，盖现实者固有永不可变化若消灭之性质也。

意者是不过抽象之见解，而无何等效力乎？是不然。使吾人不过以一瞬间现象于他人之目前而即隐，吾人能不顾所现者果为何等心象乎？吾人明知一瞬间之现象，在彼等意识中，一瞬而已忘；然吾人决不愿现以丑恶之心象，盖无数人类各以其心象生死于未来人类之意识中矣。而吾人之心象，不特印于彼等一瞬间之意识，亦不特印于后世之记忆，实即为现实永远之印象。且或不止心象，而即为吾人之本质，然则吾人又安能徇目前之佚乐，而不顾其现于现实之本质之美丑耶？

论者或曰：现实者，全无意识，而我亦无之。且我既无意识，则人亦无之，然则我之与实在，有何等关系耶。

余曰：是不然。论者果有以证明现实之必无意识乎，否则何以知实体

印第安人

加里马尔，今通译卡尔·莫尔，施乐（生平不详）悲剧《匪徒们》中的主人公。

丙辑　伦理学原理

者必不有其本质内容之绝对意识耶？将古今大哲学家所公认之见解，皆不免误谬耶？神之意识，与世人之时间意识不同，故人无从而思维之、写象之、叙述之。然吾人遂敢谓自可思维、可写象、可叙述者以外，固必无一物耶？且何人敢谓斯世之时间意识，必非永存意识之一部分，而凡具有时间之实在，必非永远实在耶？如曰不然，则论者又何以说明时间意识之发生及存在乎？

且也，意识随年而变更。少年之生活，常以未来为鹄的，其后则过去以渐而增；及其老大，则其所谓实在之概念，乃全属于过去。彼夫老大之人，追溯过去之生活，而定其价值者，何由乎？快乐乎，正直乎？基督教徒常诫人曰："凡人当无忘临死及死后之不灭，而常行其临死无悔之事。"此洵确实之言，而又有大效力者也。人之将死也，无论贵贱贤愚，皆有弃掷一切快乐富贵名誉之见，而惟反省其过去行事之一时。于此时也，试自问之而自答之，凡过去之行事，使汝痛苦者何在？汝平日所受之困厄损失乎，抑汝所行不正不直之事乎？使汝慰悦者何在？衣食玩好之娱乎，抑正直之行为乎？由是观之，过去者即永远之现实矣。论者或又曰：过去者仅存于吾人之记忆中耳。虽然，安知记忆中之实在，非必非本体之实在乎？又安知一切记忆，必不为绝对记忆，而又为神之绝对意识之一部分乎？然则吾人之生活，必有与永远之现实一致者矣。

据基督教之信仰，而以哲学之术语表明之，其义亦然。基督教所谓永远之生活，非感官时间之生活，而超乎感官及时间，不由衣食成立，而由不可思议之庄严福祉成立之者也。自斯世生活之终，而本质不复有状态变化之事，盖时间之中，不能有永无变化之生活，故死

伊甸园中的亚当和夏娃

色诺芬（约前565~约前473），古希腊历史学家、作家，苏格拉底的弟子。著有《希腊史》、《远征记》等。

柏弥尼德（约前5世纪），今通译巴门尼德，古希腊哲学家。著有哲学诗《论自然》。

独断派，18世纪德国哲学派别之一，又称大陆理性主义，以笛卡儿、斯宾诺莎、莱布尼茨等为代表。独断派之名源于康德。

拉飞尔（1483~1520），今通译拉斐尔，意大利画家，与达·芬奇、米开朗琪罗并称意大利文艺复兴三杰。

西斯廷圣母
〔意〕拉斐尔绘。

后则必无时间之生活也。基督教之信仰，不惟以抽象及消极之作用，表彰永远生活之超乎感官时间而已，乃又举超绝感官时间之生活、之思想，而以感官时间生活之形式写象之。其所谓天国，有黄金之衢，珍珠之门，有被白衣手棕枝而赞美神父神子之天使。其所谓地狱，则举人类所嫌恶恐怖之事物以构成之。是等皆心象也，而又不止于心象。虽脱离感官世界，而尚不免有此等执著，是信仰之特质也。信仰者，右掷而左拾之者也。一切宗教信仰，常徘徊于感官及超绝感官之间，彷徨于想象与思想之中。其所谓神，一方面为超绝时间感官，而溥博无限，悠久不变；一方面则又为有限之实化，有思想、有感情、有意志，是以言动忧喜之属皆具焉。多神教常界诸神以人类感官之性质，至为自由。故在美学界，极美满之观，是吾人今日所以尚惊叹于希腊诸神也。自基督教兴，而始于感官世界之内部，有特别之关系，以其在思维、想象久已分离之时代，此则**色诺芬**派（Xenophanes）、**柏弥尼德派**（Parmenides）、柏拉图、雅里士多德勒之功也。然基督教尚未能笃守想象、思维分离之说，古代**独断派**之伪科学。尝有欲举此二事而再结合为一系者，他日果有一时期焉，能洞察此等结合之徒劳，而确然为思想与心象、概念与符号之别否耶？果有一时期焉，认定信仰之形式，如**拉飞尔**（Raffael）所绘基督母子之像，仅为功德之符号，而非完全之概念否耶？夫基督母子之像，不足以为神之本质及功德之十全概念，将遂失其价值乎？当是时也，假有伪科学者，必欲证明其像为十全之概念，则其效果如何？恐即有政府权力保护之，而亦见恶于人人，且并其像而恶之矣。

第九章 意志之自由

一 意志自由问题之历史

　　余于此章所论,亦为伦理学与形而上学之关系,即意志自由之问题是也。

　　意志自由之语,有二义:心理学之义,及形而上学之义,是也。前者之义,谓己之意志,为决意及行为所原因之能力;后者之义,则谓意志及特别之决定,无他原因也。

　　大抵世人所谓意志自由者,皆用心理学之义。如云自由之行为,即谓其最近原因,在行为者之意志。如云不自由之行为,则谓其原因在种种外界之势力,若直接物理之压束,及间接胁迫眩惑之事实,皆是,以其决意之原因不在意志也。然此等情形,自柔缓之影响而至坚强之胁制,有无数级度,因而自完全自由以至完全不自由,亦有种种级度。如人之留于一室也,或于其间有所事事,或别无出行之故,或以留此而待其所希望,或以一出而将受责,或以一出而祸害随之,或以受局锢、受束缚之故……其不同也如此,可以知人之境遇,自完全自由以至不完全自由,实有无数级度矣。

　　以此义言之,意志之自由也,人人公认,无复疑义矣。然而在形而上学之义,则意志之自由与否,诸说纷纷,殊如聚讼。为自由说者曰:意志者,即决定最后之原因,不被规定于他原因,而亦无所谓意志之原因。盖意志者,在因果律世界阅历以外者也。其说有二,甲之说曰:人类意志,虽不能有他原因,而为在因果关联以外之动力,然循其所有之合法性质而动作,则被规定于其性质而已。如叔本华之说曰"行为者,由实在而演生",即属于此派者。然则意志者,无他原因,而即自以意志为原因也。

烦琐哲学，原指论证方法烦琐、引经据典、玩弄概念的西欧中世纪"经院哲学"。后泛指一切脱离实际、咬文嚼字、钻牛角尖、罗列现象的思想作风和理论研究。

亚当
　　德国去勒绘。

丙辑　伦理学原理

乙之说曰：特别之行为，皆无他原因，而为无关于内外两界阅历之新原质；然则意志者，无法之动力也。

自昔论者，咸以形而上学中意志自由之义，为哲学中最难最大之问题，而余则以为不然。盖此问题，发生于一定之事机，苟其事机既亡，则此问题亦随之而消灭。事机者何？即哲学界之神学，所谓**烦琐哲学**者也。

希腊哲学，并不以此为固有之问题，不过有偶然之辩论而已。盖希腊哲学家，大抵以人类为自然界之一部分，因而循夫管理自然界之普通适合性，固无疑也。

自中世哲学以基督教义为基本，而此义遂为至难解释之问题。

基督教有二定点，一曰：神以其意志创造人类，故人本善也；二曰：人之性，实不免为恶也。此二点者，基督教之根本义。所以有救度之说，而又教会之所以不可不设者也。然则世界何以有恶，其由于创造者乎？曰：神，至善而全能者也，其所创造者，必善。然则恶者，必发生于世界创造以后，其由外界输入乎？曰：否，自神所创造之世界以外，无他物也。然则恶也者，必生于神所创造之物，然神所创造之物，何由能反对创造者所赋之性而为恶乎？形而上学之自由意志论，即对此难点而为解说者也。其说曰：神者，赋人类以自由之意志，俾能自择其善者。盖人类苟无自由选择之权，则将无所谓道德也。然既曰自由，则即有可以正负互见之性质。故人类亦得用其自由之意志以择恶而行之，此亚当之所以能违神命而罹罪也。亚当之罪，即人类全体之罪。故恶者，不生于神而生于人者也。

是说也，果可以去基督教义之难点乎？兹姑不论。惟是造物者，果能以执意及行为之力之绝对自由者，赋予所造物乎？决意及行为，非原因于所造物之性质乎？然则创造其性质，非即创造其行为乎？论者或曰：决定者，非所造物性质之结束，而别由于外界绝对之宿命者也。是说也，尚不足以祛纯粹神学之惑，如所谓绝对之宿命者，生于神之全智全能乎？抑由于神惠之不可不徼，与夫人类行善之力自然缺陷而生乎？此**葛尔文**（Calvin）及**路德**（Luther）所以反对意志自由之说也。葛尔文据论理学及正当之宿命说以驳之，路德为自然人类无自由择善之能力说以驳之。由此观之，形而上学中意志自由之义，为是为非，迄未有定论也。

若夫近世哲学之基本于新科学者，其于此问题也，恒存而不论。盖自然界阅历之有统一性及合法性，为近世根本直觉之一。发明于十七世纪之大哲学家，而其势力日以炽盛，殆无有能抵抗之者，精神阅历之解释，亦益倾于直觉。霍布斯谓精神之阅历，运动耳，在形而上学，不能有意志之自由，犹之运动及物质，不能自虚无而发生也。至于在心理学之义，则意志之自由，无待言也。彼又尝简言之曰："有行为之执意，是谓自由，然不能有执意之执意也。"足以断此问题矣。

斯宾那莎之哲学，不容有孤立而现实之原质者也，则以精神为精神自动机。来比尼都及伏尔弗，务区别算学之必然性，及物理学之必然性，以避定道论之非难，皆徒劳而已。康德及叔本华，虽唱睿知自由之说，而于经验世界，不能不认为受因果律之制限。夫精神世界与物理世界同，不能不受精神界自然律之制限，其有偶然若不合者，以其至复杂而难知耳。在物理世界，气象学及生理学之阅历，亦多有不能预测而决算者。使吾人于

加尔文像

葛尔文（1509~1564），今通译约翰·加尔文，16世纪欧洲宗教改革家。著有《基督教原理》。

路 德（1483~1546），即马丁·路德，16世纪欧洲宗教改革的倡导者，新教路德教派的创始人。著有《教理问答》等，并将《圣经》译成德文。

第九章 意志之自由

精神阅历界，有一时事物同时观察之悟性，则夫视人类之行为，殆若星辰之运动矣。今之生理学家，业以一切精神阅历，皆规定于因果律之假定说，为其根本直觉，盖谓精神阅历，不过随于脑及神经系统中生理学阅历之现象；而生理学阅历，即物理学阅历之一种，常被规定于因果律，然则随之之精神现象，亦必受因果律之规定矣。所谓同一性质构造之有机体，其受同等刺戟之时，必有同式之反动者，其说果确，则谓有同一性质，及有同一性癖气禀经验写象之精神，受同等刺戟之时，亦必有同式之反动者，其说亦必确矣。而且身体性质之遗传，既受规定于因果律，则精神之性质，亦必同之焉。

斯宾诺莎在海牙的寓所

二　以事实评意志自由问题

丙辑　伦理学原理

　　形而上学中意志之果否自由，苟以事实证之，则意志也，行为之性质之发展也，自有规定之者。如人类意志有一定之性质，而又值一定之机会，受一定之刺戟，则其任意之行为，前后相同，此人人所稔知也。

　　吾今更举人人所不能反对之事实以为证。夫人与人之意志，何由而现于世界乎？以吾人所见，人类生活之始，即在时间之中，其始也，无原因乎？抑其原因可以自由选择乎？是皆不然。盖人者，父母之所生，与禽兽同也。身体精神，皆尚其父母，其气质、性癖、感情、智力，皆为父母所遗传。而其属国民体魄精神之习惯，又从而濡染之，未有能自定者。且如人类男女之异体，其原因虽未之详，而决非人所能自主，然则人类不能脱自然律之管辖，固已明矣。

人之资性，受外界各方面事物之影响而开展，其事虽亦有出于自然者，而以出于人为者为多。幼稚之时，受家庭教育，皆取诸国民之生活形式。是故其言语，则国民之言语也；其概念判断，则国民之概念判断也，其后又陶铸于国民之风俗习惯，教育于学校，熏陶于宗教。及其长也，又受社会之感化，而终身不能脱此等势力之范围，果安所得自由选择之余地耶？人人由其门第，生而为某级之人，则终身不能去之，而社会之所以影响之者，曾无已时。社会者，常以言语、行为，示人以邪正、敬肆、可否之分；常以一定之职分命令之，或要求之。曾有何人能不为时代所指使耶？建筑家之所营，非其所欲，而时代之所欲，如第十四世纪，行峨特式；及第十六世纪，行文艺复古时代之式；及第十八世纪，而行科学式，是也。学者亦然，其于科学问题也，非自择，而为时代之所择：于第十四世纪，研究实体及属性之抽象论；及第十六世纪，模仿**费尔基**（Virgil）拉丁文诸作；及第十八世纪，竞为数学、物理学之研究，若攻辟迷信之论；今则竞研究希腊文豪历史之湮灭者及有史以前之遗物焉。

然则各人之资性及发展及位置职分，皆自其父母、若教育者、若国民、若时代、若一切外界之事变规定之。人者，社会之产物也。人之于社会，犹枝叶之于草木，未有能以一己之意志，规定其形体若机能者。人之现于斯世也，为国民中之一人，而行动于世界；其生活及国民之生活，俱埋蕴于人类之历史社会中，而终以全世界之阅历为之归宿焉。

论者或曰：吾人之意识，未尝知有若是之制限者也。凡人皆有一种确实之感情，谓不能直接受外界之束缚，而惟吾意所欲为；又皆有一种确实之意识，谓能循己意以构造未来之生活，余时时得辍余之业务，而从事于其他。余又得移居于彼得堡，若伦敦，若亚美利加，此皆视余之所欲，而无不可，然则余之能自变其生活之内容也甚明。故余之意识，确以为吾人之处世，吾人之动作，吾人之性格，皆可以自由变更，而且恐有不能不变更者也，岂此等意识皆为谬妄乎？

余曰：否。吾人之意识，非有所谬妄也。彼所以告吾人者，谓吾人之希望，若情癖，若商度判决，皆为规定吾人生活内容及形式之重要原质而已。彼盖告吾人曰：余非如机械之轮轴，受外力而动，而实动于内界意志之媒介云尔。凡有机体与无机体之区别，在前者之构成，由外部机械之作

费尔基（前70~前19），今通译维吉尔，古罗马诗人。著有《牧歌》、《农事诗》、《埃涅阿斯纪》等。

第九章　意志之自由

用,而后者之构成,由内界原理之动力。如雕刻品,可以锥凿成之,而于有机体,则凡器械之作用,仅能破坏之,而不能构造之。故人类者,不成于外界之机械,而成于内界之作用。吾人意识之所以告吾人者如是而已,初不谓一切特别之阅历,皆无因而生;又不谓生涯中一瞬间经历各事,皆与一切已往之事无关;又不谓内界之原理,即所谓小己者,全无原因;又不谓小己者,由孤立之原质而发见于斯世也。盖吾人之身体,本由物质演成。惟既已发育为有机体,则当其发展之初期,虽大受物质之影响,而及其进化之程度渐高,则渐能抵抗物质之势力,遂能由其意志而变更外界密切关系之事状,且能间接自变其形体也。由是观之,吾人意志之所告,曷尝与前论相矛盾乎?

三　论对于行为之责任

　　论者或曰:然则所谓责任者安在乎?人类之所由成者,神也,自然也;人类行为之恶,其罪亦当归之于神及自然,在人类又何所谓责任耶?且也,其资性与意向,其父母与朋友,均非己所能选,而悉由于外界势力之所酿成,在人类又何所谓责任耶?

　　答曰:是说也,前是而后非。盖使人类果出于神若自然之所创造,则人类之善恶,神若自然诚不能免其责任。家族中世生不良之子孙者,不免为不良之家族;国民中常有不良之民人者,不免为不良之国民;世界中苟常为不良之人类,则亦不免为不良之世界。吾人若假定某某为世界之创造者,则因不良之世界,而斥为不良之造物,亦固其所。美善之人生,苟足以为神之名誉,则丑恶之人生,自不得不为神之尤垢也。

　　彼谓世界有恶,则不得有至善之神者,其说亦持之有故。中世哲学家,乃欲以恶起于人类意志之说破之,诚不能有效。欲破其说,则必谓善待恶而始存,故恶为善所必需,如吾前者所论而后可也。

　　恶之原因,苟在神若自然,则神若自然之当任其责,固已。然吾人对于恶人之感情,若判断,若动作,初不以是而有变更也。夫恶因固不能生善人,然吾人亦不能以恶人之别有恶因,而遂谓之无罪。评人物之价值者，视其人物如何，初不必问其何由而致此。即吾人对于人物之动作，亦然。如人于果实不良之木，恒伐而为薪，初不以其对于不良之果实而负责任也；人于家畜之不良者，剿绝其种，初不因其以自由意志而为恶也。其间虽亦有变例，如木在硗确之地，家畜受粗恶之豢养。其不良之因，不在其资性，而在别有不利发展之条件，则变更其条件，而已足以改良。而要之资性不良者，吾人固未有不排斥之者矣。

吾人对于人类之感情亦然。恶人不能以其家族之世有恶德，而免于谴责，即彼亦不能不自认为罪戾也。使有人于此，曰"吾之为恶，由吾祖先遗传，有错乱之性欲，而歉于道德之品性也"，吾人决不以是而减其谴责之感情；又使有人于此，曰"吾之身家，本非卑陋，徒以值某某机会，遇某某损友之诱惑，而吾之自主力太弱，遂随之而坠于恶行也"，吾人将深闵其遭遇之不幸，而图为之济拔矣。

是故责任有二：一各人对于其生活之责任；二积人而成之社会，如家族、党会、国民、人类，有对于各人生活之责任。以上文所述之事实征之，各人生活之善恶，固足以定其所属社会之价值，而各人仍不能免其责。且也，社会之价值，既由各人之价值而定，则凡对于社会之感情及判断，俱以各人为中心点焉。

抑余常有疑焉：责任问题，何以起于恶行，而不起于善行乎？将吾人之对于善行也，不必问其何由发生，而已足定其价值乎？抑吾人好善之情，不及恶恶之激烈乎？

法律者，以道德为基本者也，故法律界之责任，与道德界之责任同。其关于选择自由者，初不问形而上学之意义，而惟征之于实际。故法律之所谓罪人，初不问其由遗传若教育而有此性癖，或由其绝对意志之所规定也。惟有二三学者，过重形而上学中意志自由之义，或又眩于统计表所揭

湿婆
印度教三主神之一，为矛盾之神。

第九章　意志之自由

之数而不胜其迷惑，则从而为之说曰：社会者，果有罚各人之权利乎？实则受罚者当在社会。试稽伪誓、杀人及坏乱风俗之罪案，往往有一定时期，循一定规则，与自然现象无异。然则罪恶者，正社会中必有之现象，而所谓罪人者，不过牺牲其身以充社会中罪恶统计表之资料而已。

答之曰：各人之罪，社会与有罪焉，而又不可以不受罚，论者之言诚然。盖社会者，贻罪人以犯罪之性癖，而又与以诱惑之机会者也。虽然，社会不已受罚耶？各人之犯罪，非即社会之罚耶？犯罪者与因其犯罪而受累者，皆社会之一分子也，且社会又因其罪而招恐怖不安之状态，是非社会所受之第二罚耶？且也，罪人所受之罚，亦即社会所受之罚，盖罪人之困苦，即社会中一人之困苦也，是非社会所受之第三罚耶？最后，则社会全体受其所执行之罚，如縻巨款以设监狱，供罪人衣食，又非其对于国民之罚耶？然则社会之受罚，固已重矣，何惑之有！

由社会全体观之，刑罚者，为社会治疗一切病害之方术也。社会欲脱于病害，而受此苦痛之疗治也，固宜。

刑罚之于罪人，为治疗之术，所不容疑。盖使彼知其动作之初，所预期之鹄的，必不能以恶行达之，而非正则之行为，必不足以招幸福也。是故监狱者，道德之病之医院也，其病有可愈者，有不可治者，与普通医院无异。且设监狱而置罪人于其中，亦犹患传染病者，必别置诸病院，而隔绝交通，以免病毒之传播焉。死罪者，对于罪人之恶意，而施最后之治疗也，使彼得延其生命，则亦徒增罪恶，而毫无裨益耳。且亦使道德之病之不可疗者，毋播其病毒于四方焉。

在现实之世界，此等事实，确不容疑。道德界及法律界，既已以心理学之意志自由为前提，则凡人类之意志，已现于行为者，必对之而有责任，而此意志之所由起，非所问也。若乃行为不本于意志，则无所谓责任，如病狂者，精神错乱，不能如常人之有执意、有判决者，是也，而常人之感情过激者，亦多类之。当其时，为感情所驱迫，不遑顾虑，则其行为非发于其固有之意志，故虽或罹罪，司法者亦稍从末减焉，然不得全为无罪。盖其被迫于感情而不能自制也，由其意志之薄弱，治意志薄弱之疾，莫论罚若也。至若过失之出于不得已，而无关于其责任者，不以罪论。彼既无罪恶之意志，则虽其行为误陷于罪戾，而其意志之健康，固无待乎救药矣。

论者或眩于精神物理学之思想，而为之说曰：一切罪恶，皆由于精神错乱，与病狂者等耳。吾人既以狂人为精神病，则凡一切不正之行为，亦当谓之精神病。若偷盗者，若纵火者，以科学之法检察其冲动，实为精神错乱之故。是即精神病之本于遗传或后天者也，凡有是等冲动者，当以病者视之。余答之曰：有偷盗若纵火之冲动者，视为精神状态之失其常度，则凡少年男女之放荡者，亦得以此视之。然其结论如何乎？凡医师疗疾，必以经验之良方，使一切精神病，皆得以卫生治疾之方术疗之，而所谓有偷盗、纵火之冲动者亦然，则吾等诚愿举是等精神病者，而悉付诸医师之手矣。而彼乃不能，则吾等别用经验之方术以疗之，固非彼所能阻。夫对于无赖之青年，为确有经验之方术者，抑制之而已，对于纵火、偷盗之冲动，吾人亦有习用之方术，虽未能奏十全之效，而亦时得其防遏之力，则监狱是已。使医生果能发明一种治疗之术，较之监狱尤为确实，尤为单纯，条件尤简，糜费尤少，则吾人固将舍习用之方术而从之。或曰：然则汝何故不行是术于狂人乎？狂人获罪，何以不控诉之与监禁之乎？曰：使对于狂人而控诉之、监禁之，其效大于医药，则舍彼而取此，所不待言。然吾人公认控诉、监禁，不足为疗狂之术也，且使狂人而有自害或害人之动作，则亦何尝不拘禁之乎？

若乃以罪恶之冲动为疾病，而欲放任之，且亦不为之救药，则诚吾人所大惑不解者。吾人之于疾病，常取种种方术，不亦有资于燃烧截切之作用者乎？

四 人类自由之定义

然则人类本无所谓自由之意志乎？普通用语所谓意志自由者，意盖谓人类本质，有现实及积极之特质，与动物之有意志而无自由之意志者有别也，如是，则人禽之别何在耶？

动物之动作，皆被规定于目前之冲动，若感情。其见食物而捕之，遇猎师而避之，皆为一时之冲动感情感觉所驱使，初未有思虑、若疑惑、若决断也。思虑、疑惑、决断三者，至动物进化为人类，而始能之。

思虑、疑惑、决断，人类之特质也。人类之行为，定于决断，而决断者，思虑之果也。人之思虑也，常择其能行之事，而又为适合于一己及社会生活究竟之正鹄者。故人类之所以自规定者，不由冲动若感情，而由其正鹄之思想也，于其正鹄思想中，含有生活及动力之全体，乃由此全体观念，而决定特别之动作，故动物之生活，各各分裂，不过互相关联而已；而人类之生活，则特别之行为，无不被规定于统一之观念也。在实践界所谓自我观念之统一，即良心，常举精神界之生活，如感情、如龟勉、如思想、如行为，而一切规定之；而其观念中所具规定一切特别动作之能力，即吾人所谓自由意志也。是故自由行动云者，谓其行为之所由规定，在正鹄及理想，在义务及良心，而不在一时之刺戟若欲望而已。

余于是更推极而言之，则所谓人类意志，不免为自然律所管辖者，自一种意义言之，自不失为正论矣。

彼夫动物者，自然界阅历之辙迹也，其于自然界，尚为被动于外界刺戟之部分。进化而至人类，则稍稍能轶出自然之势力范围，而位乎其上，于是

自由女神像

能规定自然而利用之，而不为自然所规定，是则所谓人格也，人类所以能自主于一切行为之顷者，以此；其对于行为而有责任也，亦以此。

　　论至此，则知本此义而认为自由之意志者，非人类本质所固有，而得之于练习，固甚明矣。夫意志之自由，在人类历史中，既由练习而得，而其在各人之一生也亦然。人之初生，初未有自由之意志也，其受驱使于一时之欲望，与动物同；及其既受教育，则理性之意志，始能发展其抑止动物冲动之能力。惟人类是等能力发展之程度，至为不齐，其全为动物冲动所左右，而不能抑止之者，为粗暴鄙野之人；其或全无此等冲动者，则又为枯寂酷薄之人，皆非中正之道。盖人类者，位于动物之实体及理性之实体之间者也。

　　然则人类果能如其意志以成己乎？是问也，然之可，否之亦可。其所以为然者，盖人人有自教自助之能力，故于一己之生活，无论其为外界者、为内界者，皆得以有意识之作用，循其所抱之理想而构成之；而于其自然之冲动，常能压服之而整理之，惟其事非能恃单纯希望若决意之力，必其省察涵养，积久而不息，而后能之，与体育无异也。如人有不能安睡之习，欲本其一时之意志以矫之，势必无效；苟能卫生合法，运动以时，则其习自去。**达摩士的尼**（Damosthenes），希腊人之以雄辩名者也，相传其始甚讷于口，然立志为演说家，刻苦砥砺，卒达其志，而垂大名于宇宙。吾人欲训练内界之性质，亦不外是道也。如人有易怒之癖者，自知其非，而欲抑制之，非必能猝然而效也。宜资于适当之预防法以渐去之，如屡避发怒之机会，则积久而怒癖渐去，此即生物机关由闲散而消失之理也，其或必不能避，则时时举妄怒之所以为凶德，克己之所以为美德，而反复寻绎之，毋使遗忘，则怒癖亦渐消焉。由是观之，人类之能本其意志以化其本质也无疑。盖人类于其强盛之冲动，能避其发动而扑灭之；于其微弱之冲动，则又能为之助长而发达之也，谚曰："习惯者，第二之天性。"谅哉！

　　虽然，又得谓人类不能循其意志以自成，何欤？曰：此谓成人之原

德摩斯梯尼像

达摩士的尼（前384~前322），今通译德摩斯梯尼，一译德摩西尼，古希腊雄辩家、政治家。晚年竭力反对马其顿人入侵，后失败自杀。

理，为人类所固有，而不受意志之管理者，即最深之意志也。人类不能以其意志自规定其意志，如身入瓮中，而不能运瓮然；其所能规定者，惟生活历史中之经验性格而已。故叔本华谓人类不能自变其本性，良然。如不知暴怒、怯懦、谲诈之有害者，本无矫正之之意志，则决不能自变其性格，而为温厚、刚毅、正直，是也。惟叔本华之意，谓一切意志之性质及动作，未有能变化者，则不得不谓之谬见。盖其说不特违于真理，而且阻人节性之功也。余则曰：凡人自知其性格之善而欲变之者，皆可变也。惟不能徒恃希望，而必择其足以达此鹄的之作用而行之，否则将终不能变之矣。

据往昔附属于实践哲学之心理学，以说明此义，至为利便。如柏拉图区别精神为理想、意志及动物欲望三部，由此部别，而于自由意志为实践之解释，乃单纯而有效矣。盖理性者，人类本始自由之小己，入世以后，结合于动物之冲动及感情，而以指道训练此二者，使服从于己及己之正鹄为天职。高尚之勇敢，正当之愤怒，好名之心，皆所以助理性而训练感官之欲望者也。在实践道德，务使理性能尽其职分，而勿忘其价值。若感官欲望之恣肆，则最可耻者也。若斯宾那莎，若伏尔弗，若康德，其于道德哲学，所谓道德界之效果，皆然。斯宾那莎言理性与感动相反对，伏尔弗言高等欲望力与下等欲望力相反对，康德言实体之人类与现象之人类，实践之理性与感官之利己性互相反对，皆以为人之自由，在能以精灵管辖动物之欲情；其不自由，则由其以动物之欲情管辖精灵焉。

此自由意志之积极义也，而道德哲学当说明自由意志之时，必不能据二三形而上学者之狂想，如所谓各人之意志及执意本无原因焉者，以易此至确而有效之概念。盖自由意志者，从通例解之，则谓人类有一种能力，能以其良心及理性，规定感官之冲动及性癖，使从于正鹄及规则而生活也。而人类既有此能力，则能由是而构成其本质，固无可疑者矣。

西洋伦理学家小传

（一）雅里士多德勒（Aristotles），以西历纪元前三百八十四年，生于希腊殖民地加尔西底客（Chalkidike）半岛之答拉西（Stagira）市，前三百二十二年，殁于欧盘亚（Enböa）岛之加尔基斯（Chalcis）市。柏拉图之弟子也。在希腊哲学家中，最为博学，尝采德谟颉利图（Demopritos）主义，以补其师柏拉图之说，而立翔实之进化论。其于伦理学，取幸福主义。著述极多，不及枚举。*Nikomochische Ethik* 者，其伦理学主要之作也。

（二）奥古斯底奴斯（Aurelius Augustinus），生于西历三百五十四年，殁于四百三十年。基督教中宗教哲学之大家也。著有 *De Civitate Dei* 及 *Confessiones*。

（三）培根（Fraucis Bacon），以千五百六十一年，生于伦敦，殁于千六百二十六年。与特嘉尔共排击中世之烦琐哲学，而为近世哲学之先导。所著 *Novum orgauum scientiarum*，排雅里士多德勒之论理学，为当时学界所惊服。近世经验学派，以培氏为鼻祖焉。

（四）边沁（Bentham），功利论派之伦理学家也。生于千七百四十八年，殁于千八百三十二年。

（五）孔德（Auguste Comte），近世法国之大哲学家也。以千七百九十八年，生于法之蒙德邦（Monlpillcer），千八百五十七年，殁于巴黎。所著 *Cours de philosophie positive*，为社会学之鼻祖。

（六）达尔文（Charles Darwin），进化论之大家也。所著 *Origin of Species* 及 *Deseent of man*，为破天荒之杰作，英国足以夸于天下者也。

（七）耶必克丢（Epiktetus），斯多噶派之哲学家也。

（八）伊壁鸠鲁（Epikuros），生于纪元前三百四十二年，殁于前二百七十年。反对斯多噶派之克己主义，而唱快乐主义，自成一家。然其学派甚不振，所著书亦不传焉。

（九）菲耐尔（Gustav Thoedor Fechner），精神物理学之创立者也，其伦理学之著述，有 Ueber das hoechste gut。

（十）黑智儿（Georg Wilbelm Friedrich Hegel），以千七百七十年，生于斯都德瓦尔（Stuttgart），千八百三十年，殁于柏林。承菲希的及西林之后，而立绝对观念论。尝执德国哲学界之牛耳焉。

（十一）额拉吉利图（Heraklitos），希腊哲学家。折中于密理图（Miletos）派之宇宙论，及埃黎亚（Elea）派之本体论，而唱万物循环论。黑智儿之哲学，盖源于此云。

（十二）海尔巴脱（Johann Friedrich Herbart），生于千七百七十六年，殁于千八百四十一年。承康德派，而组织实体论，为实验心理学及近世教育学之鼻祖。

（十三）霍布斯（Thomas Hobbes），英国之政治学者。著 Leviathan。生于千五百八十八年，殁于千六百七十九年。

（十四）呵弗丁（Hoeffding），今世实验心理学之大家也。其于伦理学，著有 Ethik。

（十五）谦谟（David Hume），以千七百十一年，生于台丁堡（Edinburgh），殁于千七百七十六年。为近世怀疑论之代表，著有 Essays 五卷。

（十六）康德（Immanuel Kant），德国之大哲学家也。千七百二十四年，生于哥宁斯堡（Königsberg），殁于千八百四年。镕合大陆之合理论派，及英国之经验学派，而组为批判哲学。其于伦理学，著有 Grundlegung zur Metaphysik der Sitten，及 Kritik der praktischeu Verunnft，及 Metaphysink der Sitten。

（十七）拉比尼都（Gottfried Wilhelm Leibnitz），以千六百四十六年，生于来比锡（Leipzig），殁于千七百十六年。祖述特嘉尔及斯宾那莎之合理论，而唱元子论。博学强记，世称为雅里士多德勒以后之第一人云，

（十八）罗底（Rudolf Hermann Lotze），近世德国之大哲学家也。始治医学，而后治哲学。其所著 Mikrokosmus，风行世界。

（十九）马古奥力流（Marcus Aurelius），罗马帝也。治斯多噶派哲学。

（二十）穆勒（John Stuart Mill），与其父皆为英国功利派之伦理学者，而尤以论理学名。

（二十一）奈端（Isaak Newton），近世物理学大家也。生于千六百四十二年，殁于千七百二十七年。

（二十二）尼采（Friedrich Nitzsche），德国近世之大家也。文词之高尚，为哲学家所稀见，而其所持之主义，学者多非难之。

（二十三）巴弥匿智（Parmenides），纪元前五世纪顷希腊之哲学家也，为埃黎亚派之代表。

（二十四）修拉玛希（Friedrich Ernst Daniel Schleiermacher），以千七百六十八年，生于德国之北勒斯劳（Breslau），千八百三十四年，殁于柏林。新教中第一神学家也。

（二十五）叔本华（Arthur Schopenbauer），近世德国之宿学也。以千七百八十八年，生于但泽（Dauzig），千八百六十年，殁于马茵河滨之佛朗渡（Frankfurt am Mein）。力攻非希的、西林、黑智儿诸家之哲学，而祖述康德，唱先天观念论，一时欧洲之哲学界，为之震撼焉。其于伦理学，著有 Ueber die Freiheit des Menschlichen Willens 及 Ueber das Fundament der Moral。

（二十六）索匪脱布利（Shaftesbury），英国之道德哲学家也。生于千六百七十一年，殁于千七百十三年。著有 Characteristics of men, manners, opinions, times。

（二十七）施的维（Shidgwick），今世英国之著名伦理学者。著有 Mothod of Ethics。

（二十八）苏格拉底（Sokrates），希腊之大哲人也。生于纪元前四百六十九年。力辟诡辩派之有害于名教，又为守旧派所忌。卒饮鸩而殁，时前三百九十九年也。苏氏虽不遇而逝，而其事业赫然，照耀青史，其哲学思潮之流演，迄今而未沫也。

（二十九）斯宾塞尔（Herbert Spencer），英国近日之大家，著综合哲学，实验学派之健将，而集进化论之大成者也。著书甚多，其属于伦理学者，曰 Data of Ethics。

（三十）斯宾那莎（Baruch Spinoza），以千六百三十二年，生于亚摩斯德尔登（Amsterdam），殁于千六百七十七年。属于合理论派，矫正来比尼都之二元论，而唱一元论。著有 Ethics。

（三十一）多马（Thomas von Aquius），烦琐哲学之集大成者也。生于千二百二十五年，殁于千二百七十四年。著有 *Summa philosophie de veritate fidei acatbolicae contra gentiles*。

（三十二）福禄特尔（Voltaire），近世法国学者也。生于千六百九十四年，殁于千七百七十八年。以攻击基督教之腐败为一生事业。

（三十三）色诺芬（Xenophanes），埃黎亚派之鼻祖也。生于纪元前六世纪之末，九十余岁而殁。对于密利图派之宇宙开辟论，而唱本体论。